Nina Schjerve

Beiträge zur Entzündung und Brandausbreitung

Nina Schjerve

Beiträge zur Entzündung und Brandausbreitung

Experimente, Modellierung und CFD-Simulationen

Südwestdeutscher Verlag für Hochschulschriften

Imprint
Any brand names and product names mentioned in this book are subject to trademark, brand or patent protection and are trademarks or registered trademarks of their respective holders. The use of brand names, product names, common names, trade names, product descriptions etc. even without a particular marking in this work is in no way to be construed to mean that such names may be regarded as unrestricted in respect of trademark and brand protection legislation and could thus be used by anyone.

Publisher:
Südwestdeutscher Verlag für Hochschulschriften
is a trademark of
Dodo Books Indian Ocean Ltd., member of the OmniScriptum S.R.L Publishing group
str. A.Russo 15, of. 61, Chisinau-2068, Republic of Moldova Europe
Printed at: see last page
ISBN: 978-3-8381-2683-8

Zugl. / Approved by: Wien, TU, Diss., 2011

Copyright © Nina Schjerve
Copyright © 2011 Dodo Books Indian Ocean Ltd., member of the OmniScriptum S.R.L Publishing group

Kurzfassung

Das Ziel der vorliegenden Arbeit war es, die Vorhersagbarkeit der Brandentwicklung in der Anfangsphase eines Schadensfeuers zu überprüfen. Dabei wurden Experimente, näherungsweise Berechnungen und CFD-Simulationen mit FDS 5 durchgeführt, um der Entzündung und Brandausbreitung in einer Brandentstehungsphase auf den Grund zu gehen. Beispielhaft wurde der Einfluss der Lage (horizontal, vertikal, geneigt) auf die Brandausbreitung an Filterpapier aus Zellulose, als Repräsentant eines „dünnen" Materials, und PMMA, als Repräsentant eines „dicken" Materials, untersucht.

Die Experimente zeigen erwartungsgemäß einen Anstieg der Brandausbreitungsgeschwindigkeit mit einer Änderung der Oberflächenneigung von der horizontalen zur vertikalen Lage, wobei bei Zellulose eine Steigerung der Geschwindigkeit um das 13-Fache und bei PMMA um das 11-Fache ermittelt wurde. Die Ergebnisse bei Neigungen von $\leq 30°$ und $\geq 60°$ können bei beiden Materialien als kritisch bewertet werden, denn sie sind sehr abhängig von Strömungseinflüssen aus der Umgebung und/oder reagieren stark darauf.

Für eine näherungsweise Berechnung der Brandausbreitungsgeschwindigkeit wurden Lösungsansätze erstellt, um die Flammenlänge und die Wärmeströme von der Flamme zur Oberfläche zu bestimmen. Beide sind mit der Neigung veränderlich und deren Zunahme mit steilerer Neigung ist die Ursache für die Erhöhung der Brandausbreitungsgeschwindigkeit. Mit den hier dargestellten Näherungslösungen konnten akzeptable Ergebnisse berechnet werden.

In den Simulationen mit FDS 5 konnte eine Zündung sowohl von Zellulose- als auch PMMA-Proben erreicht werden, nachdem geeignete Zündquellen und Zündkriterien definiert wurden. Eine Brandausbreitung über die Zündfläche hinaus konnte jedoch nur bei horizontalem und $30°–90°$ geneigtem PMMA initiiert werden, bei Letzteren aber auch nur mit einer verbleibenden externen Wärmequelle. Bei Neigungen von $30°–70°$ wurden hierbei ähnliche, bei horizontalen und vertikalen PMMA-Proben deutlich schnellere Brandausbreitungsgeschwindigkeiten als bei den Experimenten ermittelt. Ob eine Brandausbreitung in FDS 5 initiiert werden konnte und die dabei ermittelten Geschwindigkeiten, waren sehr abhängig von den gewählten Eingabeparametern, aber auch vom Turbulenzmodell und der Zündquelle.

Prinzipiell lassen sich Aussagen zur Entzündung und Brandausbreitung in der Brandentwicklungsphase sowohl mit Experimenten und näherungsweiser Berechnung als auch mit CFD-Simulationen treffen. Der Stand des Wissens ist jedoch noch nicht so weit, um allgemeingültige Aussagen treffen zu können. Bei allen drei Methoden gibt es eine Reihe von individuellen Einflussgrößen, welche die Initiierung einer Zündung und/oder Brandausbreitung beeinflussen und die Ergebnisse quasi ungewollt verändern können. An erster Stelle der Einflüsse steht der Anwender selbst; dessen Wissen und Erfahrung ist ausschlaggebend, sowohl für die Erstellung und Durchführung als auch für die Auswertung von Experimenten, näherungsweisen Berechnungen und CFD-Simulationen.

Abstract

It is of common interest in fire safety research to predict the fire development as good as possible. Ignition of and flame spread over combustible solids are fundamental and highly dangerous phenomena in a fire. They can lead from an initial phase to flash over and/or to a fully development of a fire. The better the fire development can be predicted and the better the fire protection methods can be adjusted the more evidence can be given for the fulfillment of protection targets like the protection of life and property.

The aim of this study was to investigate ignition and flame spread in the initial phase of a fire and to examine the possibilities to predict the propagation of fire under real conditions, even for "small" fires. Experiments, calculations and CFD-Simulations with FDS 5 have been carried out to investigate ignition and flame spread on Cellulosesheets, as thermally thin material, and on PMMA, as thermally thick material, under different surface orientation (horizontal, vertical, inclined).

The experiments showed an increase of the flame spread rate with increasing inclinations. Vertical flame spread rate was found to be up to 13 times faster than horizontal for cellulose-sheets and up to 11 times faster for PMMA. Critical angles where found at about 30° and 60° inclination. Flame spread at this inclination was dependent and enhanced from air entrainment.

Further feasibilities were investigated to calculate flame spread rate on different inclined surfaces. The two major problems were found to be the flame height and the heat flux in front of the flames. Concepts were developed to determine the flame height and flame heat flux and their changes through inclination. With these input data flame spread on inclined surfaces could be calculated approximately, with a better agreement to the experimental results for PMMA.

In the Simulations with FDS 5 it was found to be possible to simulate ignition for both materials by determining appropriate ignition sources and pyrolysis front criterions. Flame spread outside the ignition area could solely be initiated on horizontal and 30°–90° inclined PMMA-samples, the latter only with a remaining external heater. The simulated flame spread rates on horizontal and vertical PMMA were faster and for 30°–70° inclined PMMA-surfaces similar to the experimental results. Flame spread on cellulose could not be simulated. If a flame spread could be initiated and the simulated flame spread rates where dependent on input data, like material properties and grid size, but also on the FDS version (FDS 5.3 or 5.4), the turbulence model (DNS or LES) and the ignition source.

It was found possible to examine ignition an flame spread with experiments, calculations as well as with FDS simulations, but the results have to be considered critical. Throughout the study all three methods showed a great dependency on different influences (e. g. flow rate, ignition source) and input data (e. g. materialdata). A great deal of which is or can be influenced by the user. His skill levels have an important influence on the results especially in critical phases like the initial phase of a fire.

Inhaltsangabe

1 Einleitung 1
2 Stand der Erkenntnisse zur Zündung und Brandausbreitung 4
    2.1 Hintergrund 4
    2.2 Wärmeübertragung im Feuer 4
        2.2.1 Wärmeleitung 5
        2.2.2 Wärmetransport – Konvektion 6
        2.2.3 Wärmestrahlung – Radiation 7
    2.3 Zündung 9
        2.3.1 Feststoffphase (solid phase) 10
        2.3.2 Gasphase 13
        2.3.3 Spontane Entzündung 14
        2.3.4 Zündung mit Pilotflamme 16
    2.4 Grundlagen der Brandausbreitung auf Feststoffen 19
        2.4.1 Brandausbreitung mit gegenläufiger Luftströmung 24
            2.4.1.1 Brandausbreitung am Boden 24
            2.4.1.2 Abwärtswandernde Brandausbreitung an einer vertikalen Fläche ... 26
        2.4.2 Brandausbreitung mit gleichlaufender Luftströmung 27
            2.4.2.1 Aufwärtswandernde Brandausbreitung an einer vertikalen Fläche ... 28
            2.4.2.2 Brandausbreitung unterhalb der Decke 32
    2.5 Brandversuche 32
        2.5.1 Allgemeines zu den Brandversuchen 32
        2.5.2 Allgemeine, normative Brandversuche 33
        2.5.3 Brandversuche zur Brandausbreitung in der Fachliteratur 37
    2.6 Brandsimulationsmodelle 45
        2.6.1 Zonenmodelle 47
        2.6.2 CFD-Modelle 49
        2.6.3 FDS 5 51
            2.6.3.1 Allgemeines 51
            2.6.3.2 Brandausbreitungssimulationen mit FDS 52
    2.7 Ungelöste Phänomene und Forschungsfragen 55
3 Begleitende Untersuchungen 57
    3.1 Materialuntersuchungen 57
    3.2 Simultane Thermische Analyse (STA) 58
        3.2.1 TG 60
        3.2.2 DTA 60
        3.2.3 STA 60

	3.2.4 Fehlerquellen bei thermoanalytischen Messungen	62
	3.2.5 Apparatur und Testbedingungen	62
3.3	Ergebnisse der Simultanen Thermischen Analysen	63
	3.3.1 Zellulose	63
	3.3.2 PMMA	65
3.4	Cone Kalorimeter	67
3.5	Ergebnisse der Cone-Kalorimeter-Untersuchungen	69
	3.5.1 Zellulose	69
	3.5.2 PMMA	71
3.6	Zusammenfassung STA- und Cone-Kalorimeter-Untersuchungen	73
3.7	Untersuchungen zur Abschätzung von Wärmeströmen	74

4 Experimentelle Untersuchungen zur Brandausbreitung auf Zellulose ... 77

4.1	Versuchsaufbau	77
	4.1.1 Versuchsgeometrie	77
	4.1.2 Material	78
	4.1.3 Zündung	78
	4.1.4 Messtechnik für die Brandausbreitung	78
	4.1.5 Versuchsreihen	84
4.2	Ergebnisse und Diskussion	84
	4.2.1 Brandausbreitung auf dünnen Materialien	84
	4.2.2 Entwicklung der Brandausbreitungsgeschwindigkeit über die Probenlänge	87
	4.2.3 Einfluss der Probenkonditionierung auf die Brandausbreitung	88
	4.2.4 Brandausbreitungsgeschwindigkeit in Abhängigkeit von der Neigung	88
4.3	Zusammenfassung und Schlussfolgerungen aus den Zelluloseversuchen	93

5 Experimentelle Untersuchungen zur Brandausbreitung auf PMMA ... 94

5.1	Versuchsaufbau	94
	5.1.1 Versuchsgeometrie	94
	5.1.2 Material	94
	5.1.3 Zündung	96
	5.1.4 Instrumentalisierung	96
	5.1.5 Messunsicherheiten	98
	5.1.6 Versuchsreihen	98
5.2	Ergebnisse und Diskussion	99
	5.2.1 Oberflächennahe Temperaturen in der Reaktionszone	99
	5.2.2 Ermittlung der Brandausbreitungsgeschwindigkeit	100
	5.2.3 Messwerte nach allen Auswertekriterien	103
	5.2.3.1 Ergebnisse bei einer Neigung von 0°	103
	5.2.3.2 Ergebnisse bei einer Neigung von 30°	105
	5.2.3.3 Ergebnisse bei einer Neigung von 60°	106
	5.2.3.4 Ergebnisse bei einer Neigung von 90°	107
	5.2.4 Analyse der Messmethoden und deren Kriterien	107

5.2.5	Brandausbreitungsgeschwindigkeit in Abhängigkeit von der Neigung	109
5.3	Zusammenfassung und Schlussfolgerungen PMMA-Versuche	112

6 Modellierung der Brandausbreitung auf geneigten Feststoffen ... 113

6.1	Berechnung der Flammenlänge	115
6.2	Berechnung der aufgebrachten bzw. einwirkenden Energie	120
6.3	Ermittlung der Brandausbreitungsgeschwindigkeit bei geneigten Flächen	126

7 Numerische Untersuchungen mit FDS ... 130

7.1	Fire Dynamic Simulator FDS 5		130
	7.1.1	Hydrodynamisches Modell	130
	7.1.2	Modellierung der Pyrolyse	132
		7.1.2.1 Flüssige Brennstoffe	132
		7.1.2.2 Feststoffe, deren Pyrolyserate direkt oder indirekt angegeben wird	133
		7.1.2.3 Feststoffe, deren Pyrolyserate berechnet wird	134
	7.1.3	Modellierung der Verbrennung	135
	7.1.4	Wärmeübertragung	136
		7.1.4.1 Wärmeleitung	137
		7.1.4.2 Strahlungsberechnung	137
	7.1.5	Auswertung von FDS-Simulationen	140
7.2	Eingabeparameter für die FDS-5-Simulation der Entzündung und Brandausbreitung an Feststoffen		141
	7.2.1	Geometrie	142
	7.2.2	Diskretisierung und Gittergrößen	144
	7.2.3	Turbulenzmodell	146
	7.2.4	Materialien und Materialkennwerte in FDS	147
	7.2.5	Verbrennungsberechnung	151
	7.2.6	Zündquelle	151
	7.2.7	Kriterium für die Bestimmung der Pyrolysefront	152
	7.2.8	Auswertegrößen	155

8 Numerische Untersuchung der Entzündung und Brandausbreitung auf Zellulose ... 157

8.1	Eingabeparameter	157
8.2	Modellierung der Zündung	158
8.3	Modellierung der Brandausbreitung	163
8.4	Zusammenfassung der numerischen Untersuchungen an Zellulose	170

9 Numerische Untersuchung der Entzündung und Brandausbreitung von PMMA ... 171

9.1	Eingabeparameter		171
9.2	Modellierung der Zündung		172
9.3	Modellierung der Brandausbreitung		175
9.4	Ergebnisse der Simulationen zur Brandausbreitung		181
	9.4.1	Brandentwicklung	182
		9.4.1.1 Brandentwicklung bei einer Neigung von 0°	183
		9.4.1.2 Brandentwicklung bei einer Neigung von 30°	185

9.4.1.3	Brandentwicklung bei einer Neigung von 60°	187
9.4.1.4	Brandentwicklung bei einer Neigung von 90°	188
9.4.2	Entwicklungen der oberflächennahen Temperaturen	190
9.4.2.1	Oberflächennahe Temperaturen bei einer Neigung von 0°	191
9.4.2.2	Oberflächennahe Temperaturen bei einer Neigung von 30°	193
9.4.2.3	Oberflächennahe Temperaturen bei einer Neigung von 60°	194
9.4.2.4	Oberflächennahe Temperaturen bei einer Neigung von 90°	195
9.4.3	Brandleistungen	196
9.4.4	Entwicklung der Brandausbreitungsgeschwindigkeit auf geneigten Oberflächen	197
9.5	Einflussgrößen für Simulationen mit FDS 5	198
9.6	Zusammenfassung der numerischen Untersuchungen an PMMA	199
10	**Zusammenfassung**	**201**
10.1	Experimentelle Untersuchungen	201
10.2	Näherungsweise Berechnung der Brandausbreitung	204
10.3	Numerische Untersuchungen – FDS-Simulationen	205
10.4	Vergleich der Ergebnisse aus den experimentellen und numerischen Untersuchungen an Zellulose und PMMA	208
11	**Schlussfolgerungen und Ausblick**	**211**
11.1	Schlussfolgerungen	211
11.2	Ausblick	212
12	**Literaturverzeichnis**	**213**
Anhang A: Ergebnisse der simultanen thermischen Analyse		**221**
A.1	Zellulose-Ergebnisse	221
A.2	PMMA-Ergebnisse	223
Anhang B: Experimentelle Ergebnisse zur Brandausbreitung auf Zellulose		**225**
B.1	Ofenversuche zur Leitfadenmethode	225
B.2	Brandausbreitungsgeschwindigkeit auf Zellulose	227
Anhang C: Experimentelle Ergebnisse zur Brandausbreitung auf PMMA		**232**
C.1	Entwicklung der oberflächennahen Temperaturen	232
C.2	Brandausbreitungsgeschwindigkeiten auf PMMA	235
Anhang D: FDS files		**240**
D.1	Zellulose-Simulation	240
D.2	PMMA-Simulation	244
D.2.1	2-D-Simulation	244
D.2.2	3-D-Simulation	248

Symbole und Abkürzungen

Lateinische Buchstaben

A	Fläche
A	Pre-Exponentialfaktor
a	Abstand Flammenachse zur Oberfläche
c	Spezifische Wärmekapazität in kJ/kgK
C	Ausbreitungskoeffizient in $(s/mm)^{1/2} \cdot (m^2/kW)$
d	Dicke der brennenden Schicht in m
E	Emittierte Wärmestrahlung in W/m^2
E	Aktivierungsenergie
F	Kraft
g	Erdbeschleunigung in m/s^2
h	Wärmeübergangskoeffizient in W/m^2K
H_c	Heizwert in kJ/g
ΔH_v	Verdampfungswärme in kJ/kg
I	Strahlungsintensität
k	Wärmeleitfähigkeit in W/mK
K	Empirische Konstante
L_v	Vergasungs- oder Pyrolyseenergie in J/g
m, n	Kinetische Konstante
$\dot{m}''$	Abbrandrate in $g/m^2 s$
$\dot{q}''$	Wärmefluss in W/m^2
Q	Wärmefreisetzungsrate in kW/m^2
R	Gaskonstante $8{,}314 \times 10^{-3}$ kJ/mol K
s	Richtungsvektor der Intensität
T	Temperatur in K
t	Zeitpunkt in s
V	Brandausbreitungsgeschwindigkeit in mm/s
x	Höhe in m
Y_x	Massenanteil des Stoffes x im Gesamtgemisch in g_x/g_{gem}

Griechische Buchstaben

α	Oberflächenneigung
β	Winkel der Flammenachse zur Lotrechten
$\gamma = \alpha + 90$	Neigung der resultierenden Zuströmung
δ	Länge in m
ε_x	Reaktionstiefe für x
ε	Emissionsgrad, Emission, bezogen auf eine schwarze Vergleichsfläche
θ	Winkel zwischen Flammenachse und Oberfläche
κ_n	Absorptionskoeffizient innerhalb des Frequenzbandes n
$\kappa(x, \lambda)$	Lokaler Absorptionskoeffizient
λ	Wellenlänge
ρ	Dichte in kg/m³
σ	Stefan-Boltzmann-Konstante: $5{,}67 \times 10^{-8}$ W/m²K⁴
$\sigma_s(x, \lambda)$	Lokaler Streuungskoeffizient
τ	Zündverzögerung in s
τ	Dicke in m
φ_{12}	Einstrahlzahl
χ	Durchlässigkeitsfunktion
ϕ	Konfigurationsfaktor
$\dot{\omega}$	Reaktionsgeschwindigkeit in 1/s

Subskripte

0	Initial, bezogen auf den Ursprung
∞	Umgebung
a	Auftrieb
b	Brenner
c	charakteristisch
chem	chemische Umwandlung
cr	kritisch
C	konvektiv
de	Degradation, Abbau
e	extern
f	Flamme
F	Brennstoff (Fuel)
g	gasförmig

gr	Grenze
ig	Zündung
l	Verlust
lö	Verlöschen
mix	Vermischen
n	Frequenzband
net	net heat flux
O	Sauerstoff
p	Pyrolyse
R	Strahlung
s	Feststoff (Solid)
w	Wand
*x*1, *x*2	Strömungen
zd	Zeitdauer

Superskripte

'	zeitliche Schwankung
"	bezogen auf die Fläche
'''	bezogen auf das Volumen
-	Mittelwert

Abkürzungen

CFD	Computational Fluid Dynamics
DNS	Direct Numerical Simulation
DTA	Differenzthermoanalyse
EHC_{av}	Effektiver Heizwert der Probe
FDS	Fire Dynamic Simulator
HRR_{Peak}	Maximale spezifische Brandleistung
LES	Large Eddy Simulation
MLR_{ave}	Durchschnittliche spezifische Abbrand-, bzw. Pyroluserate
NIST	National Institute of Standards and Technology
PMMA	Polymethylmetacrylat
RTE	Strahlungsübertragungsgleichung
STA	Simultane Thermische Analyse
TG	Thermogravimetrie
THR	Spezifische freigesetzte Wärmemenge

1 Einleitung

Im Rahmen der Vereinheitlichung von Normen und Gesetzen in der EU ergeben sich erhebliche Veränderungen in den Festlegungen im nationalen Bausektor. In der Bauproduktenrichtlinie sind die wesentlichen Anforderungen an Bauwerke des Hoch- und Tiefbaus festgelegt. Diese umfassen unter anderem die mechanische Festigkeit und Standsicherheit sowie den Brandschutz von Bauwerken. Die europäischen Normen sind somit Hauptbestandteil zum Nachweis der wesentlichen Anforderung Nr. 1: Mechanischer Widerstand und Stabilität sowie Nr. 2: Brandsicherheit. Sie beschreiben unter anderem die thermischen und mechanischen Einwirkungen für die konstruktive Bemessung von Tragwerken bei Umgebungsbedingungen und unter Brandbeanspruchung.

Durch diese neuen Regelungen gewinnen die Methoden des Brandschutzingenieurwesens, wie etwa die heiße Bemessung von Bauteilen und Bauwerken, an Bedeutung. Die Anwendungen dieser Methoden setzt unter anderem ein gesichertes Wissen über die chemischen und physikalischen Vorgänge bei Bränden und die zugehörigen Stoffkennwerte voraus. Bei der Anwendung von Ingenieurmethoden ist weiters zu bedenken, dass dieses Wissen für alle Phasen eines Schadensfeuers (s. Abbildung 1.1), d. h. sowohl für die Phase des Vollbrandes als auch jene des Entwicklungsbrandes, benötigt wird.

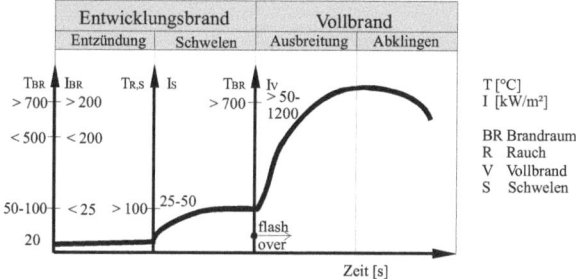

Abbildung 1.1. Brandphasen eines vollständigen Schadensfeuers (Schneider, 2009)

Für brandschutztechnische Berechnungen in Gebäuden ist es von großem Interesse, die Brandentzündung und -ausbreitung möglichst genau zu bestimmen. Besonders in der Anfangsphase eines Brandes kann durch gezielte Maßnahmen die Brandentwicklung zu einem Vollbrand verhindert oder zumindest die Zeitspanne bis zur Vollbrandphase verlängert werden. In dieser Phase eines Brandes sollen abwehrende Brandschutzmaßnahmen die fortlaufende Entzündung weiterer Oberflächen und in Folge die Brandausbreitung unterbinden. Nur durch eine Brandinitiierung (Zündung) und eine anschließende Brandausbreitung über die Zündfläche hinaus kann die kritische Phase des Vollbrandes und /oder des Flashovers erreicht werden.

Je genauer die Brandentwicklung berechnet und die Brandschutzmaßnahmen dem Schadensfeuer angepasst werden können, desto genauer lassen sich Aussagen über die Erfüllung von Schutzzielen, wie des Personen- oder Sachwertschutzes, treffen.

Ziel der vorliegenden Arbeit ist es, die Entzündung und die Brandausbreitung während der Brandentwicklungsphase experimentell zu untersuchen und auf Basis von Brandsimulationen nach dem derzeitigen Stand der Wissenschaft zu überprüfen, welche technischen Möglichkeiten es derzeit schon gibt, um die Frage der Brandentstehung und -ausbreitung unter realen Bedingungen hinreichend genau zu beantworten.

Beispielhaft wird die Entzündung und Brandausbreitung an Filterpapier aus Zellulose, als Repräsentant eines „dünnen" Materials, und PMMA, als Repräsentant eines „dicken" Materials, bei unterschiedlicher Lage der Oberfläche (horizontal, vertikal, geneigt) untersucht. Die mittels Experimenten, näherungsweisen Berechnungen (Modellierung) und Simulationen mit dem CFD-Modell FDS 5 gewonnenen Erkenntnisse sollten untereinander verglichen und deren Anwendbarkeit zur Vorhersagbarkeit von Brandentwicklungen beurteilt werden. Die Arbeit gliedert sich im Einzelnen wie folgt:

Im Kapitel 2 wird der „State of the Art" zur Entzündung und Brandausbreitung an Hand von vorhandenen analytischen Modellen, von Versuchen in der Literatur und in den Normen sowie numerischen Untersuchungen mittels Brandsimulationsmodellen zusammengefasst. Aus diesem Stand der Erkenntnisse werden offen gebliebene Forschungsfragen formuliert.

Kapitel 3 beinhaltet die begleitenden experimentellen Untersuchungen für die näherungsweisen Berechnungen und die Simulationen in dieser Arbeit. Diese Untersuchungen umfassen sowohl die Zusammenfassung von Materialkennwerten aus der Literatur und zusätzliche chemische und physikalische Materialuntersuchungen zu den in der Arbeit verwendeten Materialien Zellulose und PMMA. Des Weiteren wurden auch spezielle Strahlungsuntersuchungen zur Festlegung der Intensität von Wärmeströmen vor einer Flamme durchgeführt und dargestellt. In Bereichen ohne hinreichende oder nicht ausreichende Literaturwerte enthalten die hier durchgeführten Untersuchungen zusätzliche Angaben und geben Aufschluss über die thermischen Eigenschaften und deren Auswirkungen bei den verwendeten Materialien.

In den Kapitel 4 und 5 werden die experimentellen Untersuchungen zur Brandausbreitung an Zellulose und PMMA jeweils getrennt dargestellt. Hierbei wird die Geschwindigkeit der aufwärtswandernden Brandausbreitung auf unterschiedlich geneigten Oberflächen untersucht, die Entwicklung der Brandausbreitungsgeschwindigkeiten gemessen und die Brandauswirkungen ermittelt.

Im Kapitel 6 wird eine näherungsweise Berechnung der Brandausbreitung an geneigten Feststoffen behandelt. Aus Versuchen, bestehenden Modellen und neuen quantitativen Ansätzen wird die näherungsweise Berechnung der Brandausbreitungsgeschwindigkeit an unterschiedlich geneigten Oberflächen überprüft.

Kapitel 7 beinhaltet eine Beschreibung des in weiterer Folge verwendeten Brandsimulationsmodelles FDS 5 und dessen implementierte Modelle. Zusätzlich werden auch die wichtigsten Eingabeparameter für die weiteren FDS-Simulationen mit Zellulose und PMMA zusammengefasst.

In Kapitel 8 und 9 werden die numerischen Untersuchungen mit FDS 5 zur Entzündung und Brandausbreitung an Zellulose und PMMA dargestellt und bewertet. Die Ergebnisse geben direkte Aufschlüsse über eine mögliche Verwendung des CFD-Modelles FDS 5 zur Simulation der Entzündung und der Brandausbreitung in der Brandentstehungsphase.

In Kapitel 10 erfolgt die Zusammenfassung aller Ergebnisse und Erkenntnisse aus den Experimenten, den näherungsweisen Berechnungen und den Simulationen sowie ein Vergleich untereinander, im Hinblick auf die in Abschnitt 2.7 definierten Forschungsfragen.

2 Stand der Erkenntnisse zur Zündung und Brandausbreitung

2.1 Hintergrund

Seit den 70er Jahren wurden vermehrt gezielte Untersuchungen zum Thema Zündung und Brandausbreitung durchgeführt. Die Zündung und das Phänomen der Brandausbreitung sind darin sowohl mittels Versuchen als auch mittels analytischer Ansätze und theoretischer Modelle erforscht und untersucht worden. Durch die aktuellen Entwicklungen im Bereich der Brandschutzingenieurmethoden wurden nunmehr erste Untersuchungen mittels Brandsimulationsmodellen zur Erforschung der Zündung und Brandausbreitung einbezogen (z. B. Kwon, 2006 oder Liang und Quintiere, 2002).

Der vorliegende Abschnitt gibt einen Überblick über die Untersuchungen und den Stand der Erkenntnisse im Bereich der
- Grundlagen der Zündung,
- Grundlagen der Brandausbreitung: d. h. Theorien, Voraussetzungen und Bedingungen,
- Versuche zur Brandausbreitung: normativ und in der Literatur,
- Brandsimulationsmodelle und ihre Anwendung bei der Brandausbreitung sowie
- daraus resultierenden ungelösten Phänomene und Forschungsfragen.

Für umfassende und spezielle Studien zum Thema Brand, Zündung, Ausbreitung und/oder der Wärmeübertragung in der jüngeren Vergangenheit sei hier auf die ausführlichen Werke in der Literatur verwiesen (z. B. Drysdale, 1998; Quintiere, 2006; Schneider, 2009).

2.2 Wärmeübertragung im Feuer

In einem Brand überlagern sich verschiedene Arten von Wärmeströmen, diese beeinflussen die Zündung, die Abbrandgeschwindigkeit und die Brandausbreitung. Je nach Intensität und Art des Brandes können unterschiedlich hohe Wärmeströme frei werden. Die Tabelle 2.1 zeigt beispielhaft die Wärmeströme, die von verschiedenen Quellen freigesetzt werden.

Tabelle 2.1. Gängige Wärmeströme (Quintiere, 2006)

Quelle	kW/m^2
Sonnenstrahlung auf der Erdoberfläche	≤ 1
Oberflächenerwärmung durch eine kleine laminare Flamme	50–70
Oberflächenerwärmung durch eine turbulente Flamme an der Wand	20–40
ISO 9705 Raum-Eckenversuch: Brenner an der Wand bei 100 kW	40–60
ISO 9705 Raum-Eckenversuch: Brenner an der Wand bei 300 kW	60–80
Vollbrand in einem Raum (800–1000 °C)	75–150
Großer Poolbrand (800–1200 °C)	75–267

Die drei Mechanismen der Wärmeübertragungen sind: Wärmeleitung, Konvektion und Wärmestrahlung. Obwohl sich die Mechanismen während eines Brandes überlagern, sind je nach Stadium und Lage des Brandes unterschiedliche Effekte dominant. So ist in der Regel die Konvektion im Anfangsstadium eines Brandes von großer Bedeutung, wohingegen die Wärmestrahlung im fortgeschrittenen Stadium eines Brandes überwog. Die folgenden Abschnitte geben einen groben Überblick über die Wärmeübertragungsmechanismen.

2.2.1 Wärmeleitung

Die Wärmeleitung ist die Wärmeübertragung in Feststoffen, sie bestimmt den Wärmeeintrag in und aus einem Stoff. Die Wärme „fließt" aus Regionen mit hoher Temperatur in Regionen mit geringerer Temperatur, diese Strömung kann ausgedrückt werden mit:

$$\dot{q}_x'' = -k \frac{\Delta T}{\Delta x} \qquad \text{Gl. (2.1)}$$

bzw.

$$\dot{q}_x'' = -k \frac{dT}{dx} \qquad \text{Gl. (2.2)}$$

wobei

$$\dot{q}_x'' = (dq_x/dt)/A \qquad \text{Gl. (2.3)}$$

Darin sind:
$\dot{q}_x''$ Wärmefluss in W/m²
k Wärmeleitfähigkeit in W/mK
A Fläche, durch die Wärme geleitet wird (normal zur x-Richtung)

In Tabelle 2.2 sind Angaben zu thermischen Eigenschaften einiger Materialien zusammengestellt. In der Regel sind alle Materialien, die gute elektrische Leiter sind, auch gute Wärmeleiter.

Tabelle 2.2. Thermische Eigenschaften (Drysdale, 1998)

Material	k [W/mK]	c_p [J/kgK]	ρ [m²/s]	α [m²/s]	$k\rho c_p$ [W²s/m⁴K²]
Kupfer	387	380	8940	$1{,}14 \cdot 10^{-4}$	$1{,}3 \cdot 10^9$
Stahl	45,8	460	7850	$1{,}26 \cdot 10^{-5}$,	$1{,}6 \cdot 10^8$
Ziegel	0,69	840	1600	$5{,}2 \cdot 10^{-7}$	$9{,}3 \cdot 10^5$
Beton	0,8–1,4	880	1900–2300	$5{,}7 \cdot 10^{-7}$	$2 \cdot 10^6$
Glas	0,76	840	2700	$3{,}3 \cdot 10^{-7}$	$1{,}7 \cdot 10^6$
PMMA	0,19	1420	1190	$1{,}1 \cdot 10^{-7}$	$3{,}2 \cdot 10^5$
Luft	0,026	1040	1,1	$2{,}2 \cdot 10^{-5}$	–

2.2.2 Wärmetransport – Konvektion

Die Konvektion ist der Wärmeaustausch zwischen Gasen oder Flüssigkeiten und einem Feststoff, sie betrifft die Bewegung eines flüssigen Mediums (z. B. Kühlung einer heißen Oberfläche durch eine kalte Strömung). Die Konvektion ist in allen Stadien eines Brandes zu finden, sie ist jedoch vor allem wichtig zu Beginn, wenn die Wärmestrahlung noch gering ist. Bei natürlichen Bränden wird die Bewegung der heißen Gase im Zusammenhang mit der Wärmeübertragung bestimmt durch den Auftrieb.

Wie bereits erwähnt ist die Konvektion der Wärmetransport zu und von einem Feststoff, der mit der Bewegung einer umgebenden Flüssigkeit oder Gases einhergeht. Der Zusammenhang ergibt sich nach dem Newton'schen Gesetz:

$$\dot{q}'' = h\Delta T \qquad \text{Gl. (2.4)}$$

Darin sind:
$\dot{q}''$ Wärmefluss in W/m²
h Konvektionskoeffizient

Die Formel definiert h, der jedoch im Unterschied zu k keine Materialkomponente ist, sondern abhängig von der Strömungsart, den Eigenschaften des Trägermediums und der Temperatur. Die Evaluierung von h unter verschiedenen Bedingungen ist eine der Probleme in der Wärmetransport- und Flüssigkeitsdynamik.

2.2.3 Wärmestrahlung – Radiation

Die Wärmestrahlung benötigt im Unterschied zur Wärmeleitung oder Konvektion kein Medium zwischen der Wärmequelle und dem Wärmeempfänger. Sie ist eine Übertragung von Energie durch elektromagnetische Wellen. Strahlung, in allen elektromagnetischen Spektren, kann auf einer Oberfläche absorbiert, durchgelassen und reflektiert werden, jedes Objekt das im Weg steht, erzeugt einen „Schatten".

Bei einem Brand wird die Wärmestrahlung die dominante Art der Wärmeübertragung ab einem Brandherddurchmesser von 0,3 m (Drysdale, 1998). Sie bestimmt die Brandentwicklung und Brandausbreitung in Gebäuden. Mittels Strahlung können Objekte über eine Distanz auf die Zündtemperatur erhitzt werden. Sie ist verantwortlich für die Brandausbreitung über offene Brandherde (z. B. Wälder) und zwischen Gebäuden. Ein großer Teil der freiwerdenden Wärmeenergie der Flammen wird mittels Wärmestrahlung an die Umgebung übertragen.

Die Tabelle 2.3 zeigt die Auswirkungen auf die menschliche Haut und verschiedene Materialien in Abhängigkeit von der Strahlungsintensität.

Tabelle 2.3. Auswirkungen von Wärmestrahlung (Drysdale, 1998 und *Quintiere, 2006)

Strahlungsintensität kW/m^2	Auswirkungen
0,67	Sonnenschein im Sommer in England
1	Maximum, dem die menschliche Haut unbegrenzt ausgesetzt sein kann
4*	Brandwunden auf der Haut
6,4	Schmerzen, nach 6 s auf der Haut
≥ 10*	Entzündung kleiner Gegenstände
10,4	Schmerzen, nach 3 s auf der Haut
12,5	Holzdämpfe können sich nach längerer Bestrahlung mit einer Pilotflamme entzünden
16	Brandblasen auf der Haut
≥ 20	Entzündung Einrichtungsgegenstände
29	Holz entzündet sich spontan nach längerer Bestrahlung
52	Holzfaserplatten entzünden sich nach 5 s spontan

Durch die Wärmestrahlung wird zwischen verschieden temperierten Oberflächen Wärme übertragen, dies entspricht thermodynamisch einem Wärmefluss. Bei gleicher Temperatur der sich anstrahlenden Oberflächen ist der Wärmestrom null.

Die schwarze Oberfläche eines Körpers strahlt bei einer vorgegebenen Temperatur eine Strahlungsenergie ab, die für diese Temperatur charakteristisch ist. Diese Strahlungsleistung lässt sich nach Stefan-Boltzmann wie folgt ermitteln:

$$E = \sigma \cdot T^4 \qquad \text{Gl. (2.5)}$$

Darin sind:
σ Stefan-Boltzmann-Konstante: $5{,}67 \cdot 10^{-8}$ W/m²K⁴
E Emittierte Wärmestrahlung in W/m²
T Temperatur in K

Nicht schwarze Oberflächen emittieren weniger Energie als schwarze. Somit ergibt sich für die Berechnung der Strahlungsleistung:

$$E = \varepsilon \cdot \sigma \cdot T^4 \qquad \text{Gl. (2.6)}$$

Darin ist:
ε Emissionsgrad einer Oberfläche, Emission bezogen auf eine schwarze Vergleichsfläche

Um den Wärmefluss zwischen zwei Oberflächen zu berechnen oder abzuschätzen, können mehrere Verfahren angewandt werden. Im VDI-Wärmeatlas (Verein Deutscher Ingenieure, 1997) werden z. B. Berechnungsbeispiele in Abhängigkeit von der geometrischen Lage der Oberfläche zueinander angegeben. So ergibt sich bei zwei parallelen schwarzen Oberflächen von gleich großer Fläche A ein Wärmefluss $Q_{1,2}$ von der Fläche A_1 zu A_2 von:

$$\dot{Q}_{12} = \sigma \cdot A \cdot (T_1^4 - T_2^4) \qquad \text{Gl. (2.7)}$$

Voraussetzung für die Gl. (2.7) ist jedoch, dass die Flächen groß sind und die linearen Ausdehnungen der Flächen viel größer sind als ihr Abstand voneinander. Bei zwei grau strahlenden Oberflächen mit den Emissionsverhältnissen ε_1 und ε_2 ergibt sich auf Grund der zu beachtenden Reflexionen:

$$\dot{Q}_{12} = C_{12} \cdot A \cdot (T_1^4 - T_2^4) \qquad \text{Gl. (2.8)}$$

Wobei die Strahlungsaustauschzahl C_{12} wie folgt ermittelt wird:

$$C_{12} = \frac{\sigma}{\dfrac{1}{\varepsilon_1} + \dfrac{1}{\varepsilon_2} - 1} \qquad \text{Gl. (2.9)}$$

Für die Berechnungen des Wärmeflusses zwischen Flächen, bei denen nicht die gesamte Energie, die von der einen Fläche emittiert wird, auf der anderen Fläche auftrifft, z. B. bei nicht parallelen Flächen oder Flächen von unterschiedlichen Ausmaßen, wird eine Einstrahlzahl eingeführt. Diese wird in Abhängigkeit von der Lage der Flächen zueinander bestimmt, deren Berechnung eines der Hauptprobleme in der Ermittlung des Wärmeflusses zwischen zwei Oberflächen darstellt. Für eine genauere Beschreibung sei hier auf den VDI-Wärmeatlas (Verein Deutscher Ingenieure, 1997) und Schneider (2009) verwiesen.

In der Literatur ist eine Vielzahl an Arbeiten zu finden, die die Entwicklung der Strahlungsintensität in einer Reihe von Geometrien wie Wänden, Decken oder Eckkonfigurationen und bei verschiedenen Bränden (Wand und Deckenbrände, Fensterflammen, brennende Gegenstände) untersuchen. Die Techniken für ein effektives Modellieren sind noch immer in der Entwicklung, aber es werden empirische Beziehungen ermittelt. Ein guter Überblick über die aktuellen Erkenntnisse findet sich z. B. bei Lattimer (2008), Tien et al. (2008), Schneider (2009) oder Hosser (2009).

2.3 Zündung

Die Zündung kann als Initiierung einer Verbrennungsreaktion gesehen werden. Sie ist eine der Voraussetzungen, dass ein Brand entstehen und sich ausbreiten kann. Somit ist die Zündung in Bezug auf die Brandausbreitung in zweierlei Hinsicht von Bedeutung, denn erstens gibt es ohne Zündung keinen Brand, der sich ausbreiten kann, und zweitens kann die Brandausbreitung auch als fortschreitende Entzündung (Zündfront) definiert werden.

Es werden verschiedene Arten der Entzündung unterschieden, welche auf unterschiedlichen Mechanismen beruhen und die Entzündung beeinflussen. Die Zündung kann etwa in der Feststoffphase oder in der gasförmigen Phase eines Brennstoffes stattfinden. Für den Brandfall ist Letzteres von größerer Bedeutung (Fernandez-Pello, 1995).

Die Entzündung in der Gasphase eines Feststoffes beruht in der Regel auf einer externen Erwärmung (Strahlung und/oder Konvektion), die eine Pyrolyse des Feststoffes einleitet, und auf geeigneten Umgebungsbedingungen, die zu einer anhaltenden Verbrennungsreaktion zwischen dem gasförmigen Brennstoff und dem Oxidationsgas (Sauerstoff) führen. Wenn die Reaktion durch eine Zündquelle (offene Flamme, elektrische Funken, etc.) initiiert wird, wird diese als Zündung mit Pilotflamme oder als Pilotflammenzündung bezeichnet. Wird die Zündung ohne eine externe Zündquelle angeregt, spricht man von einer spontanen Entzündung.

Wenn also ein Feststoff mit einer Temperatur von T_0 (Zimmertemperatur) einer externen Wärmequelle ausgesetzt wird, beginnt die Temperatur der Oberfläche dieses Feststoffes zu steigen. Dadurch wird eine Reihe von chemischen und physikalischen Prozessen ausgelöst. Dieser Zeitpunkt ($t = 0$) kann als Beginn des Entzündungsprozesses definiert werden. Die Abbildung 2.1 zeigt beispielhaft die verschiedenen Prozesse, welche stattfinden, wenn ein Material durch eine externen Wärmequelle ($\dot{q}_e''$) erwärmt und mittels Pilotflamme gezündet wird.

Im vorliegenden Beispiel wird nur eine Seite des Feststoffes erwärmt und der Koordinatenursprung, $x = 0$, liegt auf der Oberfläche. Mit dem Abbrand des Materials und der Zurückbildung der Oberfläche verlagert sich diese Referenzlinie mit der Geschwindigkeit V_R.

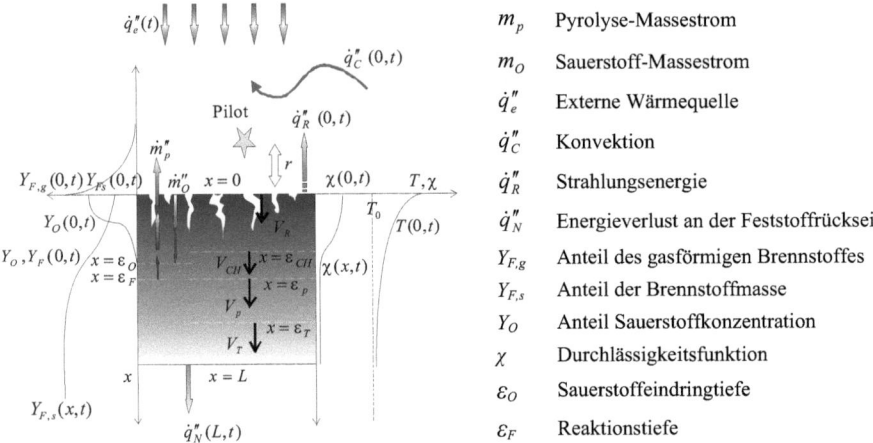

Abbildung 2.1. Prozesse und Reaktionen während der Zündung eines Feststoffes (Torero, 2008)

Die in Abbildung 2.1 dargestellten Reaktionen und Prozesse finden in der Feststoffphase (solid phase) oder der Gas-Phase statt. Eine detaillierte Beschreibung dieser Prozesse und Reaktionen findet sich in den folgenden Abschnitten.

2.3.1 Feststoffphase (solid phase)

Die Temperatur eines Feststoffes nimmt zu, sobald Wärme auf die Oberfläche des Materials trifft. Die höchste Temperatur wird in der Nähe der Oberfläche erreicht, doch auch im Inneren des Feststoffes steigt die Temperatur auf Grund der Wärmeleitung an. Die Temperatur variiert daher je nach Tiefe und Zeit, $T(x,t)$. Die Abbildung 2.1 zeigt die Temperaturverteilung über den Querschnitt zum Zeitpunkt t. Die Tempeturentwicklung wird definiert durch Energiebilanzen im Kontrollvolumen zwischen beiden Oberflächen des Körpers ($x = 0$ und $x = L$).

Der Prozess, durch den ein Feststoff direkt in den gasförmigen Zustand umgewandelt wird, ist die Pyrolyse. Er impliziert normalerweise die Zerlegung der Molekularstruktur des Feststoffes in verschiedene meist kleinere Moleküle. Die Pyrolyse ist in der Regel eine endotherme Reaktion, die von vielen chemischen Reaktionen (manchmal 100en) kontrolliert wird. Diese Reaktionen sind Funktionen der Temperatur. Die Pyrolysereaktionen können beschrieben werden durch:

$$\dot{\omega} = A Y_O^m Y_S^n e^{-E/RT} \qquad \text{Gl. (2.10)}$$

Darin sind:
$\dot{\omega}$ Reaktionsgeschwindigkeit in 1/s
A Reaktionskonstante in 1/s
Y_O Massenanteil Sauerstoffkonzentration in g_O/g_f
Y_S Massenanteil Brennstoffkonzentration in g_S/g_f
m, n kinetische stoffbezogene Größen
R Gaskonstante $8,314 \cdot 10^{-3}$ kJ/mol K

Die Reaktionen bei der Pyrolyse eines Feststoffes sind meist mehrstufig und können sehr komplex ablaufen. Die Entschlüsselung der chemische Reaktionen und der Konstanten bei einem Brand eines Feststoffes sind von großem Interesse, jedoch grundlegend ungelöst. In einer Reihe von Studien wurden die chemischen Mechanismen für einige bestimmte Feststoffe untersucht, dennoch sind immer noch fehlende Kenntnisse in Bezug auf die chemischen Pfade, über die Anzahl der notwenigen Schritte und der beteiligten Konstanten zu bemerken.

Vor einer Entzündung muss der durch die Pyrolyse entstandene gasförmige Brennstoff auch in ausreichender Menge vorhanden sein. Feststoffe, die nicht zur Selbstentzündung neigen, zeigen bei Raumtemperatur in der Regel nur eine sehr geringe Neigung zu chemischen Reaktionen, sie können somit als inert betrachtet werden. Bei einer Steigerung der Temperatur erhöht sich die Reaktionsrate der Pyrolyse und das Material beginnt sich zu verändern. Bei bekannter Temperaturverteilung im Feststoff ist diese Rate abhängig von dem Oberflächenabstand x, wobei in Oberflächennähe mehr Pyrolysegase produziert werden als im Inneren.

Da es für viele brennbare Stoffe nur wenige Daten in Bezug auf die Zersetzungsprodukte gibt, wurde von Torero (2008) der Wert Y_{Fs} eingeführt. Diese Variable beschreibt summarisch den Massenanteil der brennbaren Gase, die in den Produkten der Zersetzung vorhanden sind. $Y_{Fs}(x,t)$ repräsentiert einen globalen Beitrag an Bestandteilen, die weiter oxidieren, d. h. weiter verbrennen können. Abbildung 2.1 zeigt Y_{Fs} als ansteigende Funktion mit dem Minimum ($Y_{Fs}(0,t)$) an der Oberfläche, bei der Annahme, dass bei größerem Sauerstoffangebot auch die Oxidation schneller abläuft.

Der Sauerstoff kann auch in den Feststoff eindringen oder dort sogar erzeugt werden (siehe Holz). Damit ergibt sich eine unterschiedliche Sauerstoffverteilung über die Dicke ($Y_O(x,t)$), die Umgebungsbedingungen werden an der Oberfläche erreicht ($Y_O(0,t)$). Das Eindringen von Sauerstoff in und das Diffundieren des pyrolysierten Brennstoffs aus dem Feststoff wird durch die

Struktur des Materials beeinflusst. Manche Materialien sind sehr durchlässig und erlauben dadurch ungehindert den Transport von Teilen hinein und hinaus. Andere Materialien sind weniger durchlässig, eine Oxidation kann daher nur in der Nähe der Oberfläche stattfinden und ist deshalb in der Regel im Inneren vernachlässigbar. Die Durchlässigkeit des Materials ist abhängig von vielen Bedingungen und Variablen. Torero (2008) führt die Variable χ ein, diese beschreibt den Anteil des Brennstoffes, der durch den Feststoff „fließen" kann. Es muss darauf hingewiesen werden, dass χ keine reine Durchlässigkeitsfunktion ist (wie nach Darcy's law) aber eine Kombination aus Durchlässigkeit, Porosität und Rissen im Material.

Die Konzentrationen von Sauerstoff und Brennstoff sind abhängig von der örtlichen (lokalen) Durchlässigkeit und von der Produktions- bzw. Verbrauchsrate, somit sind sie direkt abhängig von der Temperaturverteilung. Da es notwendig ist, diese unabhängig voneinander betrachten zu können, werden in weiterer Folge zwei unabhängige Variablen in Erscheinung treten: $\varepsilon_F(t)$ und $\varepsilon_O(t)$. Erstere repräsentiert den Bereich, in dem Brennstoff erzeugt wird, und Letztere den Bereich, in dem Sauerstoff in ausreichender Menge vorhanden ist.

Wenn alle Reaktionen durch eine Arrhenius-Gleichung (Gl. (2.10)) abgebildet werden können, dann kann die lokale Abbrandrate wie folgt zusammengefasst werden:

$$\dot{m}_p'''(x,t) = Y_{F,s}(x,t) \sum_{i=1}^{i=N} [A_i Y_O^{m_i}(x,t) Y_S^{n_i}(x,t) e^{-E_{ii}/RT(x,t)}] \qquad \text{Gl. (2.11)}$$

Darin sind:
$\dot{m}_p'''$ Pyrolyse-Abbrandrate in g/m³s
A Konstante in 1/s
Y_O Massenanteil Sauerstoffkonzentration in g_O/g_f
Y_S Massenanteil Brennstoffkonzentration in g_S/g_f
Y_{Fs} Anteil der Brennstoffmasse im Feststoff in g_{Fs}/g_f
m, n kinetische Konstante
R Gaskonstante $8{,}314 \cdot 10^{-3}$ kJ/mol K
E Aktivierungsenergie

Um die gesamte Brennstoffproduktion an der Oberfläche pro Fläche, $\dot{m}_p''(x,t)$ zu ermitteln, ist es notwendig, die Gl. (2.11) über die gesamte Tiefe zu integrieren und die oben erwähnte Durchlässigkeitsfunktion einzubinden. Es kann nicht davon ausgegangen werden, dass die innerhalb des Feststoffes erzeugten brennbaren Gase immer auch an die Oberfläche kommen, in einigen Fällen konnte eine Steigerung des Drucks beobachtet werden (Torero, 2008). Die Effekte der Durchlässigkeit und der Druckverhältnisse sind sehr komplex miteinander verknüpft, um den „Fluss" innerhalb des Feststoffes zu definieren. Dies ist ein bisher ungelöstes Problem, deshalb ist die Verwendung der vereinfachten Variable $\chi(x,t)$ vertretbar. Integriert man die Gl. (2.11), ergibt sich die Abbrandrate wie folgt:

$$\dot{m}_p''(0,t) = \int_0^L \chi(x,t) \left\{ Y_{F,s}(x,t) \sum_{i=1}^{i-N} [A_i Y_O^{m_i}(x,t) Y_S^{n_i}(x,t) e^{-E_{ii}/RT(x,t)}] \right\} dx \qquad \text{Gl. (2.12)}$$

Mit der Annahme, dass die Brennstoffproduktion im Bereich $x > \varepsilon_p$ vernachlässigbar ist, ergibt sich:

$$\dot{m}_p''(0,t) = \int_0^{\varepsilon_p} \chi(x,t) \left\{ Y_{F,s}(x,t) \sum_{i=1}^{i-N} [A_i Y_O^{m_i}(x,t) Y_S^{n_i}(x,t) e^{-E_{ii}/RT(x,t)}] \right\} dx \qquad \text{Gl. (2.13)}$$

Zusammenfassend kann daher festgestellt werden, dass die Produktion von brennbaren Gasen in festen Brennstoffen abhängig ist von

- der Temperatur $T(x,t)$,
- dem Anteil der lokalen Brennstoffkonzentration $Y_S(x,t)$,
- dem Anteil der lokalen Sauerstoffkonzentration $Y_O(x,t)$,
- dem Anteil der Brennstoffmasse $Y_{Fs}(x,t)$,
- einer Durchlässigkeitsfunktion $\chi(x,t)$,
- der Sauerstoffeindringtiefe $\varepsilon_O(t)$,
- der Reaktionstiefe $\varepsilon_F(t)$ und von
- den kinetischen Konstanten A_i, m_i, n_i, E_i.

2.3.2 Gasphase

Nach dem Start des Pyrolyseprozesses beginnen die Pyrolysegase aus der Oberfläche auszutreten. Zuerst nur in sehr geringem Ausmaß, aber mit steigender Temperatur $T(x,t)$ und Pyrolysetiefe ε_F steigt auch die Abbrandrate ($\dot{m}_p''$, s. Gl. (2.13)). Die austretenden Gase mischen sich mit dem Sauerstoff der Umgebung und bei einem stöchiometrischen Mischungsverhältnis bildet sich eine brennbare Gas-Sauerstoffmischung.

Der Zeitpunkt und der Ort, d. h. wann und wo eine brennbare Mischung vorhanden ist, ist bei realen Bränden schwer zu bestimmen, da nur bei standardisierten Tests die Umgebungsbedingungen (z. B. Strömungen, Temperatur, Luftdruck) bekannt sind. So liegt z. B. bei der Bodenbelagsprüfung nach ÖNORM EN ISO 9239-1 (2002) und dem Lateral-Spread-Test der ISO 5658-2 (2006) eine natürliche oder beim „Fire Propagation Apparatus" nach ISO/TC 92/SC1 (2008) eine erzwungene Konvektion vor. Bei realen Bränden sind die Umgebungsbedingungen oft wesentlich komplexer, so werden z. B. die Strömungen durch die Geometrie des Raumes, Einbauten oder Öffnungen beeinflusst. Unabhängig davon kann davon ausgegangen werden, dass es bereits dann zu einer

Zündung kommt, wenn nur irgendwo in der Gasphase eine brennbare Mischung im richtigen Verhältnis vorhanden ist. Wie bereits erwähnt kann dann die Zündung erfolgen:

- mit einer Pilotflamme oder
- ohne Pilotflamme (spontane Entzündung).

Je nach Art der Zündung sind unterschiedliche Kriterien notwendig, um Feststoffe zu entzünden. In Tabelle 2.4 sind beispielhaft einige Entzündungskriterien für brennbare Stoffe mit und ohne Pilotflamme zusammengefasst.

Tabelle 2.4. Entzündungskriterien für brennbare Stoffe mit/ohne Pilotflamme, nach Schneider (2002)

Stoff	Wärmestrom für die Entzündung [kW/m^2]		Oberflächentemperatur für die Entzündung [°C]	
	Pilotflamme	spontan	Pilotflamme	spontan
Holz	12	28	220–350	600
Spannplatte	18	–	240–350	–
Pressspanplatte	27	–	280–350	–
PMMA	21	–	270	–
PVC	25	30–50	220–350	340–520
PU weich	16	–	270	–
POM	17	–	–	370
PM	12	–	–	–
PE	22	–	–	540
Sperrholz	20	–	393	–
Melamin-Beschichtung	25	–	440	–
B1-Spanplatte	17	–	353	–
PVC-Beschichtung	12	–	284	370
FR-PS-Schaum	14,8	–	326	–

2.3.3 Spontane Entzündung

Bei der spontanen Entzündung wird der Verbrennungsprozess nur durch eine externe Wärmezufuhr und ohne eine Zündflamme eingeleitet. Damit sich die durch die Pyrolyse gebildete Mischung aus brennbaren Gasen und Sauerstoff entzünden kann, muss eine ausreichend hohe Temperatur erreicht werden. Je höher die Temperaturen sind, desto größer sind die Reaktionsraten und desto kürzer ist die Zeit für die chemische Zersetzung.

Wie bereits in Tabelle 2.4 ersichtlich, ist bei der spontanen Entzündung eine höhere Temperatur erforderlich als bei der Entzündung mit einer Zündflamme. Auch die Art der Wärmezufuhr hat

Einfluss auf die zur Zündung notwendige Temperatur. Die Tabelle 2.5 zeigt am Beispiel von Holz, dass für eine spontane Entzündung bei einer Erwärmung mittels Konvektion eine höhere Temperatur benötigt wird als bei einer Erwärmung durch Strahlung.

Tabelle 2.5. Notwendige Oberflächentemperatur von Holz für die Entzündung (Niioka et al. 1981, in Drysdale, 1998)

Wärmetransport	Oberflächentemperatur von Holz für die Entzündung	
	spontan	Pilotflamme
Strahlung	600 °C	300–410 °C
Konvektion	490 °C	450 °C

Niioka, et al. (1981) untersuchen in einer Studie das Phänomen der spontanen Entzündung. Darin wird die Verbrennungsreaktion durch eine heiße Strömung auf die Oberfläche eines Feststoffes eingeleitet. Bei unterschiedlichen Strömungsgeschwindigkeiten der heißen Strömung wurde zwischen der Pyrolysezeit und der Einwirkzeit unterschieden. Erstere beschreibt den Zeitraum, der notwendig ist, um eine brennbare Mischung zu erreichen und Letztere beschreibt den Zeitraum, der notwendig ist, um diese Mischung auf eine Temperatur zu erhöhen, bei der eine Zündung möglich ist.

Die Abbildung 2.2 zeigt, wie die Kombination der Einwirk- und der Pyrolysezeit die Zeit bis zur Entzündung beeinflussen. Die Pyrolysezeit nimmt mit zunehmender Strömungsgeschwindigkeit ab, da es zu einem erhöhten Wärmetransport zur Oberfläche durch die heiße Strömung kommt. Die Einwirkzeit nimmt hingegen mit zunehmender Strömung zu, da es durch eine stärkere Strömung zu einer Verkürzung der Aufenthaltszeit in der Gasphase kommt. Bei einer idealen Kombination der Pyrolyse- und Einwirkzeit kann somit die Zeit bis zur spontanen Entzündung deutlich verkürzt werden.

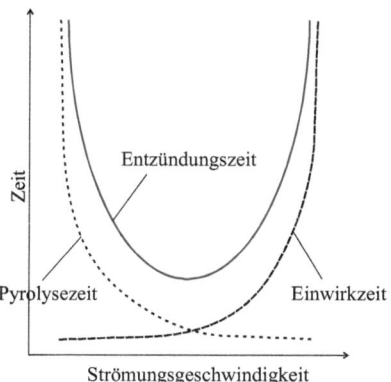

Abbildung 2.2. Zeitverteilung für die spontane Entzündung, nach Niioka et al. (1981)

2.3.4 Zündung mit Pilotflamme

Bei dieser Art der Zündung wird der Feststoff durch eine externe Wärmequelle erwärmt und mit einer Zünd- bzw. Pilotflamme entzündet. Quintiere (2006) beschreibt diese Art der Zündung mit einer Pilotflamme in 3 Phasen:

1. Erwärmung und Produktion von brennbaren Pyrolysegasen
2. Transport an die Oberfläche und Vermischung mit Sauerstoff
3. Zündung an der Zündflamme

In der ersten Phase wird der Feststoff erwärmt und Pyrolysegase werden frei (s. auch Abschnitt 2.3.1). Im idealen Fall kann die Produktion der Gase durch eine Arrhenius-Gleichung bestimmt werden (Quintiere, 2006):

$$\dot{m}_F''' = A_s e^{-E_s/(RT)} \qquad \text{Gl. (2.14)}$$

A_s (Pre-Exponentialfaktor) und E_s (Aktivierungsenergie) sind Materialeigenschaften. Für einen ebenen Feststoff der in der Tiefe erwärmt wird, kann die Abbrandrate der Oberfläche wie folgt beschrieben werden:

$$\dot{m}_F'' = \int_0^{\delta_p} A_s e^{-E_s/(RT)} dx \qquad \text{Gl. (2.15)}$$

Darin sind:
- δ_p kritische erwärmte Tiefe in m
- T_p Temperatur, bei der die Pyrolyse beginnt in K
- $\dot{m}_F''$ Abbrandrate des Feststoffes in g/m²s

Es wird vorausgesetzt, dass bevor die Oberflächentemperatur die Pyrolysetemperatur T_p erreicht, keine nennenswerte Produktion von Gasen stattfindet. Bei T_p ist $\dot{m}_F''$ ausreichend, um eine Zündung zu erlauben.

In der zweiten Phase werden die brennbaren Gase durch eine Begrenzungsschicht transportiert, in der sie sich mit dem Sauerstoff vermischen. Sobald die brennbare Mischung die Zündflamme erreicht, vergeht noch etwas Zeit, bis sich die chemische Reaktion fortsetzt zu einem „thermal runaway" bzw. zur Verbrennung.

Dieser 3-Phasen-Prozess erlaubt es, die Zeit bis zur Entzündung aus der Summe aller drei Stufen auszudrücken:

$$t_{ig} = t_p + t_{mix} + t_{chem} \qquad \text{Gl. (2.16)}$$

Darin sind:
t_p Zeit der Wärmeleitung bis zum Erwärmen auf T_p
t_{mix} Zeit für die Diffusion und den Transport der brennbaren Gase und des Sauerstoffes
t_{chem} Zeit, die die brennbare Mischung bis zum Beginn der Verbrennung benötigt, ab dem Zeitpunkt des Kontaktes mit der Zündflamme

Die Zeit bis zum Entzünden bei einer gleichbleibenden Wärmestrahlung auf die Oberfläche beschreibt Drysdale (1998) für thermisch dicke Materialien wie folgt:

$$t_{ig} = \frac{\pi}{4} k\rho c \frac{(T_{ig} - T_0)^2}{\dot{Q}_R^{\prime\prime 2}} \qquad \text{Gl. (2.17)}$$

und für thermisch dünne Materialien mit:

$$t_{ig} = \rho c \tau \frac{(T_{ig} - T_0)}{\dot{Q}_R^{\prime\prime}} \qquad \text{Gl. (2.18)}$$

Darin sind:
$\dot{Q}_R^{\prime\prime}$ Strahlung auf der Oberfläche in KW/m²
T_{ig} Zündtemperatur in K
T_0 Oberflächentemperatur in K
ρ Dichte in kg/m³
c Spezifische Wärmekapazität in kJ/kgK
k Wärmeleitfähigkeit in W/mK
τ Dicke in m

Bei thermisch dünnen Feststoffen kann vereinfacht angenommen werden, dass die Temperatur im Inneren des Körpers die gleiche ist wie auf der Oberfläche, d. h. es gibt keinen inneren Temperaturgradienten. Die physische geometrische Dicke eines Körpers d muss dafür geringer sein als die thermische Eindringtiefe δ_T. Für einen geringen Temperaturgradienten über die Dicke d ist erforderlich:

$$d \langle\langle \delta_T \approx \sqrt{\alpha \cdot t} \approx \frac{k(T_s - T_0)}{\dot{q}^{\prime\prime}} \qquad \text{Gl. (2.19)}$$

Normalerweise können Feststoffe mit Dicken < 1 mm als thermisch dünn angenommen werden, wie einzelne Papierblätter, Textilien, Kunststofffilme etc. Dünne Verkleidungen oder Laminate, die auf nicht isolierenden Substraten aufgebracht sind, werden in der Regel aber als thermisch dicke Feststoffe behandelt, auf Grund der auftretenden Wärmeleitung über das Substrat. Bei thermisch dicken Feststoffen kommt es auf Grund der Wärmeleitung des Materials zu einer Temperaturverteilung (Temperaturgradient siehe z. B. Abbildung 2.3 b) im Inneren.

Auch wenn ein Stoff entzündet werden kann, bedeutet dies nicht automatisch, dass sich der Brand weiter ausbreitet und nicht wieder verlischt. Abhängig von der eingebrachten Wärmeenergie, den Wärmeverlusten und den Materialparametern kann ein Brand verlöschen oder weiter brennen:

$$(\phi \Delta H_c - L_v) \dot{m}''_{cr} + \dot{Q}''_e - \dot{Q}''_e = S \qquad \text{Gl. (2.20)}$$

Bei $S < 0$ Verlöschen
Bei $S \geq 0°$ Weiterbrennen

Darin sind:
ϕ Konfigurationsfaktor
H_c Heizwert in kJ/g
L_v Pyrolyseenergie in J/g
$\dot{m}''_{cr}$ kritische Abbrandrate von der Oberfläche in g/m²s
$\dot{Q}''_e$ extern aufgebrachte Wärmestrahlung in kW/m²
$\dot{Q}''_l$ Wärmeverlust in kW/m²

Die Tabelle 2.6 fasst einige Parameter für die Brandentstehung und den Brandfortbestand zusammen.

Tabelle 2.6. Parameter für die Brandentstehung und den Brandfortbestand (Schneider et al., 1996)

Material/Stoff	Erzwungene Konvektion		Natürliche Konvektion		T_{ig} [°C]
	$\dot{m}''_{cr}$ [g/m²s]	ϕ	$\dot{m}''_{cr}$ [g/m²s]	ϕ	
Holz	3,5	0,30	2,5	0,3	280–450
Polyoxymethylen	4,5	0,43	3,9	0,45	–
Polymethylenmethacrylat	4,4	0,28	3,2	0,27	270
Polypropylen	2,7	0,24	2,2	0,26	–
Polystyrol	4,0	0,21	3,0	0,21	–
Phenolschaum (GM-57)	5,5	0,17	4,4	0,17	–
Polyurethanschaum (GM-27/FR)	6,5	0,12	5,6	0,11	270
Polyurethanschaum (GM-37)	6,9	0,11	6,2	0,09	270

Nachdem ein Stoff entzündet wurde und weiter brennt, d. h. nicht verlischt (Gl. (2.20)), kann sich der Brand unter bestimmten Bedingungen weiter ausbreiten.

2.4 Grundlagen der Brandausbreitung auf Feststoffen

Unter der Brandausbreitung wird allgemein die räumliche Ausweitung eines Brandes über die Brandausbruchstelle hinaus verstanden. Die Brandausbreitung auf der Oberfläche eines Feststoffes oder einer Flüssigkeit wird durch eine wandernde Flammenfront im Bereich der pyrolysierenden Oberfläche definiert. Die Brandausbreitung kann auch als ein Prozess der fortschreitenden Entzündung gesehen werden.

Die Brandausbreitung läuft in der Regel in vier Phasen ab (Hasemi, 2008):

1. Verdampfung: infolge eines Wärmeintrags auf der Oberfläche durch eine Flamme oder eine externe Wärmequelle beginnt die Oberfläche des Feststoffes oder der Flüssigkeit Pyrolysegase freizusetzen.
2. Vermischung: Die Pyrolysegase bzw. die brennbaren Dämpfe oder Gase vermischen sich mit dem Sauerstoff der Umgebung.
3. Verbrennung: Im Bereich des richtigen Mischungsverhältnisses zwischen Sauerstoff und Pyrolysegasen verbrennen diese unter Bildung einer Diffusionsflamme.
4. Erwärmung: Durch die Diffusionsflamme wird die bis dato unverbrannte Oberfläche bis zur Zündtemperatur erwärmt. Dann beginnt in diesem Bereich wieder Phase 1.

Die Brandausbreitung auf brennbaren Oberflächen ist also das Ergebnis einer komplexen Interaktion zwischen dem Wärmetransport von der Flamme zur unverbrannten Oberfläche, der Entzündung des brennbaren Luft/Gas-Gemisches durch die Flamme und den anschließenden chemischen Reaktionen in der Gasphase unter Abgabe von Wärmeenergie. Alle Faktoren greifen ineinander, beeinflussen sich gegenseitig und können gleichzeitig wichtig für den Brandausbreitungsprozess sein. Dementsprechend schwierig sind die Untersuchungen der Brandausbreitung und der beteiligten Faktoren.

In den letzten 40 Jahren wurden vielfältige Forschungen im Bereich der Brandentwicklung und Brandausbreitung durchgeführt, dabei wurden sowohl Theorien (z. B. Ohlemiller und Cleary, 1999; Hasemi, 2008), experimentelle Daten (z. B. Cowlard et al., 2007; Jiang, 2006) als auch eine Reihe von wissenschaftlichen Fachbeiträgen in diesem Bereich veröffentlicht (z. B. Di Blasi, 1995; Ayani et al., 2006). Vor allem die Brandausbreitungsgeschwindigkeit war und ist dabei von großem Interesse für diese Bereiche der Forschungen (Williams, 1976).

Grundsätzlich lassen sich die Theorien und Modelle zur Brandausbreitung in zwei Gruppen unterteilen, nämlich in Forschungen, die die Brandausbreitung unter dem Einfluss (1) unterschiedlicher Brennstoffdicken oder (2) verschiedener Brandausbreitungsrichtungen untersuchen. Bei Ersterem können thermisch dünne und thermisch dicke Brennstoffe und bei Letzterem die Brandausbreitungen mit gleichlaufender oder gegenläufiger Strömung unterschieden werden.

Bereits bei Williams (1976) (in Drysdale, 1998) wurde eine Abhängigkeit der Brandausbreitungsgeschwindigkeiten von der Brennstoffdicke erwähnt und hierbei zwei Systeme identifiziert: jenes für thermisch dünne und jenes für thermisch dicke Materialien. Die diesbezüglichen Modelle befassen sich vor allem mit dem Einfluss der Materialeigenschaften der Brennstoffe, wie z. B. deren Dichte, Wärmekapazität und Wärmeleitfähigkeit. Die fundamentale Gleichung für die Brandausbreitung beschrieb Williams (1976) wie folgt:

$$\rho V_f \Delta h = q''$$ Gl. (2.21)

und

$$\Delta h = c(T_{ig} - T_s)$$ Gl. (2.22)

Darin sind:
ρ Dichte in kg/m^2
V_f Brandausbreitungsgeschwindigkeit in m/s
q'' Wärmefluss in kW/m^2
c Wärmekapazität in kJ/kgK
T_{ig} Zündtemperatur in K
T_s Oberflächentemperatur in K

Die Umformung von Gl. (2.21) und Gl. (2.22) ergibt:

$$V_f = \frac{q''}{\rho \cdot c(T_{ig} - T_i)}$$ Gl. (2.23)

Danach ist die Brandausbreitung abhängig von externen Einflüssen wie etwa dem Wärmefluss auf die Oberfläche, aber auch von den Materialkennwerten. Die Materialkennwerte werden sowohl durch die chemischen wie auch die physikalischen Eigenschaften des Stoffes bestimmt. Tabelle 2.7 fasst die Einflüsse auf die Brandausbreitung zusammen.

Tabelle 2.7. Einflüsse auf die Brandausbreitung (Drysdale, 1998)

Material		Umgebungseinflüsse
Chemisch	**Physikalisch**	
Zusammensetzung/Art des Brandgutes	Zündtemperatur	Zusammensetzung der Luft
Brandverzögerer	Orientierung der Oberfläche	Luftdruck
Brandbeschleuniger	Brandausbreitungsrichtung	Temperatur
	Dicke	Strahlung
	Wärmekapazität	Konvektion
	Wärmeleitfähigkeit	Luftgeschwindigkeit
	Dichte	Strömungen
	Geometrie	

Nach Quintiere (2006) kann die Brandausbreitung für thermisch dünne Materialien wie folgt bestimmt werden:

$$V_p = \frac{\dot{q}_f'' \delta_f}{\rho c_p d (T_{ig} - T_s)}$$ Gl. (2.24)

Für thermisch dicke Materialien gilt:

$$V_p = \frac{4(\dot{q}_f'')^2 \delta_f}{\pi (k \rho c_p)(T_{ig} - T_s)^2}$$ Gl. (2.25)

Darin sind:
$\dot{q}_f''$ konvektiver und radiativer Wärmefluss von der Flamme in kW/m²
δ_f Flammenlänge (s. Abbildung 2.3)
d Dicke der brennenden Schicht (s. Abbildung 2.3)
T_{ig} Entzündungstemperatur in K
T_s Oberflächentemperatur in K
ρ Dichte in kg/m²
c Wärmekapazität in kJ/kgK
k Wärmeleitfähigkeit in W/mK

Die Abbildung 2.3 zeigt die thermischen Modelle für thermisch dünne und für thermisch dicke Materialien, unter anderem mit den Bezeichnungen für die Flammenlänge, Kontrollvolumina und die Verteilung des Wärmeflusses auf der Oberfläche vor der Pyrolysefront (P). Als Flammenlänge δ_f wird die maximale Längenausdehnung der Flamme von der Pyrolysefront aus gemessen bezeichnet.

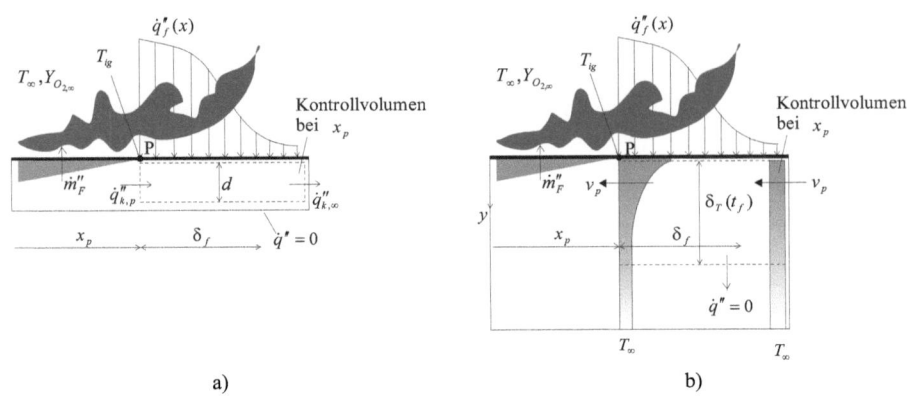

Abbildung 2.3. Thermisches Modell bei a) thermische dünnen und b) dicken Materialien (Quintiere, 2006)

In der Regel liegen die Brandausbreitungsgeschwindigkeiten bei 0,1 mm/s bis 120 mm/s. Die Tabelle 2.8 zeigt die Brandausbreitungsgeschwindigkeiten von einigen Materialien und Objekten.

Tabelle 2.8. Brandausbreitungsgeschwindigkeiten von Feststoffen (Anonym, 1977; in Schneider, 2009)

Brennbare Stoffe/ Objekte	Mittlere Brandausbreitungsgeschwindigkeit in [mm/s]
Bauten mit Holzkonstruktionen, Möbel usw.	16–20
Gummierzeugnisse in Stapeln auf offenen Flächen	18
Bretterstapel	33
Rundholzstapel	3,8–12
Kautschuk in geschlossenem Lager	6,6
Strohdach (trocken)	40,0
Papier in Rollen	4,5
Textilerzeugnisse in geschlossenem Lager	5,5
Torf in Stapeln	16

Je nach Lage (Decke, Wand, Boden), Orientierung (aufwärts, abwärts) und externen Einflüssen auf die Brennstoffoberfläche (z. B. Ventilation) können bei einer Brandausbreitung unterschiedliche Strömungsbedingungen vorherrschen. In Bezug auf diese Strömungsbedingungen können die Brandausbreitungen auch nach folgenden zwei Arten unterschieden werden:

- Brandausbreitung mit gleichlaufender (Luft-) Strömung, und
- Brandausbreitung mit gegenläufiger (Luft-) Strömung.

Bei der Brandausbreitung mit gleichlaufender Strömung haben der Brand und die vorherrschende Strömung die gleiche Richtung (s. Abbildung 2.4 a.). und bei der Brandausbreitung mit gegenläufiger Strömung breitet sich der Brand entgegen gesetzt zur vorherrschenden Strömung aus (s. Abbildung 2.4 b.). Die beiden Brandausbreitungsarten unterscheiden sich in der Qualität und Quantität der Stoff- und Energietransporte während des Brandausbreitungsvorganges.

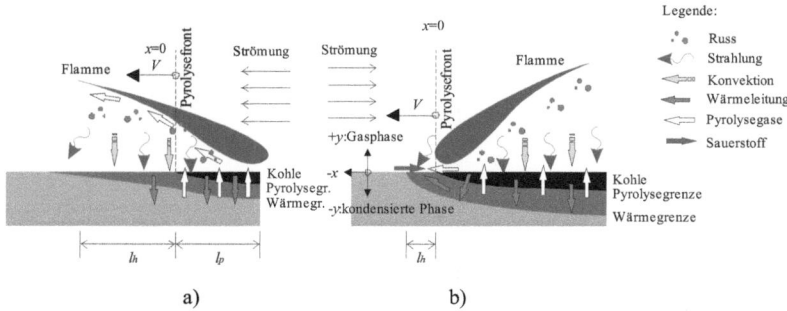

Abbildung 2.4. Brandausbreitung mit a) gleichlaufenden und b) gegenläufigen Strömungen (nach Ito et al., 2005 und Zhou, 1991)

Bei einer gleichlaufenden Strömung (Abbildung 2.4 a) gibt es bei der Brandausbreitung eine ausgeprägte Pyrolysefläche l_p und auf der unverbrannten Oberfläche wird eine Fläche l_h durch die Flammen vorgewärmt. Wärmestrahlung und Konvektion wirken von und durch die Thermik der Flammen auf die Oberfläche vor der Flammenfront und auf die brennende Oberfläche. Die Wärme wird mittels Wärmeleitung weiter ins Innere des Feststoffes geleitet. Die Flammen liegen eng an der Oberfläche an. Die Brandausbreitungsgeschwindigkeit ist in der Regel schneller als bei gegenläufiger Strömung.

Bei gegenläufiger Strömung (Abbildung 2.4 b) ist die bei einer Brandausbreitung durch die Flammen vorgewärmte Fläche l_h geringer und die Wärmeübertragung erfolgt vor allem durch die Strahlung und durch die Wärmeleitung innerhalb des Feststoffes. Die Wärme der Flamme wirkt hauptsächlich auf die brennende Oberfläche, dadurch kommt es zu einer stärkeren Erwärmung des Feststoffes und durch die Wärmeleitung ins Innere zu einem schnelleren Abbau der Materialoberfläche. Der Sauerstoff für die Verbrennung fließt von vorn hinzu. Durch die begrenzende Sauerstoffzufuhr kann es zu einer Einschränkung der Brandausbreitung kommen, denn durch eine eventuell reduzierte Sauerstoffzufuhr verringert sich die Bildung einer brennbaren Mischung, da weniger Sauerstoff für eine Vermischung mit den Pyrolysegasen zur Verfügung stehen kann.

Im Folgenden werden einige Modelle zur Berechnung der Brandausbreitung dargestellt, die Zusammenfassung erfolgte dabei an Hand der Brandausbreitungsrichtung (Strömungen gegenläufig oder gleichlaufend) und der Oberflächenorientierung (Wand, Boden) im Raum.

2.4.1 Brandausbreitung mit gegenläufiger Luftströmung

Bei der Brandausbreitung mit gegenläufiger Strömung (gegenläufige Brandausbreitung) breitet sich die Pyrolysefront, wie bereits erwähnt, in entgegengesetzter Richtung zur vorherrschenden Luftströmung aus (s. auch Abbildung 2.4 b). Erzeugt wird diese gegenläufige Strömung durch natürliche Konvektion, die durch Auftrieb oder durch externe Quellen wie Wind oder Ventilationen hervorgerufen wird.

Damit sich ein Brand gegen die vorherrschende Strömung überhaupt ausbreitet, muss eine hinreichende Wärmemenge zur unverbrannten Oberfläche von den bereits brennenden Bereichen (Flammen) oder von externen Wärmequellen transportiert werden. Die Flamme ist jedoch meist die Hauptwärmequelle. Sie liefert die notwendige Energie, um den unverbrannnten Brennstoff auf Pyrolysetemperatur zu erwärmen und um den Pyrolyseprozess aufrechtzuerhalten. Die produzierten Pyrolysegase vermischen sich in weiterer Folge mit dem Sauerstoff der Umgebung, dieses brennbare Gas/Luft-Gemisch entzündet sich und verbrennt unter Freiwerdung von Energie. Mit dieser Energie werden weitere unverbrannte Bereiche aufbereitet und der Brand breitet sich aus.

Wie schnell sich ein Brand ausbreitet, wird unter anderem von den vorherrschenden Strömungen und eventuell vorhandenen Turbulenzen beeinflusst. Prinzipiell behindert eine entgegengesetzte Strömung den Wärmetransport von der Flamme zur unverbrannten Oberfläche.

Beeinflusst wird die Brandausbreitung jedoch auch durch die Lage der Oberfläche im Raum. Eine Brandausbreitung mit gegenläufiger Strömung ist in der Regel anzutreffen bei einer

- Brandausbreitung am Boden (bei natürlicher Konvektion) und bei einer
- abwärtswandernde Brandausbreitung an einer Wand.

In weiterer Folge werden die Brandausbreitung am Boden und die abwärtswandernde Brandausbreitung an Hand einiger Modelle näher erläutert.

2.4.1.1 Brandausbreitung am Boden

Die gegenläufige Brandausbreitung am Boden ist vor allem in der Anfangsphase eines Brandes anzutreffen. Die Abbildung 2.4 b zeigte bereits die Stoff- und Energietransporte bei dieser Art der Brandausbreitung.

Nach Quintiere (1981) (in Schneider, 2009) kann die horizontale Brandausbreitungsgeschwindigkeit wie folgt ermittelt werden:

$$V_p = \frac{1}{\left[C \cdot \left(\dot{q}_{0,i} - \dot{q}_e\right)\right]^2}$$ Gl. (2.26)

Darin sind:
V_p Brandausbreitungsgeschwindigkeit in mm/s
$\dot{q}_{0,i}$ Wärmefluss für die Entzündung in kW/m²
$\dot{q}_e$ externer Wärmefluss in kW/m²
C Ausbreitungskoeffizient in $(s/mm)^{1/2}(m^2/kW)$

Für den Ausbreitungskoeffizienten C wird von Quintiere (1981) die folgende Beziehung angegeben:

$$C = \frac{\left(\pi \cdot \lambda \cdot \rho \cdot c_p\right)^{1/2}}{2 \cdot h \cdot l^{1/2} \cdot \dot{q}_f}$$ Gl. (2.27)

Darin sind:
$\dot{q}_f$ Wärmefluss von der Flamme in kW/m²
l Oberflächenlänge auf die $\dot{q}_f$ einwirkt
h effektiver Wärmeübergangskoeffizient zur Oberfläche
$\left(\pi \cdot \lambda \cdot \rho \cdot c_p\right)^{1/2}$ modifizierte Wärmeeindringzahl der Oberfläche

Die erforderlichen Stoffdaten können über Materialuntersuchungen oder aus der Literatur eruiert werden. Die Tabelle 2.9 zeigt beispielhaft typische Stoffdaten für einige Materialien.

Tabelle 2.9. Stoffdaten für die horizontale Brandausbreitung (Schneider, 2009)

Material	C [(s/mm)$^{1/2}$(m²/kW)]	$\dot{q}_{0,i}$ [kW/m²]	$\dot{q}_e$ [kW/m²]
Beschichtete Faserplatte	0,30	19	12
Unbeschichtete Faserplatte	0,057	19	≤ 2
Spanplatte	0,12	28	7
Hardbord	0,13	27	4
PMMA	0,16	21	≤ 2
Sperrholz, vinylbeschichtet	0,17	29	15
Sperrholz	0,08	29	8
Polyester	0,11	28	≤ 2

2.4.1.2 Abwärtswandernde Brandausbreitung an einer vertikalen Fläche

Untersuchungen zur abwärtswandernden Brandausbreitung sind in der Literatur nur in geringem Umfang zu finden, z. B. bei Mamourian et al. (2009) oder Ayani et al. (2006). Vorgenannte Untersuchungen befassen sich mit der Brandausbreitung an freistehenden dünnen PMMA-Proben mit Dicken zwischen 1,5–10 mm. Dabei wurde in beiden Untersuchungen die Brandausbreitungsgeschwindigkeit und bei Ayani et al. (2006) auch zusätzlich die Form und Entwicklung der Pyrolysefront untersucht. Die Abbildung 2.5 zeigt den Stoff- und Energietransport im Kontrollvolumen sowie die Ausbildung der Pyrolysefläche bei einer abwärtswandernden Brandausbreitung.

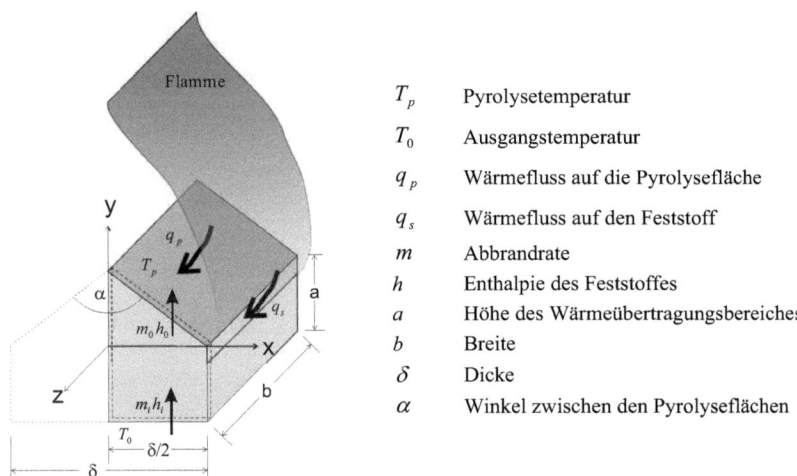

Abbildung 2.5. Abwärtswandernde Brandausbreitung an PMMA-Folien (Ayani et al. 2006)

Eines der Erkenntnisse aus der Studie von Ayani et al. (2006) war, dass sich an der oberen Kante der PMMA-Proben zwei zueinander geneigte Pyrolyseflächen ausbildeten. Der Winkel α zwischen den beiden Pyrolyseflächen wurde bei verschiedenen Probendicken als annähernd gleichbleibend mit 33,4° ermittelt.

Aufbauend auf einem Modell von Suzuki et al. (1994) entwickelten Ayani et al. (2006) ein Modell zur Ermittlung der abwärtswandernden Brandausbreitungsgeschwindigkeit, in dem auch die Neigung der Pyrolyseregion und die Probendicke mit einbezogen wurde:

$$V_p = \frac{2aq_s''}{\rho[c(T_p - T_0) + h_{de}]} \left(\frac{1}{\delta}\right) \frac{q_p''}{\rho \sin(\alpha/2)[c(T_p - T_0) + h_{de}]} \qquad \text{Gl. (2.28)}$$

Darin sind:

V_p	Brandausbreitungsgeschwindigkeit in mm/s
q_p''	Wärmefluss auf die Pyrolysefläche in kW/m²
q_s''	Wärmefluss auf die unverbrannte Oberfläche in kW/m²
ρ	Dichte in kg/m³
c	Wärmekapazität in kJ/kgK
h_{de}	Pyrolysewärme in J/kg
a	Höhe des Wärmeübertragungsbereiches (s. Abbildung 2.5)
δ	Dicke (s. Abbildung 2.5)

Der Winkel α zwischen den Pyrolyseflächen bzw. die Höhe des Wärmeübertragungsbereiches a wurden in erwähnter Studie experimentell mit 33,4° bzw. 2 mm ermittelt. Alle weiteren Parameter wurden entweder aus Materialuntersuchungen oder eigenen Berechnungen zusammengestellt.

2.4.2 Brandausbreitung mit gleichlaufender Luftströmung

Bei der Brandausbreitung mit gleichlaufender Strömung (gleichlaufende Brandausbreitung) fließt das sauerstoffführende Gas (Umgebungsluft) in die gleiche Richtung wie sich der Brand ausbreitet. Diese sauerstoffführende Strömung kann durch natürliche Ursachen hervorgerufen werden, wie etwa durch heiße aufsteigende Gasgemische bei einem Wandbrand oder aber auch durch maschinelle Ventilation.

Die Brandausbreitung mit gleichlaufender Strömung ist die wichtigste Art der Brandausbreitung im Hinblick auf den Brandschutz, da sie meistens schneller abläuft als jene mit gegenläufiger Strömung, denn die Strömung treibt die heißen Gase der Diffusionsflamme über die Oberfläche vor der Flamme her, sie verstärkt daher den Wärmestrom von der Flamme zur Oberfläche und beschleunigt dadurch die Brandausbreitung (s. auch Abbildung 2.4 a).

Neben dem Wärmetransport von der Flamme zur Oberfläche wird die Brandausbreitungsgeschwindigkeit aber auch beeinflusst durch die physikalisch-chemischen Mechanismen in der Verbrennungszone, durch die vorherrschenden Strömungsgeschwindigkeiten und eventuell vorhandene Turbulenzen. Nach Zhou (1991) wird z. B. die Geschwindigkeit der Brandausbreitung an thermisch dicken Materialien mit steigenden Turbulenzen verringert und mit steigender Strömungsgeschwindigkeit beschleunigt.

Eine Brandausbreitung mit gleichlaufender Strömung liegt normalerweise bei folgenden Brandsituationen vor:

- bei einer aufwärtswandernden Brandausbreitung an einer Wand,
- bei einer Brandausbreitung unter der Decke oder
- bei einem Brand am Boden, wenn durch Ventilationsbedingungen (Absaugung) oder die räumlichen Gegebenheiten (z. B. Tunnelsituation) eine Strömung gleichlaufend zur Brandausbreitungsrichtung entsteht.

Im Folgenden werden die aufwärtswandernde Brandausbreitung an einer Wand und die Brandausbreitung unter einer Decke genauer beschrieben.

2.4.2.1 Aufwärtswandernde Brandausbreitung an einer vertikalen Fläche

Die Abbildung 2.6 zeigt schematisch die Temperatur- und Strahlungsverläufe bei einer aufwärtswandernden Flammenfront und gleichlaufenden Strömung.

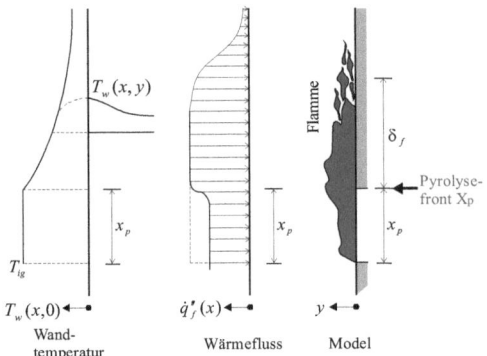

Abbildung 2.6. Aufwärtswandernde Brandausbreitung an einer Wand (Hasemi, 2008)

Der Wärmetransport von der Flamme zur Oberfläche ist bei der gleichlaufenden Brandausbreitung der dominante kontrollierende Mechanismus (Zhou, 1991). Das Ausmaß und die Verteilung der Strahlung von der Flamme $\dot{q}_f''$ oberhalb der Pyrolysefront ist eine Funktion von x und beeinflusst die Erwärmung des Brennstoffes.

Nach Ohlemiller und Cleary (1999) sind die drei wichtigsten Einflüsse auf die aufwärtswandernde Brandausbreitung:

(1) die Wärmestrahlung von der Flamme $\dot{q}_f''$,
(2) die Flammenlänge und
(3) die Brandleistung.

Diese drei Faktoren stehen in Interaktion zueinander. Die Flammenlänge (2) ist eine Funktion der Brandleistung unterhalb der Pyrolysefront (3) und beeinflusst in Interaktion mit der Wärmestrahlung von der Flamme $\dot{q}''_f$ (1) wie schnell der Brennstoff auf Zündtemperatur erwärmt wird. Die Brandleistung (3) eines entzündeten Brennstoffes ist wiederum abhängig vom Material selber, dem Ausmaß der Brandfläche, einer eventuellen externen Strahlung und der Zeit. (3) steht in Wechselwirkung mit (1) und (2).

In der Literatur sind eine Reihe von Modellen zur Berechnung der aufwärtswandernden Brandausbreitung zu finden (vgl. Hasemi, 2008). Karlsson (1995) z. B. erstellte eine ingenieurmäßige Näherungsmethode, indem er eine Theorie zur gleichlaufenden Brandausbreitung mit empirisch ermittelten Zusammenhängen der Flammenhöhen und Versuchsdaten aus dem Cone Kalorimeter kombinierte. Der nachfolgende Abschnitt beschreibt wie diese Technik modifiziert wurde, um die Brandausbreitung aufwärts zu modellieren.

Folgende Annahmen wurden von Karlsson (1995) getroffen:

- Das Material ist thermisch dick, homogen und die thermischen Eigenschaften des Materials sind unveränderlich mit der Temperatur.
- Chemische Veränderungen werden nicht betrachtet.
- Die Flammenlänge x_f ist proportional zur konvektiven Brandleistung $\dot{Q}'$ pro Breite der Flammenfront.
- Wärmeübertragung findet nur in der Region $x_p < x < x_f$ statt und wird dort als konstante Wärmestrahlung $\dot{q}''_f$ angenommen (s. Abbildung 2.7).
- Einmal entzündet brennt die gesamte brennende Oberfläche während der Simulation (d. h. geometrisch gesehen wird kein Ausbrand angenommen).

Mit fortschreitender Brandausbreitung kann sich die Flammenhöhe verändern. Die Abbildung 2.7 zeigt die Entwicklung der Flammenhöhe x_f mit fortschreitender Brandausbreitung. Die Zone, auf der die Oberfläche vorerwärmt wird, wird dabei mit $x_p < x < x_{fl}$ definiert.

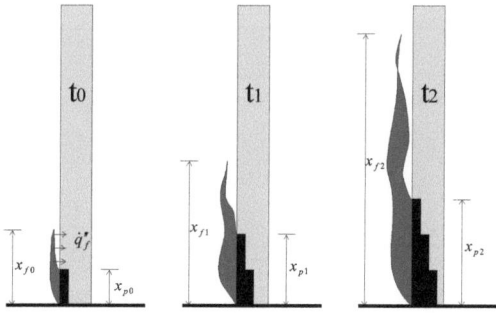

Abbildung 2.7. Brandausbreitung aufwärts ohne Ausbrand des Materials (Grant und Drysdale, 1995)

Die Abbildung 2.7 zeigt drei aufeinanderfolgende kleine Zeitschritte: t_0 (Zündung), t_1 und t_2. Die Dimension der benachbarten Pyroloseregion (schwarz) ist übertrieben, um schematisch die fortlaufende Beteiligung der späteren Brennstoffelemente in Richtung der Brandausbreitung anzuzeigen. Die Entwicklung der Pyroloseregion in den Brennstoff hinein entspricht der Annahme, dass es zu keinem Ausbrand des Brennstoffes kommt.

Die aufwärtswandernde und linear zeitabhängige Geschwindigkeit der Flammenfront wurde bei Karlsson (1995) wie folgt beschrieben:

$$V(t) = \frac{x_f(t) - x_p(t)}{\tau} = \frac{\mathrm{d}(x_p)}{\mathrm{d}t} \qquad \text{Gl. (2.29)}$$

Darin ist:

$$\tau = \left[\frac{4(\dot{q}_f'')_f^2}{\pi k \rho c (T_{ig} - T_0)^2}\right]^{-1} \qquad \text{Gl. (2.30)}$$

die charakteristische „Zündverzögerungszeit" für das Material, wenn es der Wärmestrahlung $\dot{q}_f''$ (kW/m²) der Flamme ausgesetzt wird.

In Gl. (2.29) und Gl. (2.30) bedeuten:
$V(t)$ Brandausbreitungsgeschwindigkeit in m/s
x_f Flammenhöhe in m
x_p Pyrolysehöhe in m
τ Zündverzögerung in s
$\dot{q}_f''$ Wärmefluss von der Flamme in kW/m²
ρ Dichte in kg/m³
c Wärmekapazität in kJ/kgK
k Wärmeleitfähigkeit in W/mK
T_{ig} Zündtemperatur in K
T_o Ausgangstemperatur in K

Die zeitabhängige Flammenhöhe x_f und Lage der Pyrolysefront X_p werden bestimmt durch:

$$x_f(t) = K \left\{ \dot{Q}_b'(t) + x_{p0} \dot{Q}''(t) + \int_0^t \dot{Q}''(t - t_p) V(t_p) \mathrm{d}t_p \right\}^n \qquad \text{Gl. (2.31)}$$

und

$$x_p(t) = x_{p0} + \int_0^t V(t_p)\,dt_p \qquad \text{Gl. (2.32)}$$

Darin sind:
x_{p0} initiale Pyrolysehöhe in m
K empirische Konstante
$\dot{Q}'_b(t)$ Brandleistung der Zündquelle in kW/m
$\dot{Q}''$ Brandleistung in kW/m

Damit ergibt sich für die Brandausbreitungsgeschwindigkeit:

$$V(t) = \frac{1}{\tau}\left[K\left\{\dot{Q}'_b(t) + x_{p0}\dot{Q}''(t) + \int_0^t \dot{Q}''(t-t_p)V(t_p)\,dt_p\right\}^n - \left(x_{p0} + \int_0^t V(t_p)\,dt_p\right)\right] \qquad \text{Gl. (2.33)}$$

Karlsson (1995) zeigte, dass es möglich ist, diese Gleichung analytisch zu lösen, wenn die Brandleistungsdaten aus dem Cone Kalorimeter zuerst durch eine passende mathematische Funktion angenähert und die Flammenhöhenbeziehung linearisiert wurde, indem der Wert von n als Einheit gesetzt wurde.

Bei den der Gl. (2.33) zugrunde liegenden Versuchen wurde ein Gasbrenner mit einer konstanten Brandleistung $\dot{Q}'_b(t)$ verwendet. Bei einer Ausbreitung ohne verbleibenden Gasbrenner kann die Brandausbreitungsgeschwindigkeit wie folgt ermittelt werden:

$$V(t) = \frac{1}{\tau}\left[K\left\{x_{p0}\dot{Q}''(t) + \int_0^t \dot{Q}''(t-t_p)V(t_p)\,dt_p\right\}^n - \left(x_{p0} + \int_0^t V(t_p)\,dt_p\right)\right] \qquad \text{Gl. (2.34)}$$

Das Modell nach Karlsson wurde für den speziellen Fall der aufwärtswandernden Brandausbreitung erstellt, d. h. dass die Flammen an einer brennenden Wand entstehen. Für die Anwendung dieses, im Endeffekt vereinfachten Wärmeübertragungsmodelles ist jedoch eine Reihe von empirisch zu ermittelnden Daten notwendig.

2.4.2.2 Brandausbreitung unterhalb der Decke

Unterhalb der Decke breitet sich der Brand vor allem gleichlaufend aus (Drysdale, 1998). Die Mechanismen sind ähnlich der aufwärtswandernden Brandausbreitung an einer Wand und/oder der Brandausbreitung am Boden mit gleichlaufender Strömung, jedoch mit veränderter Wirkung der Schwerkraft (Zhou, 1991).

Die Flammendicke ist in der Regel geringer als bei einer Brandausbreitung auf der Wand oder auch am Boden, da der Auftrieb auf die Flamme wirkt. Dadurch ist nach Hasemi (2008) auch die von der Flamme ausgestrahlte Leistung geringer.

Einfluss auf die Brandausbreitung unterhalb der Decke haben auch die Umgebungstemperatur und die Oberflächengestaltung der Decke. Bei einem Brand in einem Raum wird die Deckenuntersicht in der Regel durch den heißen Rauch oder auch „ceiling jets" erwärmt, bevor der Brand sich dorthin ausgebreitet hat. Da die heißen Gase jedoch dazu tendieren, sich unter der Decke zu sammeln (stagnieren), breitet sich ein Brand unter der Decke nach Drysdale (1998) langsamer aus als auf einer Wand aufwärts.

2.5 Brandversuche

2.5.1 Allgemeines zu den Brandversuchen

Experimente und Versuche sind ein wesentlicher Bestandteil in der wissenschaftlichen Erforschung des Feuers. Ein Experiment ist „ein wiederholbarer, methodisch angelegter Versuch zur Klärung von Vorgängen und Randbedingungen, zur Bestätigung von Theorien sowie als Grundlage der Naturwissenschaften" (Anonym, 1979). Im Unterschied zur reinen Betrachtung, wird eine genau definierte Situation präpariert, das Verhalten des Systems beobachtet bzw. gemessen und mit den Voraussagen des zugrunde liegenden Modells verglichen.

Versuche werden aus unterschiedlichen Gründen vorgenommen:

- auf Grund normativer/gesetzlicher Vorgaben oder Anforderungen für Klassifizierungen,
- zur reinen Forschung: d. h. beispielsweise zur Klärung phänomenologischer Fragestellungen, im Zuge von Ermittlungen nach einem Brandereignis oder zur Klärung des Brandverhaltens von neuen Materialien etc.,
- zur Ermittlung von Kennwerten für den Vergleich mit Simulations- oder analytischen Modellen.

Bei Experimenten in der Brandschutzforschung können zwei Gruppen unterschieden werden: die Brandversuche im Realmaßstab (full scale tests) und jene in reduziertem Maßstab (bench-scale test).

Mit Versuchen im Realmaßstab können weitgehend realitätsnahe Brandszenarien (1:1) nachgestellt werden und somit das Brandverhalten untersucht, Brandleistungen ermittelt und mit den Ergebnissen auch Modelle validiert werden. Normative Brandversuche im Realmaßstab sind z. B. der Raumeckenversuch bzw. das Raum-Kalorimeter nach ÖNORM EN 14390 (2007) und ISO 9705 (1993), aber auch die Sitzprüfung für Schienenfahrzeuge nach DIN 5510-2 (2009). In der Literatur sind ebenfalls Ergebnisse von Großversuchen im Realmaßstab zu finden, etwa bei Rinne et al. (2007) oder Welch et al. (2007). Bei diesen Versuchen handelt es sich jedoch lediglich um singuläre Versuche oder um Versuchsreihen, die, im Unterschied zu normativen Versuchen, nicht oder nur schwer wiederholbar sind.

Großversuche im Realmaßstab sind aus Kostengründen, aufgrund von Sicherheitsbedenken oder Platzproblemen schwer durchführbar, lassen sich aber teilweise in reduziertem Maßstab im Labor nachstellen (Drysdale et al., 1992b). Durch die Skalierung von Versuchen können jedoch Ungenauigkeiten in die Experimente einfließen. Laborversuche können Materialeigenschaften und Daten über das Verhalten von Materialien im Brandfall liefern. Sie sind relativ kostengünstig und leicht zu wiederholen. Die gängigen normativen Versuche beinhalten die Thermoanalyse (DTA, s. Abschnitt 3.2.2), die Untersuchungen im Cone Kalorimeter (ISO 5660-1, 2002), den SBI-Test (ÖNORM EN 13823, 2002) und den „floor panel test" für Bodenbeläge (ÖNORM ISO 9239-1, 2002). In der Literatur sind eine Reihe von „bench scale" Tests zu finden (s. Abschnitt 2.5.3).

In den nachfolgenden Abschnitten sind auszugsweise die Anordnungen und Apparate für normative Versuche und Versuche in der Literatur zusammengestellt, welche unter anderem die Möglichkeit zur Messung von Kennwerten für die Brandausbreitung beinhalten.

2.5.2 Allgemeine, normative Brandversuche

Das Brandverhalten von Materialien wird durch die Materialeigenschaften (von einfach entflammbar bis nicht brennbar), das Design, die Art des Einbaus, der Verwendung und der Wartung beeinflusst (Dewitt, 1999). Diese Parameter sind voneinander abhängig und beeinflussen sich gegenseitig. So sind der Einbau und die Verwendung von Materialien abhängig von den Materialeigenschaften.

Die gesetzlich notwendigen Materialeigenschaften, in Bezug auf die Brandsicherheit, werden unter anderem durch normative Versuche und Anforderungen geregelt. Die aktuellen normativen Prüfungen zur Brandsicherheit untersuchen vor allem die Zündung, den Beitrag zur Brandleistung und Toxizität der Brandprodukte. Sie erfassen nicht die Brandausbreitung, oder nur in sehr geringem Ausmaß. Im nachfolgenden Abschnitt sind eine Reihe von aktuellen nationalen und internationalen Normen sowie einige „alte" normative Prüfungen zusammengestellt. Die Zusammenstellung erfolgt insbesondere mit Rücksicht auf eventuelle Aussagen zur Brandausbreitung.

Im SBI-Test („Single Burning Item") der ÖNORM EN 13823 (2002) wird die thermische Beanspruchung von Bauprodukten durch einen einzelnen brennenden Gegenstand untersucht. In einem Prüfraum (3,0 m × 3,0 m × 2,4 m) wird ein Prüfwagen (Probenträgerwagen) eingebracht, darauf werden zwei Probekörper (49,5 cm bzw. 100 cm × 150 cm) in einer rechtwinkligen Anordnung zueinander aufgestellt. Die Zündung der Proben erfolgt durch einen Sandbettbrenner am Fuß der Probenecke. Über eine Abzugshaube werden die Verbrennungsgase gesammelt (s. Abbildung 2.8).

In geringem Ausmaß wird im SBI die seitliche Brandausbreitung untersucht. Hierzu werden die Zeitpunkte notiert, an denen die Flammenfront die Außenkante des breiteren Probenflügels in einer Höhe von 50 und 100 cm von der Probenunterkante erreicht. Entscheidend für die Bewertung ist ein anhaltendes Brennen über einen Zeitraum von mindestens 5 s auf der Probenoberfläche.

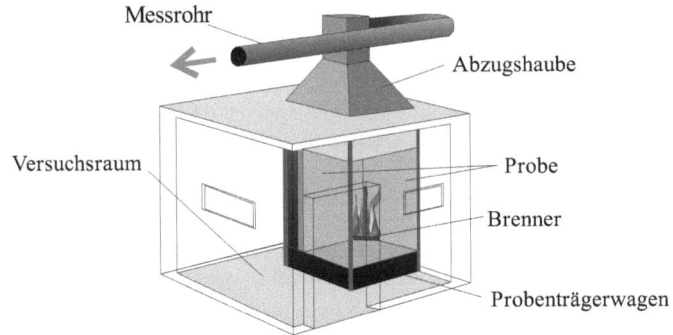

Abbildung 2.8. Prüfanordnung beim SBI-Test nach ÖNORM EN 13823

Im „floor panel" Test der ÖNORM EN 9239-1 (2002) wird das Brandverhalten von Bodenbelägen bestimmt. Ziel ist die Ermittlung der Eigenschaften von Bodenbelägen bei Beanspruchung durch Wärme und Flammen unter kontrollierten Laborbedingungen. Eine horizontal angeordnete Probe (105 cm × 23 cm) wird in einer Prüfkammer von einem Strahler (30° zur Probe geneigt) erwärmt und durch eine Zündflamme am heißen Ende entzündet (s. Abbildung 2.9). Durch die Schräglage des Strahlers zur Oberfläche beträgt die Strahlungsintensität je nach Lage auf der Probe zwischen 0 und 11 kW/m^2. Über den Zeitpunkt, an dem die Flammenfront einen 50-mm-Messpunkt auf der Probenoberfläche erreicht, kann damit ein Wert zur Brandausbreitung ermittelt werden.

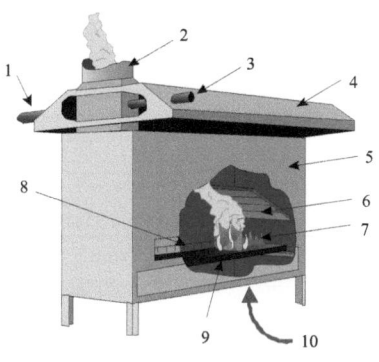

1	Messlichtgeber
2	Abzugsvorrichtung
3	Messlichtempfänger
4	Abzugshaube
5	Prüfkammer
6	Gasbeheizter Strahler
7	Zündflamme des Reihenbrenners
8	Skala
9	Probenhalterung mit Probe zusammen mit führbarem Unterstützungsrahmen
10	Luftzufuhr rund um die Probe am Prüfkammerboden

Abbildung 2.9. Prüfkammer für den „floor panel" Test nach ÖNORM EN 9239-1

Im „spread of flame" Test der ISO 5658-2 (2006) wird die seitliche Brandausbreitung auf Bauprodukten und Produkten für den Transport untersucht. Eine vertikal angeordnete Probe (15,5 cm × 80,0 cm) wird mittels eines Strahlungspaneels einer externen Wärmebelastung ausgesetzt und am „heißen" Ende mittels Zündflamme entzündet (s. Abbildung 2.10). Das Strahlungspaneel ist in einem Winkel von 15° zur Probenoberfläche montiert, somit beträgt die Strahlungsintensität auf der Probenoberfläche je nach Lage zwischen 1,5 und 49,5 kW/m². Um die Lage der Flammenfront bestimmen zu können, werden auf der Probe alle 40 mm Referenzlinien aufgebracht, bei leicht verkohlenden Proben wird ein Stahlgitter von 10 mm vor der Oberfläche angebracht, um trotz allfälliger Verkohlung der Oberfläche eine Referenzlinie zu haben. Gemessen werden die Zeit bis zur Entzündung und bis zum Verlöschen. Des Weiteren wird die Entwicklung der Flammenfront über die gesamte Probenlänge aufgezeichnet. Die Ergebnisse des „spread of flame" Tests sind: die Flammenausbreitung über die Zeit, kritische Strahlungsintensität für das Verlöschen und vor allem die durchschnittlich notwendige Strahlungsintensität zum Aufrechterhalten des Brennens.

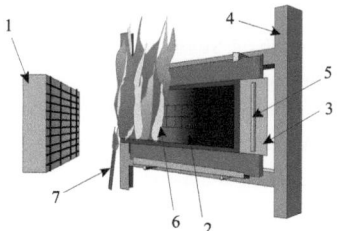

1	Strahlungspaneel (15° zur Probenfläche)
2	Probe
3	Probenhalterung
4	Rahmen für die Probenhalterung
5	Griff
6	Flammenfront
7	Pilotflamme

Abbildung 2.10. Prüfanordnung für den „spread of flame" Test der ISO 5658-2

In einigen der „alten" nationalen, europäischen Normen wurden die normativen Versuche zur Klassifizierung von Materialien und Produkten beschrieben. Neben der Prüfung der Brennbarkeit (Brandverhalten von Baustoffen) wurden auch Beobachtungen zur Brandausbreitung bzw. zur Brandentwicklung aufgezeichnet.

Im Brandschachttest nach der DIN 4102 Teil 15 (1990) und Teil 16 (1998) wird die Klassifizierung der (alten) Baustoffklassen A1, A2 und B1 nachgewiesen. Hierzu werden vier vertikale Proben (je 19 cm × 100 cm) in schlotartiger Anordnung um einen quadratischen Brenner 10 Minuten lang einer definierten Flamme ausgesetzt. Die Prüfung erfolgt in einem schachtförmigen Gehäuse (Brandschacht), in dem von unten ein definierter Zuluftstrom eingeleitet und am oberen Ende die Brandgase abgeleitet werden. Gemessen werden die Rauchgastemperatur und die Zuluft-, Verbrennungsluft- und Brenngasvolumenströme. Die Auswertung und Klassifizierung erfolgt über die mittlere Restlänge der Proben, d. h. über jenen Teil, der nicht verbrannt ist.

Der Flammenausbreitungstest nach NFP 92-504 (Textile Guide, 2007) wurde in Frankreich zur Klassifizierung herangezogen. Hierbei wird an eine horizontal montierte Probe am freien Ende ein Bunsenbrenner angehalten, jeweils 10 Mal 5 Sekunden lang. Gemessen wird die Dauer des Nachbrennens und die Zeit, die die Flamme zwischen zwei Referenzlinien bei 50 mm und 300 mm benötigt.

In England wurde nach der BS 476, Teil 7 (Textile Guide, 2007) das Flammverhalten von flachen Materialien, Verbundwerkstoffen und Bauteilen gemessen und dieses klassifiziert. Hierzu wird eine vertikale Probe für 10 Minuten in einem Winkel von 90° einer externen Strahlung durch ein Strahlungspaneel ausgesetzt und am unteren „heißen" Ende mittels einer Pilotflamme entzündet. Gemessen wird die Flammenausbreitung nach 1,5 Minuten und am Ende der Versuche an Hand von Referenzlinien auf der Probe.

Von den amerikanischen Normen sind auszugsweise zwei Normen zu nennen, die die Brandausbreitung als Versuchsparameter beinhalten. Dies sind der „Lateral Ignition and Flame Transport Test" (LIFT) der ASTM E 1321 und der „Steiner-Tunnel-Test" der ASTM E-84. Im LIFT (Cleary, 1992) wird eine vertikal orientierte Probe vor einem Strahlerpaneel im Winkel von 15° montiert und mittels Pilotflamme entzündet. Die Strahlungsintensität beträgt zwischen 5 und 10 kW/m^2. An Hand von Referenzlinien auf der Probe (alle 25 mm) wird ermittelt wo, und damit auch, bei welcher Strahlungsintensität die Flammen verlöschen. Beim Steiner Tunnel Test, (Textile Guide, 2007) wird ein Deckenfeuer simuliert. Hierbei wird das Testmaterial an der Tunneldecke befestigt und einer 1,37 m langen Flamme 10 Minuten lang ausgesetzt. Gemessen werden die Rauchintensität und das Tempo, mit der sich die Flamme ausbreitet, hiermit werden ein „Rauchentwicklungsindex" und ein „Flammenindex" berechnet.

Zusammenfassend ist festzuhalten, dass sich durch die Erfassung der Entzündungszeitpunkte und des Erreichens einer oder mehrerer Referenzlinien auch bei einigen normativen Versuchen eine Brandausbreitung ermitteln lässt, jedoch keine Anforderungen dahingehend an die untersuchten Produkte abgeleitet werden. Die Brandausbreitung ist kein Hauptziel der normativen Versuche, sondern gegebenenfalls ein zusätzlicher Kennwert, der zum Vergleich zwischen einzelnen Produkten ermittelt werden kann.

2.5.3 Brandversuche zur Brandausbreitung in der Fachliteratur

In der Fachliteratur sind eine ganze Reihe von Untersuchungen mit dem Hauptziel der Ermittlung der Brandausbreitung und der Einflussparameter auf die Brandausbreitung zu finden. In diesen Untersuchungen wurden oft nur ein bis zwei verschiedene Materialien untersucht und eine begrenzte Anzahl an Versuchen durchgeführt. Da auch die Umgebungseinflüsse und die Messunsicherheiten der Versuche oft nicht bekannt sind, stellt sich daher, im Unterschied zu den normativen Versuchen, die Frage der Wiederholbarkeit der durchgeführten Versuche. Aber da im Unterschied zu den normativen Versuchen das Hauptziel die Brandausbreitung und deren Einflüsse war, lassen sich sehr gut die Prinzipien der Brandausbreitung und deren Auswirkungen darauf ermitteln.

Die Versuche in der Literatur unterscheiden sich erheblich voneinander, z. B. im Hinblick auf die untersuchten Materialien, die Versuchsaufbauten, die erfassten Daten und die Auswertungen. Die Ursache für diese Bandbreite an Versuchen liegt in den unterschiedlichen Fragestellungen, welche den Untersuchungen zu Grunde lagen. Einerseits wurden Versuche zur Evaluierung von Brandausbreitungsmodellen vorgenommen (vgl. Cowlard et al., 2008 und 2007; Ohlemiller und Cleary, 1999) und anderseits die Auswirkungen externer Parameter auf die Brandausbreitungsgeschwindigkeit untersucht. In der Literatur sind Untersuchungen zu folgenden Einflüssen auf die Brandausbreitung zu finden:

- Lage bzw. Anordnung: z. B. Boden, Decke, Wand, Ecke, Neigung.
- Brandausbreitungsrichtung: z. B. gleichlaufende Strömung, gegenläufige Strömung, aufwärts, abwärts, seitlich, Probenunterseite bzw. -oberseite.
- Umgebungsbedingungen: z. B. Luftdruck, Schwerelosigkeit, Sauerstoffgehalt, Strömungen bzw. Ventilationen, Zusammensetzung der Atmosphäre, Druckverhältnis, Umgebungstemperatur, externe Strahler.
- Materialeigenschaften: chemisch (Zusammensetzung oder Art des Brandgutes, Vorhandensein von brandhemmenden Zusätzen) und physikalisch (Wärmespeicherfähigkeit, Wärmeleitfähigkeit, Dichte).
- Ausmaße/Geometrie des Materials: z. B. Dicke, Breite.

Versuche zum Einfluss der Lage auf die Brandausbreitung finden sich z. B. bei Shi und Wu (2008). Diese untersuchten den Einfluss auf die vertikale Brandausbreitung bei verschiedenen geometrischen Anordnungen von Wänden, z. B. einzelner oder paralleler Anordnung, sowie bei Grundrissen in U-, L- und O-Form. Hierbei wurden sowohl die Abstände zwischen den Proben als auch die Probenbreiten variiert. Bei einzelnen vertikalen Proben wurde beobachtet, dass die Brandausbreitung mit Vergrößerung der Probenbreite ansteigt (s. Abbildung 2.11 a „single"). Bei der parallelen Anordnung stieg die Brandausbreitung mit der Verringerung des Abstandes zwischen den Proben, da die Konvektion und die Strahlung zunahm (s. Abbildung 2.11 a). Wurde der Abstand jedoch noch schmäler, verringerte sich die Brandausbreitungsgeschwindigkeit auf Grund des Sauerstoffmangels. Bei Anordnung in U-, L- und O-Form stieg die Brandausbreitungsgeschwindigkeit mit Vergrößerung der Probenbreite (s. Abbildung 2.11 b).

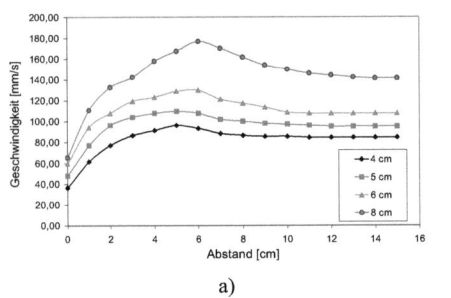
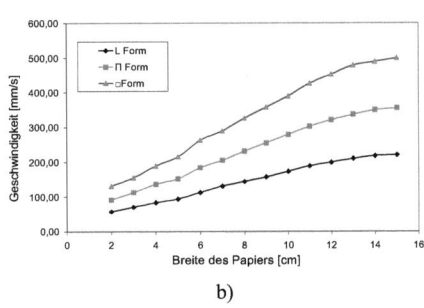

a) b)

Abbildung 2.11. Vertikale Brandausbreitungsgeschwindigkeit auf Papier in Abhängigkeit von der geometrischen Anordnung; a) Brandausbreitung einzelner Proben und parallele Anordnung, b) Probenanordnung in L-, U- und O-Form (Shi und Wu, 2008)

Die Auswirkungen bei einer Eckkonfiguration wurden von Ohlemiller et al. (1998), Qian et al. (1994) und Qian (1995) untersucht. Als Materialien kamen Verbundwerkstoffe (Ohlemiller et al. 1998) und PMMA (Qian et al., 1994; Qian 1995) zur Anwendung. Die Zündung erfolgte in den erwähnten Untersuchungen durch Linienbrenner am Fuße der Wand. Bei einer Zündlänge von < 20 cm stieg die Brandausbreitungsgeschwindigkeit mit der Verlängerung der Zündlänge. Eine Zündlänge von 20–40 cm hatte keine Auswirkungen mehr auf die Brandausbreitungsgeschwindigkeit.

In einer Eckkonfiguration treffen 50–60 % mehr Strahlung auf die Oberfläche als bei einer flachen Wand (Qian et al., 1994). Dadurch und durch die Einschränkung des Sauerstoffzuflusses im Eckbereich bildete sich eine Pyrolysefront in M-Form (s. Abbildung 2.12 a) aus. Die Abbildung 2.12 b zeigt die Pyrolysefront in sechs Zeitintervallen nach der Zündung.

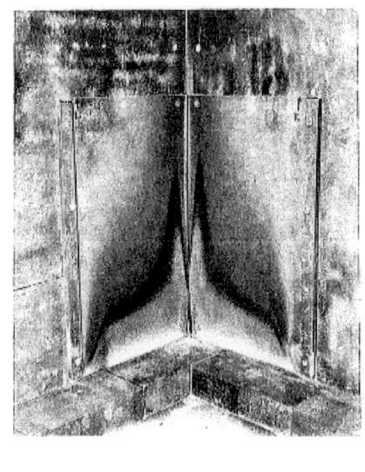 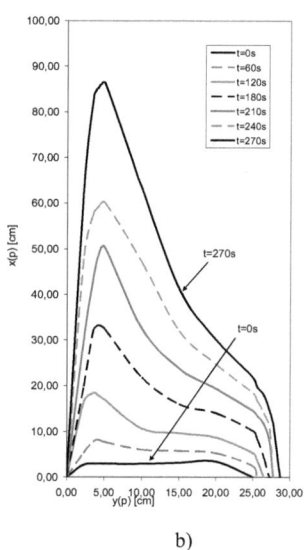

a) b)

Abbildung 2.12. Pyrolysefront bei einer Eckkonfiguration; a) Schema der Front, b) Entwicklung der Pyrolysefront an PMMA (Qian, 1995)

In der Literatur sind auch Untersuchungen zum Einfluss der Neigung auf die Brandausbreitung zu finden. Quintiere (2001) untersuchte den Einfluss der Neigung auf dünnen Isoliermatten aus dem Flugzeugbau (PET-Fiberglasmatten) in einer runden Konfiguration und ermittelte eine kritische Neigung von 30° für die Brandausbreitung. Drysdale und Macmillan (1992a) untersuchten Computerkarten und PMMA-Proben in unterschiedlicher Neigung mit aufwärtswandernder Brandausbreitungsrichtung.

Die Ergebnisse dieser Untersuchungen sind abhängig von der Probenbreite und den Strömungsverhältnissen. Bei PMMA-Proben mit seitlich montierten Wänden wurde bei einer Neigung von 15° ein rascher Anstieg der Brandausbreitungsgeschwindigkeit ersichtlich; bei den Proben ohne Seitenwände wurde dieser rasche Anstieg der Geschwindigkeit ab einer Neigung von 20° ersichtlich (vgl. Abbildung 2.13 a und b). Als kritische Neigung wurden daher 15–20° angegeben. In den Versuchen zu einem verheerenden Brand in der U-Bahn-Station King's Cross wird bei Drysdale et al. (1992b) wiederum eine kritische Neigung von 30° angegeben. Bei allen Untersuchungen mit Bränden auf geneigten Oberflächen zeigt sich, dass vor allem die Strömungsbedingungen sehr kritisch für die Entwicklung des Brandes und der Brandausbreitungsgeschwindigkeit sind.

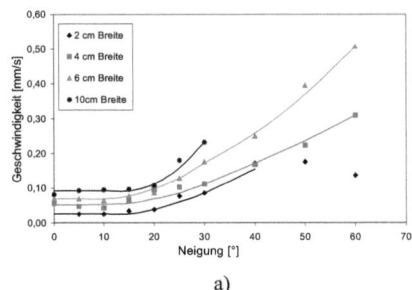 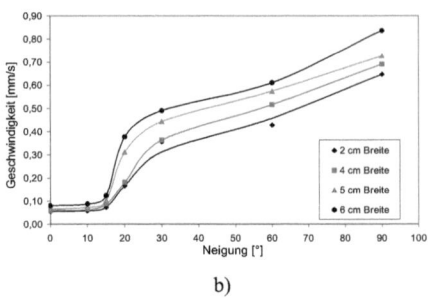

a) b)

Abbildung 2.13. Brandausbreitungsgeschwindigkeit an PMMA in Abhängigkeit von der Probenneigung; a) ohne Seitenwände und b) mit Seitenwänden (Drysdale und Macmillan, 1992a)

Weitere Untersuchungen zum Einfluss der Umgebungsbedingungen finden sich bei Wu et al. (2003) und Zhou (1991). Hierin zeigte sich, dass Strömungen und Turbulenzen einen großen Einfluss auf die Zündung und auf die Brandausbreitung haben. Wu et al. (2003) untersuchten den Zusammenhang zwischen Zündzeitpunkt und Strömungen mit verschiedenen Strömungsgeschwindigkeiten und Temperaturen. Die Untersuchungen ergaben, dass die Zündverzögerung (Zeit bis zum Entzünden) mit steigender Temperatur der Strömungen kleiner wird, wohingegen sie mit steigender Strömungsgeschwindigkeit zunimmt.

In der Studie von Zhou (1991) wurden die Auswirkungen von Strömungen und Turbulenzen auf die Brandausbreitungsgeschwindigkeit bei gegenläufigen und bei gleichlaufenden Strömungen untersucht. Bei einer gegenläufigen Strömungsrichtung auf dicken Materialien stieg die Brandausbreitungsgeschwindigkeit mit steigender Strömungsgeschwindigkeit bis zu einem Hochpunkt an und sank danach ab (s. Abbildung 2.14 a). Ebenso bewirkten Turbulenzen, nach einer anfänglichen Steigerung der Brandausbreitungsgeschwindigkeit, eine Verringerung der Brandausbreitungsgeschwindigkeit bei einer weiteren Steigerung der Turbulenzen. Im Unterschied dazu sank bei dünnen Materialien wie etwa Papier die Brandausbreitungsgeschwindigkeit stetig mit steigenden Strömungen und/oder Turbulenzen.

Bei einer gleichlaufenden Strömung hingegen sank die Brandausbreitungsgeschwindigkeit mit steigenden Turbulenzen (durch die Reduktion der Flammenhöhen bei steigenden Turbulenzen) und stieg bei zunehmenden Strömungsgeschwindigkeiten an (s. Abbildung 2.14 b).

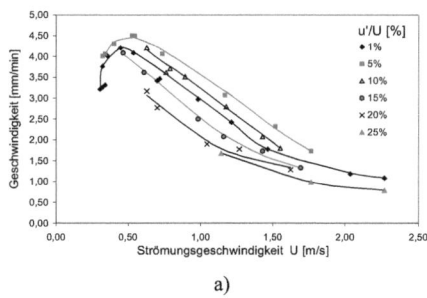
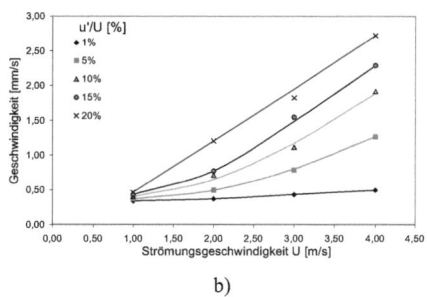

a)   b)

Abbildung 2.14. Brandausbreitungsgeschwindigkeit auf PMMA in Abhängigkeit von der Strömungsgeschwindigkeit; a) bei gegenläufiger und b) bei gleichlaufender Strömung zur Brandausbreitung (Zhou, 1991)

Auch die Oberflächenbeschaffenheit, wie z. B. die Rauheit, hat Einfluss auf die Brandausbreitung. Charuchinda et al. (2001) untersuchten die abwärtsgerichtete Brandausbreitung auf Baumwoll-Polyester-Gewebe. In Abhängigkeit von der Stärke bzw. Dicke der aufgerauten Oberfläche wurden Brandausbreitungen ohne spontane, mit spontaner und mit unterbrochener spontaner Entzündung der Oberfläche (surface flash) beobachtet, wobei bei spontanen Entzündungen auf der Oberfläche eine bis zu 100-fach schnellere Brandausbreitungsgeschwindigkeit ermittelt wurde als bei einer stetigen Brandausbreitung (s. Abbildung 2.15a). Die kritische Dicke der aufgerauten Fasern, bei der spontane Entzündungen stattfinden, wurde mit 2 mm ermittelt.

Bei Holzproben konnte ein ähnlicher Effekt beobachtet werden. Die Untersuchungen von Sörensen und Poulsen (2007) zeigten, dass mit der Steigerung der Oberflächenrauheit die Geschwindigkeit der Brandausbreitung zunimmt. Die Abbildung 2.15 b zeigt die Brandausbreitungsgeschwindigkeit an Holzproben unter einer Neigung von 15° und unterschiedlicher Rauheit der Oberfläche.

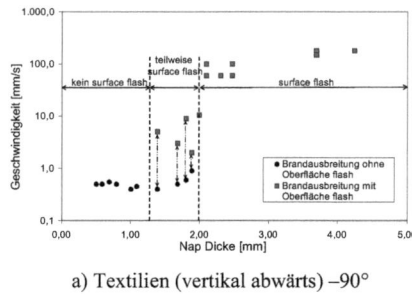
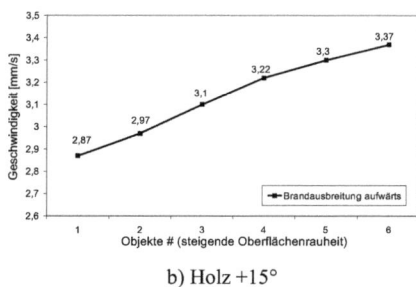

a) Textilien (vertikal abwärts) −90°   b) Holz +15°

Abbildung 2.15. Einfluss der Oberflächenbeschaffenheit auf die Brandausbreitungsgeschwindigkeit; a) bei Textilien (Charuchinda et al. 2001) und b) bei Holz (Sörensen und Poulsen, 2007)

Wang und Chao (1999) untersuchten den Einfluss einer Verkleidung auf die horizontale Brandausbreitung. Als Ersatz für die verschiedensten Verkleidungen wurden die PMMA-Proben mit unterschiedlichen Sandschichten bedeckt. Dabei wurden die Auswirkungen wechselnder Verkleidungsdicken (hier Dicke der Sandschicht) und Zusammensetzungen (hier der Korngrößen) untersucht. Mit steigender Dicke der Verkleidung (hier Sandschicht) kam es zu einer Verlangsamung der Brandausbreitungsgeschwindigkeit (s. Abbildung 2.16 a) wohingegen mit zunehmender Korngröße (d. h. gröbere Sandmischung) eine Steigerung der Brandausbreitungsgeschwindigkeit ermittelt wurde (s. Abbildung 2.16 b).

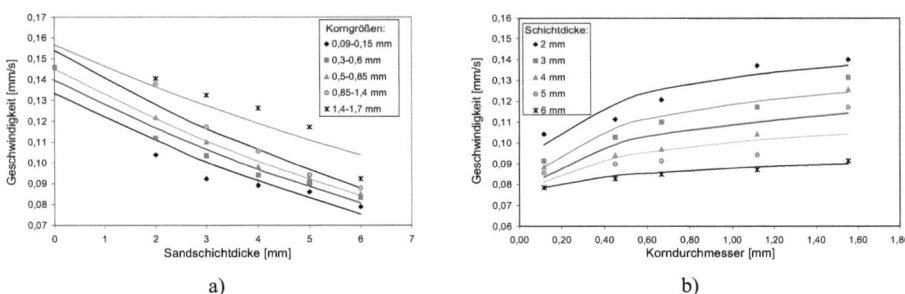

Abbildung 2.16. Horizontale Brandausbreitungsgeschwindigkeit an PMMA bei einer Verkleidung mittels Sandschicht; a) in Abhängigkeit von der Sandschichtdicke und b) in Abhängigkeit von der Sandzusammensetzung, d. h. der Korngrößen (Wang und Chao, 1999)

Wie bereits aus einigen der vorab beschriebenen Untersuchungen ersichtlich, haben die Dicke (dick, dünn, etc.) und die Geometrie (schmal, breit) des Materials einen Einfluss auf die Geschwindigkeit der Brandausbreitung. In der Regel stieg mit zunehmender Breite der Proben auch die Brandausbreitungsgeschwindigkeit (s. Abbildung 2.11 a oder Abbildung 2.13). Auch in den Untersuchungen von Pizzo et al. (2009) wurde dieser Effekt bei einer vertikalen Brandausbreitung nach oben (aufwärtswandernde) an PMMA-Wänden festgestellt. Jedoch wurde bei Probenbreiten ≥ 10 cm beobachtet, dass sich die Flammenhöhe, die Brandleistung und die Brandausbreitungsgeschwindigkeit (Abbildung 2.17) mit einer weiteren Vergrößerung der Probenbreite kaum veränderten.

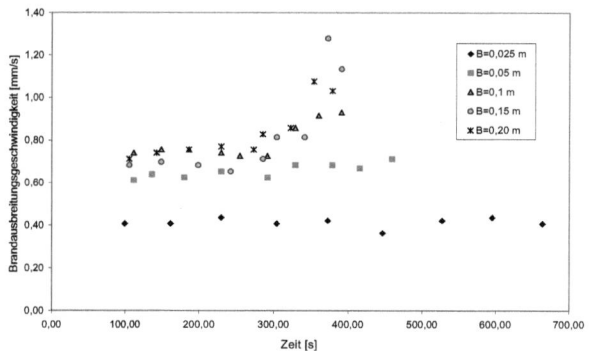

Abbildung 2.17. Brandausbreitungsgeschwindigkeit auf PMMA in Abhängigkeit von der Probenbreite (Pizzo et al., 2009)

Weitere Untersuchungen zu den Auswirkungen der Materialdicke, hier im Speziellen auf die abwärtsgerichtete Brandausbreitung, führten Chen et al. (2007), Mamourian et al. (2009) und Ayani et al. (2006) durch. Die Abbildung 2.18 zeigt, dass mit zunehmender Probendicke die Brandausbreitungsgeschwindigkeit in der Regel abnimmt, wobei es wie bei den Holzproben auch Bereiche geben kann in denen die Geschwindigkeit trotz Variation der Materialdicke stagniert (s. z. B 1,5–1,8 mm Holz, Abbildung 2.18 a).

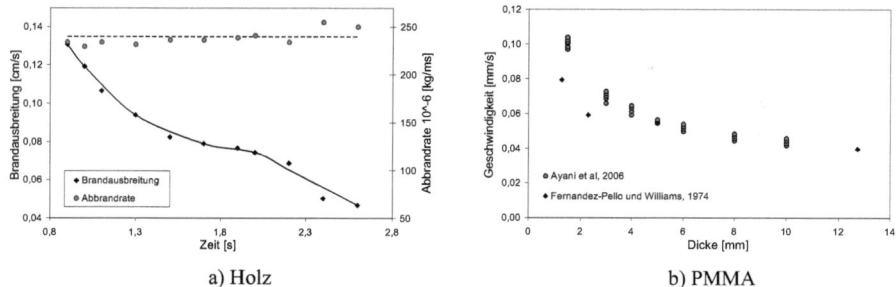

a) Holz   b) PMMA

Abbildung 2.18. Brandausbreitungsgeschwindigkeit in Abhängigkeit von der Probendicke bei a) Holzproben (Chen et al., 2007) und b) PMMA-Proben (Ayani et al., 2006)

Aus der Summe der Untersuchungen ergibt sich eine Reihe von unterschiedlichen Brandausbreitungsgeschwindigkeiten bei den unterschiedlichsten Materialien. Die folgende Tabelle 2.10 fasst einige Ergebnisse aus der Literatur zusammen. Es sei jedoch darauf hingewiesen, dass die Ergebnisse nicht in allen Fällen vergleichbar sind, da sich die Einflussparameter (Lage, Strömungen etc.), Materialien und Versuchsaufbauten oft erheblich voneinander unterscheiden.

Tabelle 2.10. Brandausbreitungsversuche in der Literatur: Probengrößen, Material, Neigung und Brandausbreitungsgeschwindigkeiten

Literaturquelle	Probengrößen [mm]	Material	Neigung [°] *	V_p [mm/s]
Ohlemiller et al. (1998)	914 × 1220 ×12,7	Verbundwerkstoff	+ 90°	6–14,6
Pizzo et al. (2009)	25–200 × 400 × 30	PMMA	+90°	0,4–1,2
Qian (1995)	100 × 160 × 12,7	PMMA	+90	0,9
Shih und Wu (2008)	900 hoch	Papier	+90°	40–500
Mangs (2009)	2000 hoch	Holz	+90°	8–62
		PVC-Kabel	+90°	2,8–8,2
Ohlemiller und Cleary (1999)	380 × 1220 × 95	Verbundmaterial	+90°	0,8–6
Hasemi et al. (1994)	600–1200 × 2400 × 12,6	Holzwerkstoff	+90°	15–24
Zhou (1991)	76 und 89 × 304 × 12,7	PMMA	± 0°, −180°	0,07–2,8
		Papier	± 0°, −180°	0,75–1,35
Wang et al. (2004)	120 × 364 × 10	PMMA	± 0°	1–7
Wang und Chao (1999)	150 × 300 × 15	PMMA	± 0°	0,08–0,16
Olsen et al. (2001)	100 × 87	Papier	± 0°	0,6–2,5
Mell et al. (2000)	40 × 100	Papier	± 0°	1,5–3
Charuchinda et al. (2001)	50 × 200	Textilien	−90°	0,7–100
Chen et al. (2007)	17 × 125 × 0,9–3	Holz	−90°	0,45–1,3
Wu et al. (2003)	30 × 300 × 8,2 und 17,4	PMMA	−90°	0,02–0,06
Ayani et al. (2006)	100 × 120 × 1,5–10	PMMA	−90°	0,04–0,11
Drysdale und Macmillan (1992a)	82 × 190 × 0,18	Computer-Karten	0 bis +30°	1,5–16,1
	20–60 × 190 × 6	PMMA	0 bis +60°, bzw. bis +90°	0,02–0,85
Quintiere (2001)	54 × 305	PET-Fiberglas	0 bis −180	0,7–30
Ito et al. (2005)	5 und 10 × 100 × 25	PMMA	0°, −45°, −90°, −180°	0,02–0,06
Sörensen und Poulsen (2007)	300 × 400	Holz	+15°	2,87–3,37
Ito und Kashiwagi (1988)	3,2–25/300/25	PMMA	−30°	0,06,
			−90°	0,055
			0°	0,074
			+10°	0,095
			+90°	0,83

* + 10° bis +90° Brandausbreitung aufwärts
−10° bis −90° Brandausbreitung abwärts

Die Versuche in der Literatur zeigen die Bandbreite an Einflüssen und Auswirkungen auf die Brandausbreitung. So wurden etwa stationäre Fälle, Verzögerungen und Beschleunigungen der

Brandausbreitungsgeschwindigkeit ermittelt, d. h. bei der Verwendung der Brandausbreitungsgeschwindigkeit als Materialkennwerte muss beachtet werden, dass ohne Angaben über die Ermittlung dieser Kennwerte, wie z. B. der Umgebungsbedingungen oder Lage, die Angaben der Brandausbreitungsgeschwindigkeiten von Materialien immer kritisch beurteilt werden sollten, bevor sie zur Anwendung gelangen. Dies betrifft im Speziellen die Anwendung von Brandsimulationsmodellen, die in der Regel eine Reihe von Eingabewerten zur Berechnung von Brandabläufen erfordern.

2.6 Brandsimulationsmodelle

Das Brandverhalten der Bauteile von Gebäuden und die Brandentwicklung in Gebäuden oder von Materialien können auch mittels Brandsimulationsmodellen rechnerisch untersucht werden. Für alle Modelle des Brandschutzingenieurwesens werden jedoch vorab experimentelle Daten bzw. Resultate aus Versuchen benötigt. Einerseits können durch Experimente neue Konzepte oder semi-empirische Formeln entdeckt werden, anderseits ermöglichen sie die Ermittlung von notwendigen Daten, wie etwa Materialeigenschaften, und erleichtern damit die Validierung von Modellen.

Ziele von Brandsimulationsmodellen und brandschutztechnischen Nachweisen sind nach Hosser (2009):
- die Berechnung lokaler und globaler Temperaturwerte sowie, wenn möglich, von Verbrennungsprozessen, zur Ermittlung der
  - thermischen Belastung für Tragwerke
  - Schadstoffkonzentration
  - Rauchentwicklung
- die Berechnung von Strömungsverhältnissen und/oder der Rauchausbreitung zur
  - Beurteilung der Gefährdung von Personen
  - Auslegung von Entrauchungsmaßnahmen
- die Interaktion bzw. Koppelung mit
  - Sprinkleranlagen
  - Rauchdetektion
  - Evakuierungsmodellen

Die Brandsimulationsmodelle lassen sich unterteilen in:
- physikalische Modelle
- mathematische Modelle
  - probabilistische Modelle
  - deterministische Modelle
    - empirische Ansätze
    - Zonenmodelle
    - CFD-Modelle

Unter Berücksichtigung von Skalierungen und Ähnlichkeitsgesetzen kopiert das physikalische Modell eine reale Situation (Nachbau im eventuell verkleinerten Maßstab). Dadurch erfolgt die Modellierung nur für einen bestimmten Teilaspekt. Andere Aspekte werden nur näherungsweise bzw. gar nicht erfüllt. Physikalische Modelle eignen sich zur Überprüfung von Entrauchungskonzepten und zur Beurteilung von Rauchgasströmen in Gebäuden (Schneider, 2009).

Mathematische Modelle bestehen aus einem System von Gleichungen, welche die auftretenden Phänomene anhand der maßgebenden Parameter beschreiben. Die Gleichungssysteme sind die mathematische Form der Naturgesetze. Da die Struktur dieser Gleichungen sehr komplex ist, können sie nur mehr numerisch gelöst werden (Hosser, 2009).

Die probabilistischen Modelle beschreiben Brände als eine Folge von Ereignissen. Sie simulieren die Brandentwicklung auf der Basis von Wahrscheinlichkeiten für das Auftreten bestimmter Ereignisse sowie Übergangswahrscheinlichkeiten zwischen bestimmten Zuständen. Eine wesentliche Einschränkung dieser Modelle rührt aus der Schwierigkeit, die entsprechenden Wahrscheinlichkeiten aus statistischen Auswertungen unter Anwendung von Zuverlässigkeitsanalysen zu ermitteln (Hosser, 2009). Solche Methoden kommen unter anderem im Bereich der Kerntechnik zur Anwendung.

Deterministische Modelle beschreiben die Brandentwicklung und den Brandverlauf für eine bestimmte Ausgangssituation, die die zeitliche Entwicklung des betrachteten Systems festlegt. Die Ausgangssituation ist vom Benutzer in Form von Rand- und Anfangsbedingungen zu präzisieren. Die deterministischen Modelle bestehen aus einer Zusammenstellung von mathematischen Algorithmen, welche als relevant eingeschätzte physikalische Gesetzmäßigkeiten und Abhängigkeiten beschreiben.

Empirische Ansätze sind Verfahren, die an Hand von Experimenten gewonnen wurden. Diese Experimente werden für spezifische Fragestellungen, wie z. B. die Ermittlung der Abhängigkeit von Flammenhöhen und Rauchgasströmen von der Brandintensität, durchgeführt. Dadurch können wesentliche Einflussparameter und ihre Zusammenhänge ermittelt und diese in Form von vereinfachten Gleichungen dargestellt werden. Somit ergeben sich empirisch belegte Modellansätze für spezielle Problemstellungen in definierten Anwendungsgrenzen.

Zonenmodelle beinhalten vereinfachte Gleichungssysteme, die mit Hilfe empirischer Ansätze aus den fundamentalen Gesetzen entwickelt wurden. Die Zonenmodelle werden derzeit sehr häufig in der Praxis eingesetzt. CFD-Modelle beruhen in der Regel unmittelbar auf den fundamentalen Gleichungen. Mit CFD-Modellen können auch wissenschaftliche Probleme untersucht werden. Eine detaillierte Beschreibung der Zonen- und CFD-Modelle findet sich in den folgenden Abschnitten 2.6.1 und 2.6.2.

Alle Modelle benötigen grundsätzliche Vorgaben vom Benutzer, wie z. B. die Umgebungsbedingungen und Gebäudegeometrie, Lage von Wänden, Öffnungen und Stoffdaten der Begrenzungen und des Brennstoffes. Die Modelle können sich jedoch hinsichtlich des Umfanges der Eingabedaten beträchtlich unterscheiden.

Die Modellierung des Verbrennungsprozesses ist in der Regel in nur sehr begrenztem Umfang möglich. Ein Problem ist, dass in der Regel nur geringe Stoffkennwerte von „reinen" Stoffen und bei Stoffgemischen nicht alle Angaben über die Zusammensetzung und Anordnung der Stoffe sowie die dazugehörigen Stoffkennwerte zur Verfügung stehen. Für allgemeine Aussagen ist sie daher in der Regel noch nicht anwendungsreif. Für den wissenschaftlichen Bereich gewinnt die Modellierung des Verbrennungsprozesses jedoch immer mehr an Bedeutung, vor allem durch die aktuellen Anpassungen und Forschungen in diesem Bereich. Die Ergebnisse sind jedoch immer kritisch zu hinterfragen, wenn sie in der Praxis zur Anwendung gelangen.

Die Modellierung einer Brandausbreitung ist im Allgemeinen in den Brandsimulationsmodellen von geringem Interesse und wird daher oft nicht entsprechend simuliert, weil man davon ausgeht, dass z. B. bei Annahme einer schnellen Brandausbreitung, die Simulationsergebnisse in der Regel auf der „sicheren" Seite liegen. Im Folgenden werden die Ansätze in Zonen- und Feldmodellen behandelt.

2.6.1 Zonenmodelle

In Zonenmodellen wird das zu untersuchende Gebiet (Gebäude/Raum), in dem ein Brand und dessen Auswirkungen simuliert werden sollen, in Zonen unterteilt. In einem Zwei-Zonen-Modell sind dies ein Kontrollvolumen für eine obere Schicht („Heißgasschicht") und ein Kontrollvolumen für eine untere Schicht („Kaltgasschicht"). Der eigentliche Flammenbereich (nur im Brandraum) wird oft gesondert als eigene Zone behandelt. Werden mehrere Räume und Kontrollvolumen gleichzeitig untersucht, dann werden diese Modelle als Mehr-Raum-Zonen-Modelle bezeichnet.

Innerhalb eines Kontrollvolumens werden homogene physikalische Bedingungen (c_p, T) vorausgesetzt. In diesen Schichten bzw. Kontrollvolumen werden die Massenbilanzen und die Energiebilanzen berechnet. Für die einzelnen Kontrollvolumen können zeitlich abhängige Größen wie Temperaturen, Rauchschichthöhen und Druck berechnet werden.

Für das Modell des Brandraumes wird als Grundlage ein rechtwinkliger Raum mit Ventilationsöffnungen (Fenster, Türen, Dachöffnungen) verwendet, auf dessen Boden ein lokaler Brand angenommen wird. Das Feuer breitet sich in x- und y-Richtung aus. Die Abbildung 2.19 zeigt z. B. die Geometrie sowie die Masse- und Energieströme für die Brandentwicklung mit einem Zonenmodell (hier MRFC).

Der Brandverlauf wird in Schneider (2009) wie folgt beschrieben:

I. Die Brandlast brennt mit einer veränderlichen Abbrandrate $\dot{R}$ ab und setzt Energie frei, bis das Feuer erlischt oder gelöscht wird.
II. Die Verbrennungsgase steigen auf (Plume) und vermischen sich teilweise mit der Umgebungsluft Der Feuerplume wirkt als treibende Kraft (Pumpe) für die Rauchgasströmungen im Raum und an den Öffnungen.
III. Die Verbrennungsgase steigen weiter auf und sammeln sich unter der Decke in einer Heißgasschicht. Im Modell wird angenommen, dass in der Heißgasschicht eine gleichmäßige Durchmischung (d. h. gleichmäßige Temperatur, Zusammensetzung und Dichte) vorherrscht und es zu keiner Vermischung mit der darunter liegenden Kaltgasschicht kommt. Die Rauchgase entweichen gegebenenfalls durch offene Dachöffnungen und, wenn die Rauchgasschicht eine Dicke $> h'$ erreicht, auch durch die Fensteröffnungen.
IV. Unterhalb der Heißgasschicht liegt die Kaltgasschicht, die kalte Umgebungsluft. Für die Verbrennung in I und II wird hieraus der Sauerstoff bezogen. Die Temperatur in der Kaltgasschicht steigt mit fortlaufender Brandentwicklung durch die steigenden Temperaturen in den umgebenden Schichten (Heißgasschicht, Plume) und Flächen (Wände, Fußboden) allmählich an.
V. Die Decke des Brandraummodelles entspricht den Umgebungsflächen, die direkten Kontakt zur Heißgasschicht haben, d. h. die Decke des Raumes und Teile der Wandflächen. Die Größe der Segmentfläche V ändert sich durch die Veränderung der Rauchschichtdicke. Durch die Decke und die Wände geht Wärme aus der Heißgasschicht verloren, diese Wärmeverluste werden durch die Fourier-Gleichung beschrieben.
VI. Der Boden wird vor allem durch Wärmestrahlung erwärmt. In weiterer Folge wird durch das Aufheizen der Bodenfläche und durch Einmischungen auch die Kaltgasschicht (IV) weiter erwärmt.

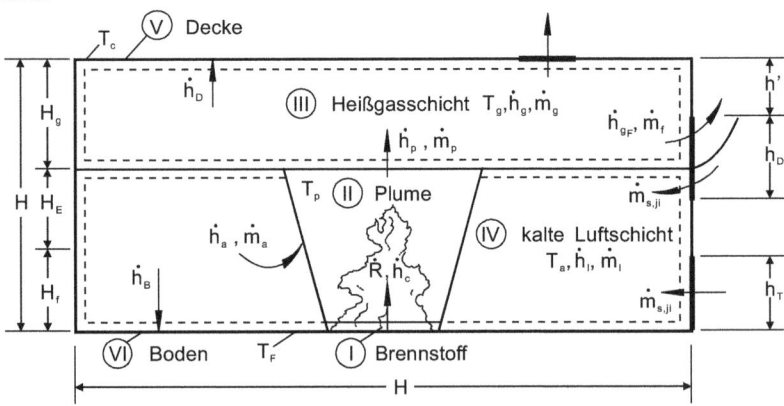

Abbildung 2.19. Modell eines Brandraumes mit Geometrie, Bereichen sowie Masse- und Energieströmen (Schneider, 2009)

Wird der Brandraum mit weiteren Räumen verbunden, ergibt sich ein Mehr-Raum-Zonen-Modell. Es wird hierbei angenommen, dass das Feuer nur im Brandraum verbleibt. Mittels Mehr-Raum-Zonen-Modellen können die Auswirkungen auf angrenzende Räume durch einen Brand im Brandraum berechnet werden. Somit können in allen mit dem Brandraum verbundenen Räumen, auch in nicht direkt angrenzenden, z. B. die Höhe der Rauchgasschichten, die Druckverteilungen oder die Temperaturen in den Rauchgasschichten ermittelt werden.

Es gibt eine Reihe an Zonenmodellen wie etwa die Mehr-Raum-Zonen-Modelle MRFC oder CFAST. Die verschiedenen Zonenmodelle unterscheiden sich z. B. durch die verwendeten Plume-Modelle, die Anzahl der Räume, die Gesamtanzahl miteinander zu verbindender Räume, die Anordnung der Räume, aber auch durch eingebettete Sprinkler- oder Rauchmelder-Modelle. In einigen Zonenmodellen kann auch die Erwärmung von Umfassungsbauteilen durch die Heißgasschicht berechnet werden. Da der Schwerpunkt der vorliegenden Arbeit jedoch auf dem CFD-Modell FDS liegt, wird hier nicht weiter auf die Modellspezifika und Anwendungen der Zonenmodelle eingegangen.

Die Simulation der Brandausbreitung ist in den Zonenmodellen nur begrenzt möglich, da die Ausbreitungsgeschwindigkeit in der Regel als Materialeigenschaft fest vorgegeben und nicht in der Simulation errechnet wird und allerhöchstens in dem ersten Zeitraum nach der Brandentstehung nach empirischen Formeln berücksichtigt wird. Die Ausbreitung auf ein nächstes Objekt durch Wärmestrahlung und/oder Konvektion kann hingegen bei Zonenmodellen berechnet werden. Im Prinzip ist es also möglich, die Brandausbreitung auch in Zonenmodellen zu berechnen.

2.6.2 CFD-Modelle

CFD-Modelle (Computional-Fluid-Dynamics) sind nicht auf Brände in Gebäuden oder geschlossenen Bereichen beschränkt, sondern ermöglichen auch die Simulation von Bränden im Freien.

CFD-Modelle basieren auf den sogenannten Fundamentalgleichungen, welche grundsätzlich die Gesetzmäßigkeiten der Thermo- und Strömungsdynamik berücksichtigen. Ausgehend von den allgemeingültigen physikalischen Prinzipien der Erhaltung der Masse, Energie und des Impulses werden die in der Thermo- und Strömungsdynamik entsprechenden sogenannten Erhaltungs-gleichungen abgeleitet, welche die zeitliche und räumliche Veränderung elementarer Größen wie z. B. Masse, Gastemperatur oder Druck beschreiben. Im Einzelnen erhält man so Bestimmungs-gleichungen für die Gesamtdichte des Gasgemisches, die Strömungsgeschwindigkeit, den Druck sowie die Temperatur. Die Gaszusammensetzung im Betrachtungsraum wird durch die Erweiterungen der hydrodynamischen Erhaltungsgleichung berechnet. Diese beschreiben den Transport einzelner Gaskomponenten durch Auftrieb, Konvektion und Diffusion.

Die Betrachtung turbulenter Vorgänge erfolgt in den einzelnen CFD-Modellen unterschiedlich, weil diesbezüglich zugehörige Fundamentalgleichungen nicht bekannt sind. Wärmestrahlung wird entweder unmittelbar durch Erweiterung der Erhaltungsgleichung um Strahlungsanteile oder durch die Definition geeigneter Teilbereiche der Gas- und Flammenentwicklung (Flammenzone, Heißgasschichten) und die Berechnung entsprechender geometrischer Einstrahlzahlen behandelt.

Da die lokalen hydrodynamischen Erhaltungsgleichungen in allen Fällen von praktischem Interesse nicht direkt analytisch lösbar sind, werden sie numerisch behandelt. Dazu verwendet man dreidimensionale Rechengitter, welche das betreffende Gebiet überdecken. Dieses Gebiet besteht in der Regel aus dem Gebäude bzw. dem zu untersuchenden Brand- oder Rauchabschnitt sowie gegebenenfalls auch aus Bereichen außerhalb des Gebäudes, um auch die durch Öffnungen einströmende Zuluft bzw. die ausströmenden heißen Rauchgase zu erfassen. Das Rechengitter besteht typischerweise aus mehreren Hunderttausend bis zu einigen Millionen Zellen, die auch Kontrollvolumina genannt werden. Die Größe der Gitterzellen wird so gewählt, dass das Gitter optimal an die räumlichen Gegebenheiten und die Problemstellung angepasst werden kann. Häufig werden kartesische Gitterstrukturen benutzt. Auch die Zeitvariable wird diskretisiert und teilweise sogar dynamisch verändert, d. h. es werden jeweils Änderungen des Systemzustandes berechnet, die sich nach einem kleinen Zeitschritt Δt ergeben und die Konvergenz der Gleichungssysteme wird überprüft.

Diese räumliche und zeitliche Diskretisierung bedeutet letztlich, dass man die zu lösenden Gleichungen über den endlichen (finiten) Volumenbereich $\Delta V = \Delta x \cdot \Delta y \cdot \Delta z$ und das endliche Zeitintervall Δt integriert (Finite-Volumen-Methode). Der Konvektionsterm beschreibt dann die Nettobilanz der in den Volumenbereich hinein- bzw. hinausströmenden Beiträge an Masse, Energie oder Impuls. Der Diffusionsbeitrag beschreibt innere molekulare bzw. gegebenenfalls auch turbulente Strömungsprozesse und die Quellterme die Erzeugung- bzw. energetischen Umwandlungsprozesse, hervorgerufen durch chemische Reaktionen oder externe Krafteinwirkung. Dies führt also zu einem sehr anschaulichen physikalischen Bild, welches direkt benutzt werden kann, um numerische Lösungsalgorithmen zu entwickeln und zu optimieren. Die grundlegenden Arbeiten zur Entwicklung entsprechender Rechenverfahren stammen von Patankar und Spalding (1972). Der von ihnen erarbeitete Lösungsalgorithmus der Navier-Stokes-Gleichungen bildet die Grundlage der meisten derzeit verfügbaren CFD-Computerprogramme im Bereich der Brandmodellierung.

Die Abbildung 2.20 zeigt schematisch die zwischen den Rechengittern ablaufenden physikalischen Vorgänge, beschrieben durch die hydrodynamischen Erhaltungsgleichungen. Die im Bereich der Brandquelle erzeugten heißen Brandgase steigen unter dem Einfluss der Auftriebskraft nach oben, wobei Umgebungsluft eingemischt wird. Auf diese Weise bildet sich ein Plume. Die Struktur des Plume wird festgelegt durch die Stärke der Brandquelle, durch bauliche Randbedingungen und die Wechselwirkung mit Raumströmungen. Mit CFD-Modellen können Plume, welche die Decke erreichen oder solche, bei denen die Decke nicht erreicht wird, behandelt werden. Weiters können die Effekte, wie ein Absinken der sich an den Umfassungsmauern abkühlenden Gase und die Bildung von turbulenten Strömungen, simuliert werden. Die Zellgrößen liegen dabei meist im Zentimeterbereich, bei größeren Bauwerken im Dezimeterbereich, und die Zeitschritte meist im Bereich < 0,1 Sekunde.

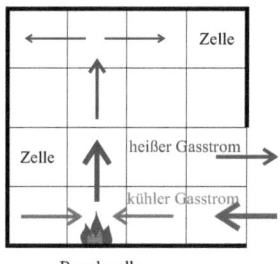

Abbildung 2.20. Schema von physikalischen Vorgängen zwischen den Zellen im Rechengitter
(nach Hosser, 2009)

Die räumliche Struktur des Szenariums wird durch die Randbedingungen sowie durch die Einführung spezieller Bereiche im Rechengitter festgelegt, die entweder räumlich ausgedehnte Objekte oder grundsätzlich für die Gasströmung unzugängliche Bereiche repräsentieren. Sie beeinflussen die Lösung der Erhaltungsgleichungen durch die entsprechenden lokalen Randbedingungen. Die Lösung der hydrodynamischen Erhaltungsgleichungen erfordert die Vorgabe eines geeigneten Anfangszustandes und die Definition von Randbedingungen für die hydrodynamischen Variablen.

Es sind verschiedene CFD-Programme am Markt erhältlich, z. B. FLOW3D, JASMINE, SOPHIE, FLUENT und FDS. In der vorliegenden Arbeit wird der nicht kommerzielle CFD-Code „Fire Dynamic Simulator" (FDS) verwendet, daher beziehen sich die weiteren Erklärungen und die späteren Ergebnisse nur auf FDS, Version 5.

2.6.3 FDS 5

2.6.3.1 Allgemeines

Der „Fire Dynamic Simulator" (FDS) ist ein frei erhältliches CFD-Modell, das von einer Entwicklergruppe im NIST (National Institute of Standards and Technology) und VTT (Technical Research Centre of Finland) sowie weiteren Entwicklern erarbeitet wurde und ständig verbessert wird. Die hier verwendete Version ist FDS 5.4.

Ziel der Entwickler von FDS war es, ein CFD-Programm zu verwirklichen, welches sowohl für die Lösung praxisbezogener Probleme im Brandschutzingenieurwesen als auch als Werkzeug für die Untersuchung fundamentaler Fragen in der Brandschutzforschung verwendet werden kann. Laut Mc Grattan et al. (2009a) können mit FDS folgende Phänomene modelliert werden:

- Transport von Wärme und Verbrennungsprodukten von einem Brand,
- radiativer und konvektiver Wärmetransport zwischen Gas und Feststoffoberfläche,
- Pyrolyse,
- Brandausbreitung und Brandentwicklung,
- Aktivierung von Sprinklern, Wärmedetektoren und Rauchmelder,
- Löschen durch Sprinkler.

Die Geometrie von FDS wird in kartesischen Koordinaten als Raumgitter aufgelöst. Der Anwender definiert die Gittergrößen und gibt eventuelle Einbauten an (sollten auf die Gitter abgestimmt werden). Für alle Oberflächen müssen die Oberflächenbedingungen und Informationen zum Brandverhalten des Materials angegeben werden.

Eine detailliertere Beschreibung der Anwendung von FDS 5 und der einzelnen darin implementierten Modelle ist in Abschnitt 7.1 zu finden.

2.6.3.2 Brandausbreitungssimulationen mit FDS

Während Strömungsgleichungen mit CFD-Modellen im Prinzip gelöst werden können, ist die Reaktionschemie bei den meisten Brennstoffen noch immer unbekannt (Torero, 2008). Dennoch ist es eingeschränkt möglich, die Brandausbreitung bei realen Bränden mittels FDS zu berechnen.

Bisher wurden nur wenige systematische Untersuchungen zur Brandausbreitung mit FDS durchgeführt. Liang und Quintiere (2002) untersuchten die Brandausbreitung mittels FDS 2. Dabei wurden die Simulationsergebnisse mit den FMRC-Versuchen (Wu et al., 1996) an einer 5 m hohen vertikalen PMMA Wand validiert. In Abbildung 2.21 sind die Ergebnisse dargestellt. Es zeigt sich, dass ähnliche Entwicklungen der Pyrolysehöhe in den Versuchen und den Simulationen ermittelt werden konnten.

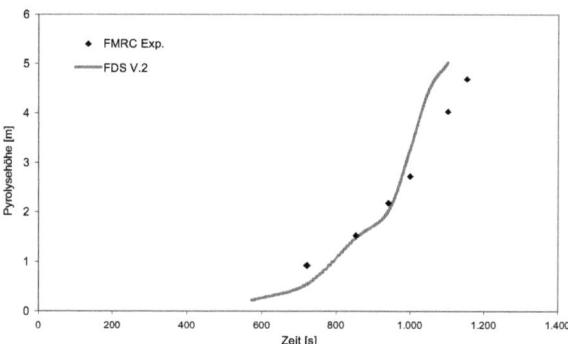

Abbildung 2.21. Entwicklung der Pyrolysehöhe an vertikalem PMMA- Material in der Simulation mit FDS V 2 und den FMRC-Versuchen von Wu et al. (1996) (Liang und Quintiere, 2002)

Diese Ergebnisse lassen sich nur beschränkt auf die aktuelle Version von FDS übertragen, da in der Version 2 ein anderes Pyrolysemodell implementiert war, als derzeit vorhanden ist. Das Pyrolysemodell in FDS 2 für Thermoplaste ergab sich wie folgt:

$$\dot{m}'' = 0 \qquad \text{Für } T_s < T_{ig} \qquad \text{Gl. (2.35)a}$$

$$\dot{m}'' = \frac{\dot{q}''_{net}}{\Delta H_v} \qquad \text{Für } T_s \geq T_{ig} \qquad \text{Gl. (2.35)b}$$

Darin sind:
$\dot{m}''$ Abbrandrate
$\dot{q}''_{net}$ Strahlungsenergie
ΔH_v Verdampfungswärme
T_s Oberflächentemperatur
T_{ig} Zündtemperatur

In diesem Pyrolysemodell von FDS 2 gab es daher eine Art „Schalter" mit zwei Möglichkeiten: Zündtemperatur oder Pyrolysetemperatur (Kwon, 2006).

In weiteren Studien von Kwon (2006) und Kwon et al. (2007) wurde eine aktuellere Version von FDS (FDS 4) verwendet, um die Brandausbreitung an Hand der Pyrolysehöhe sowie die HRR und die Entwicklung der Strahlungsintensität auf einer vertikalen Wand zu simulieren. Hierbei wurden ebenfalls die FMRC-Versuche von Wu et al. (1996) zu Validierung herangezogen. Das Pyrolysemodell in FDS 4 unterschied sich von jenem in FDS 2, so wurde in FDS 4 die Abbrandrate im Unterschied zu FDS Version 2 wie folgt ermittelt (Mc Grattan, 2006):

$$\dot{m}'' = A\rho e^{-\frac{E_A}{RT_s}}$$
Gl. (2.36)

In den Simulationen von Kwon (2006) erfolgte die Zündung der Wand durch eine strahlende Box am Fuße dieser Wand. Die Strahlungsintensität auf der Oberfläche der Wand betrug ca. 13–15 kW/m^2, der Strahler blieb während der gesamten Simulationsdauer aktiviert. Für den Vergleich der Pyrolysehöhe zwischen Versuch und Simulation ist die Definition der Pyrolysehöhe bzw. Entwicklung der Pyrolysefront notwendig. In der Untersuchung von Kwon (2006) wurde daher eine Abbrandrate von 4 g/m^{2}s als das Kriterium für die Definition der Pyrolysefront gewählt.

Die Abbildung 2.22 zeigt die Simulationsergebnisse der Pyrolysehöhenentwicklung und der Brandleistung (HRR) im Vergleich zu den FMRC-Versuchen von Wu et al. (1996). Bei den Versuchen nahm die Pyrolysehöhe allmählich zu, während bei den FDS-4-Simulationen in der ersten Phase ein linearer Anstieg und dann im Weiteren „Sprünge" in der Entwicklung zu erkennen waren. Auch bei den Ergebnissen der Brandleistung konnte nur in der Anfangsphase eine gute Übereinstimmung erzielt werden, mit weiter fortscheitender Zeit wurden die Differenzen zwischen Versuch und Simulation immer größer.

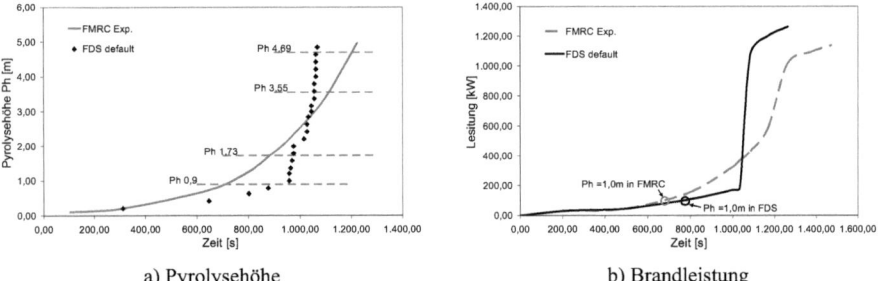

a) Pyrolysehöhe   b) Brandleistung

Abbildung 2.22. a) Entwicklung der Pyrolysehöhe und b) der Brandleistung bei der Simulation der Brandausbreitung mit FDS Version 4 im Vergleich zu FMRC-Versuchen von Wu et al. (1996), (Kwon, 2006)

Die aktuelle Version 5 von FDS unterscheidet sich grundlegend von den vorherigen Versionen. So wurden unter anderem das Verbrennungsmodell und die notwendigen Eingabeparameter (Materialdaten etc.) geändert. Somit sind die Ergebnisse der erwähnten Untersuchungen von Liang und Quintiere (2002) mit FDS 2 und von Kwon et al. (2007) zwar von Interesse, aber nicht von großer Aussagekraft für die Anwendungsmöglichkeiten der aktuellen FDS Version 5.

2.7 Ungelöste Phänomene und Forschungsfragen

Wie aus den vorhergehenden Abschnitten ersichtlich, sind die Grundlagen zur Brandausbreitung wie die Zündung oder die Wärmeübertragungen im Feuer ein weites und derzeit immer noch aktuelles Forschungsgebiet. Die Brandausbreitung selber als eigenes Forschungsgebiet ist im Brandschutz jedoch nur von singulärem Interesse.

Die normativen Versuche beziehen sich vor allem auf die Bestimmung von Entzündungseigenschaften der Materialien und/oder dem Beitrag zu einem Brand, jedoch weniger auf die Untersuchung der Brandausbreitung (s. Abschnitt 2.5.2). Durch experimentelle Arbeiten wird eine Reihe von Einflussparametern und Auswirkungen auf die Brandausbreitung erforscht, ohne allgemeingültige Gesetzmäßigkeiten zu finden, da sowohl die Bandbreite der untersuchten Materialien, die Anzahl der durchgeführten Versuche als auch die untersuchten Einflussparameter sehr begrenzt sind (s. Abschnitt 2.5.3).

Die theoretischen und analytischen Modelle zur Berechnung der Brandausbreitung (s. Abschnitt 2.4) sind in ihrer Anwendung stark eingeschränkt. Sie wurden in der Regel nur für begrenzte Randbedingungen (z. B. Boden/Wand, aufwärts/abwärts) entwickelt und benötigen oft Daten aus spezifischen experimentellen Versuchen.

Die CFD-Simulationsmodelle wie FDS zeigen wiederum bereits erste Entwicklungen und Ansätze, um auch die Zündung und Brandausbreitung in Simulationen modellieren zu können. Deren Weiterentwicklung ist ein aktueller Prozess und bedarf noch weiterer grundlegender Forschungen.

Bei allen drei Methoden (Versuche, Modelle, Simulationen) werden bestenfalls jeweils nur zwei zur Evaluierung oder Validierung der gestellten Forschungsfrage herangezogen. Es wäre daher durchaus von Interesse, die Zündung und Brandausbreitung unter Anwendung aller drei Methoden zu untersuchen.

Aus Gründen des Umfanges einer solchen Arbeit muss hier die Forschungsfrage etwas eingeschränkt werden. Im vorliegenden Fall soll daher der Einfluss der Lage (Neigung) auf die Zündung und Brandausbreitung in der Anfangsphase eines Brandes (kleine Brandleistungen, kleine Brandflächen) untersucht werden.

Es wurden somit folgende **Forschungsfragen** definiert und untersucht:

I. Welche phänomenologischen Auswirkungen hat die Lage bzw. Neigung auf die Brandausbreitung auf thermisch dünnen und dicken Materialien?

II. Kann ein allgemeiner Modellansatz formuliert werden, der auch die Lage (Neigung) in eine näherungsweise Berechnung der Brandausbreitungsgeschwindigkeit mit einbezieht?

III. In wieweit können die Entzündung und Brandausbreitung mit FDS 5 simuliert werden? Welche Einflussgrößen lassen sich ermitteln und wie realistisch sind die Ergebnisse in FDS 5?

Zur Lösung und Behandlung der vorab dargestellten Forschungsfragen müssen zunächst einige begleitende Untersuchungen durchgeführt werden. Diese umfassen eine Reihe an Materialuntersuchungen zu den in weiterer Folge verwendeten Materialien und auch Untersuchungen zu den Wärmeströmen vor einer Flamme bei unterschiedlichen Neigungen. Die Ergebnisse dieser Untersuchungen finden Eingang sowohl in die experimentellen Untersuchungen (Kapitel 4 und 5), in die Modellierung der Brandausbreitung (Kapitel 6) wie auch in die numerischen Untersuchungen (Kapitel 8 und 9) der Zündung und Brandausbreitung.

3 Begleitende Untersuchungen

Dieses Kapitel beinhaltet begleitende Untersuchungen für die Versuche, die Modellierung und die Simulationen dieser Arbeit. Diese Untersuchungen umfassen sowohl die Zusammenfassung von Materialkennwerten aus der Literatur als auch zusätzliche chemische und physikalische Materialuntersuchungen zu den verwendeten Materialien Zellulose und PMMA. Des Weiteren werden einige speziell durchgeführte Strahlungsuntersuchungen dargestellt.

3.1 Materialuntersuchungen

Für die in weiterer Folge durchgeführten Versuche, Modellierungen und Simulationen waren eine Reihe an Materialkennwerten der verwendeten Materialien erforderlich. Da nicht alle notwendigen Kennwerte in der Literatur verfügbar sind, erfolgten eigene Materialuntersuchungen. Die Ergebnisse dieser Untersuchungen geben Aufschluss über die thermischen Eigenschaften der untersuchten Materialien und wurden durchgeführt mittels

- Simultaner Thermischer Analyse (STA) und
- Cone-Kalorimetrie.

Bei den experimentellen und den numerischen Untersuchungen wurde Reinzellulose in Form von aschefreiem Filterpapier, als Repräsentant eines thermisch dünnen Brennstoffes, sowie Polymethylmethacrylat (PMMA in Plattenform), als Repräsentant eines thermisch dicken Brennstoffes, verwendet.

Das verwendete Filterpapier bestand aus Zellulosefasern und besaß eine Dichte von 77,4 g/m². Bei Zellulose handelt es sich grundsätzlich um ein langkettiges Polysaccharid, welches im Wasser und in den meisten organischen Lösungsmitteln unlöslich ist. Je nach Kettenlänge weist die Zellulose ein Molekulargewicht von etwa 162,14 g/mol auf. In Tabelle 3.1 sind einige Materialdaten aus der Literatur von Zellulose zusammengefasst.

Tabelle 3.1. Materialdaten Zellulose

		Referenz
Summenformel	$C_6H_{10}O_5$	Di Nenno et al., 2008
Spezifische Wärmekapazität	1,3 kJ/kgK	Schneider, 2009
Dichte	75 g/m²	
Heizwert	16,8–18,2 kJ/g	Schneider, 2009
Abbrandgeschwindigkeit	0,4–0,48 kg/m²min	Schneider, 2009

Des Weiteren wurde Polymethylmethacrylat (PMMA in Plattenform) für die Untersuchungen verwendet. Bei PMMA handelt es sich um ein thermoplastisches Polymer aus Methacrylsäuremethylester. PMMA verbrennt knisternd, mit gelblicher Flamme, süßlichem Geruch, ohne zu tropfen und ohne Rückstände. Es ist ab 100 °C leicht verformbar, bei Abkühlung in Wasser bleibt diese Form erhalten. Es ist witterungs- und altersbeständig, sowie beständig gegen Säuren und Laugen mittlerer Konzentration und weist ein Molekulargewicht von 100,12 g/mol auf. Tabelle 3.2 enthält einige Materialdaten von PMMA aus der Literatur.

Tabelle 3.2. Materialdaten PMMA

		Referenz
Summenformel	$C_5H_8O_2$	Di Nenno et al., 2008
Wärmeleitfähigkeit	0,17–0,19 W/mK	Schneider, 2009; Keim Kunststoffe GmbH, o. J.
Spezifische Wärmekapazität	1,42–1,5 J/gK	Schneider, 2009; Kern GmbH, o. J.
Dichte	1,19 g/cm^3	Schneider, 2009
E-Modul (Zug-)	2700–3200 N/mm^2	Keim Kunststoffe GmbH, o. J.
Zugfestigkeit	74–76 N/mm^2	Keim Kunststoffe GmbH, o. J.
Heizwert	25,2–26,64 MJ/kg	Rinne et al., 2007; Di Nenno et al., 2008
Abbrandgeschwindigkeit	0,6–1,4 kg/m^{2}min	Schneider, 2009; Schneider, 2002
Zündtemperatur mit Pilotflamme	270 °C	Schneider, 2009
Glasübergangstemperatur	101 °C	Kern GmbH, o. J.
Schmelztemperatur	220–240 °C	Wang et al., 2004
Pyrolysetemperatur	Ca. 367 °C	Wang et al., 2004
Selbstentzündungstemperatur	Ca. 430 °C	Keim Kunststoffe GmbH, o. J.

Die dargestellten Stoffdaten zeigen, dass bei den Materialdaten oft eine Bandbreite an Werten vorhanden ist. In weiterer Folge wurden deshalb auch eigene Materialuntersuchungen an den verwendeten Materialien durchgeführt. In den folgenden Abschnitten werden die Analyseverfahren und die Ergebnisse der Untersuchungen dargestellt.

3.2 Simultane Thermische Analyse (STA)

Mittels thermischer Analysen können physikalische oder chemische Eigenschaften einer Substanz oder eines Substanzgemisches in Abhängigkeit von der Temperatur und/oder Zeit beobachtet werden. Unter Simultaner Thermischer Analyse (STA) versteht man eine Kombination aus Thermogravimetrie (TG) und Differenzthermoanalyse (DTA).

Die Simultane Thermische Analyse (STA) erlaubt die gleichzeitige Messung von Masseänderungen (TG) und thermischen Effekten (DTA) und gibt Hinweise auf die Art der in der Probe auftretenden Reaktionen. Mit Hilfe der TG und der DTA können somit z. B. die Kinetik der Reaktion und auch Informationen über die Verbrennungsreaktion eines Brennstoffes vom Beginn der Oxidation bis zur vollständigen Verbrennung (burn-out) ermittelt werden.

Die Anwendungsbereiche von thermischen Analysen in der Forschung und Industrie sind außerordentlich vielfältig. Die wichtigsten sind im Folgenden aufgelistet (nach Strunk, o. J.):

- Messung thermischer Umwandlungen (Schmelzen, Kristallisation, Phasenübergänge, Glasübergänge, ...) und damit Bestimmung von Phasendiagrammen (z. B. Messung der Temperatur von invarianten Gleichgewichten und Liquiduslinien),
- Optimierung von Reaktionsabläufen (Synthesen, Verbrennungen, Wärmebehandlungen),
- Bestimmung von Komponenten in Gemischen,
- Analyse der Kinetik von Reaktionen,
- Charakterisierung von Stoffen durch ihr thermisches Verhalten (Zersetzung, Oxidation, Reduktion, Korrosion), Reinheitsprüfung.

Die chemischen und physikalischen Reaktionen können exotherm, d. h. wärmeproduzierend, oder endotherm, d. h. wärmekonsumierend, sein. Die Tabelle 3.3 zeigt eine Auswahl von möglichen exothermen und endothermen Reaktionen von Stoffen.

Tabelle 3.3. Beispiele für endotherme oder exotherme Reaktionen

Reaktion	Reaktion verläuft	
	endotherm	exotherm
Schmelzen	X	–
Kristallisieren	–	X
Verdampfen	X	–
Hydratation	X	X
Therm. Zersetzung (Pyrolyse)	X	–
Oxidative Zersetzung	–	X
Verbrennung	–	X
Polymerisation	–	X

3.2.1 TG

Die Thermogravimetrie (TG) charakterisiert die Masseänderung einer Probe, die einer bestimmten Aufheiz- oder Abkühlrate ausgesetzt wird (Schema s. Abbildung 3.1). Die Messung erfolgt unter definierten Gasatmosphären (inert oder reaktiv) und Gasströmungsbedingungen oder unter Vakuum. Zur Messung der Masseänderungen werden in den jeweiligen TG-Apparaturen jeweils unterschiedliche Waagenkonstruktionen mit unterschiedlichen Empfindlichkeiten benutzt (z. B. analytische Waage mit Schneidenauflage der Probe; Elektrowaage). Die Massekalibrierung erfolgt über eine Referenzsubstanz oder über einen Standard (Strunk, o. J.).

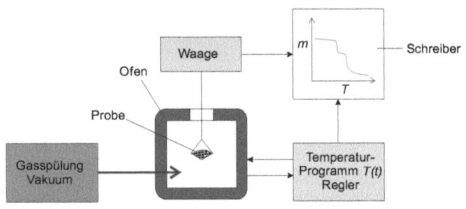

Abbildung 3.1. Schema der Thermogravimetrie

3.2.2 DTA

Bei der Differenzthermoanalyse (DTA) wird die Temperaturdifferenz zwischen der zu untersuchenden Probe und einem Referenzmaterial bei einer bestimmten Aufheiz- oder Abkühlrate ermittelt. Das Referenzmaterial soll gegenüber der Umgebung chemisch inert und im Messbereich der Temperatur stabil sein. Zwischen Raumtemperatur und 1200 °C wird üblicherweise α-Al_2O_3 verwendet. Für metallische Proben kann als Referenz auch ein leerer Referenztiegel oder ein reines festes Metall (wie z. B. Molybdän) benutzt werden.

Die Temperaturdifferenz wird mittels zweier entgegengesetzt geschalteter Thermoelemente gemessen, ein Thermoelement befindet sich bei oder in der Probe, das andere bei oder in der Referenzprobe (s. auch Abbildung 3.2 b). Diese Temperaturdifferenz wird in der Messkurve als Verlaufsänderung angezeigt, diese Verlaufsänderung erlaubt dann Aussagen über Reaktionstemperatur, Reaktionswärme und Reaktionsabläufe.

3.2.3 STA

Bei der Simultanen Thermischen Analyse (STA) werden, wie bereits erwähnt, TG und DTA kombiniert. Die STA-Messung findet üblicherweise unter einer fließenden Inertgasatmosphäre (Ar, He, N_2) statt. Es können jedoch auch Reaktionen der Probe mit einem reaktiven Gas untersucht werden (z. B. Oxidationsversuche). Als Nulllinie wird die Messkurve des leeren Gerätes bezeichnet, d. h. ohne Proben und Probenbehälter. Als Grundlinie wird oftmals die Messkurve des Gerätes mit leeren Probenbehältern bezeichnet. Die Basislinie ist derjenige Teil der Messkurve, in dem keine Probenreaktion stattfindet.

Eine STA besteht in der Regel aus

- einem Ofen,
- Probenträgern (Tiegel),
- Thermoelementen,
- der Temperaturkontrolle,
- einer sehr präzisen Waage,
- einem Spülgassystem und
- einer Datenerfassung.

Die Abbildung 3.2 zeigt das Schema einer STA. Das zu untersuchende Probenmaterial wird zerkleinert und in einem Tiegel einer bestimmten Temperatur oder Temperaturentwicklung ausgesetzt, denn die Untersuchungen können sowohl unter gleichbleibender Temperatur oder unter einem gleichmäßigen Temperaturanstieg durchgeführt werden. Die Aufheizraten können erheblich variieren (z. B. 0,01–100 K/min bei der STA 409 CD; (Netzsch GmbH, 2004)). Die Temperatur wird durchgehend über die Thermoelemente erfasst, die am oder unter dem Tiegel angebracht sind.

Eine Waage misst die Gewichtsänderungen und über ein Spülgassystem können Untersuchungen unter verschiedenen Atmosphären durchgeführt werden. Die Strömung durch das Spülgas entfernt auch die Verbrennungsprodukte. Die Probenmenge, die Erwärmungsbedingungen (Aufheizrate) und das Spülgas können, im Rahmen der Gerätevorgaben, vom Anwender frei gewählt werden.

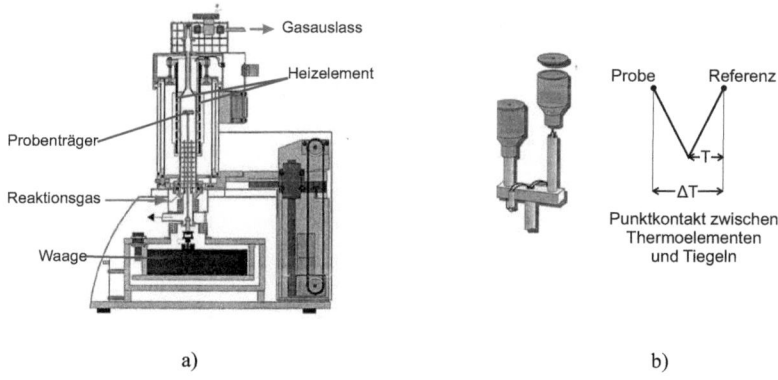

Abbildung 3.2. STA, a) schematische Darstellung und b) Probenträger (Netzsch GmbH, 2004)

3.2.4 Fehlerquellen bei thermoanalytischen Messungen

Die Resultate von thermoanalytischen Messungen können von einer Reihe von Fehlerquellen und verschiedenen Parametern beeinflusst werden. Einige Fehlerquellen sind im Folgenden aufgelistet:

- chemische Reinheit oder Phasenreinheit der Probe (Verunreinigungen),
- thermische Vorgeschichte der Probe,
- Reaktionen der Probe mit dem Tiegelmaterial oder mit der umgebenden Atmosphäre (z. B. bei Gasen nicht genügender Reinheit, Ofenlecks),
- Abhängigkeit eines Wärmeeffekts von der Korngröße und Packungsdichte der Probe (Reaktivität),
- kinetische Effekte (z. B. extrem langsame Gleichgewichtseinstellung),
- Kontakt zwischen Probe und Tiegel (Wärmeübertragung),
- fehlende oder ungenügende Kalibration für den jeweiligen Temperaturbereich,
- Einfluss der Gasatmosphäre und der Gasflussrate auf das Messsignal (Wärmeleitfähigkeit des Gases),
- Verunreinigung der Messapparatur durch zuvor gemessene Substanzen,
- nicht-linearer Temperaturanstieg (Steuerungsproblem),
- unterschiedliche Aufheizraten,
- Änderung z. B. der Wärmekapazität während des Aufheizens.

Bei TG-Messungen können darüber hinaus temperaturbedingte und reaktionsbedingte Abtriebseffekte auftreten, diese können sogenannte Pseudosignale in der Messkurve hervorrufen.

3.2.5 Apparatur und Testbedingungen

Die hier durchgeführten thermischen Analysen wurden mit der STA 409 EP der Fa. Netzsch durchgeführt (s. Abbildung 3.3). Diese Apparatur erlaubt Messungen bis zu einer Maximaltemperatur von 1450 °C, unter Verwendung verschiedener Gasatmosphären (inert oder reaktiv).

Abbildung 3.3. STA 409 EP der Fa. Netzsch

Es wurden Untersuchungen bis zu einer maximalen Temperatur von 500 °C durchgeführt sowie Aufheizraten von 1,0, 5,0 und 10,0 K/min. Es wurden sowohl Untersuchungen unter Luftatmosphäre als auch unter Stickstoffatmosphäre durchgeführt, alle bei einer Durchflussrate von 75 ml/min. Als Messtiegel wurden ausschließlich Platin-Tiegel verwendet.

3.3 Ergebnisse der Simultanen Thermischen Analysen

3.3.1 Zellulose

Es wurden insgesamt 5 thermische Analysen von Filterpapierstreifen aus Zellulose vorgenommen, bei verschiedenen Aufheizraten (1,0, 5,0 und 10,0 K/min) und unter verschiedenen Atmosphären (Versuchsreihen s. Tabelle 3.4). Die Einwaage der Proben betrug etwa 23 mg. Im Anhang A finden sich sämtliche Diagramme der DTA- und TG-Untersuchungen.

Tabelle 3.4. Versuchsreihen der STA-Untersuchungen an Zellulose

Versuch Nr.	Material	Aufheizrate [K/min]	Atmosphäre	Einwaage [mg]
L_Zellu_1K	Zellulose	1	Luft	19,8
L_Zellu_5K	Zellulose	5	Luft	20,9
N_Zellu_5K	Zellulose	5	Stickstoff	21,0
L_Zellu_10K	Zellulose	10	Luft	23,0
N_Zellu_10K	Zellulose	10	Stickstoff	20,8

Aus den Ergebnissen der DTA, TG und der ersten Ableitung der TG-Kurve nach der Zeit (DTG) lassen sich bei der thermischen Zersetzung von Zellulose vier Phasen unterscheiden. Je nach Aufheizrate und Atmosphäre können diese Phasen in unterschiedlichen Temperaturbereichen liegen. Je schneller die Aufheizrate ist, in desto höhere Temperaturbereiche verschieben sich die Spitzen der Reaktionen. Die Tabelle 3.5 fasst die differenzierten Temperaturen der einzelnen Phasen zusammen.

Tabelle 3.5. Thermische Reaktionen von Filterpapier aus Zellulose, bei verschiedenen Aufheizraten und/oder Atmosphären

Reaktionen		Temperaturbereich bei STA-Aufheizraten von			Atmosphäre
		1 K/min	5 K/min	10 K/min	
1.Phase					
	Trocknung		≤ 105		Luft
			≤ 105		Stickstoff
2.Phase					
exotherm	Zersetzung	≤ 301	≤ 335	≤ 353	Luft
			≤ 361	≤ 381	Stickstoff
3.Phase					
	Kohlenstoffbildung	≤ 355	≤ 392	≤ 404	Luft
			≤ 439	≤ 469	Stickstoff
4.Phase					
exotherm	Kohlenstoffverbrennung	426	454	460	Luft
					Stickstoff

Die Abbildung 3.4 zeigt beispielhaft diese vier Phasen der thermischen Zersetzung von Zellulose an Hand der DTA-, TG- und DTG-Ergebnisse unter Luftatmosphäre und bei einer Aufheizrate von 10 K/min.

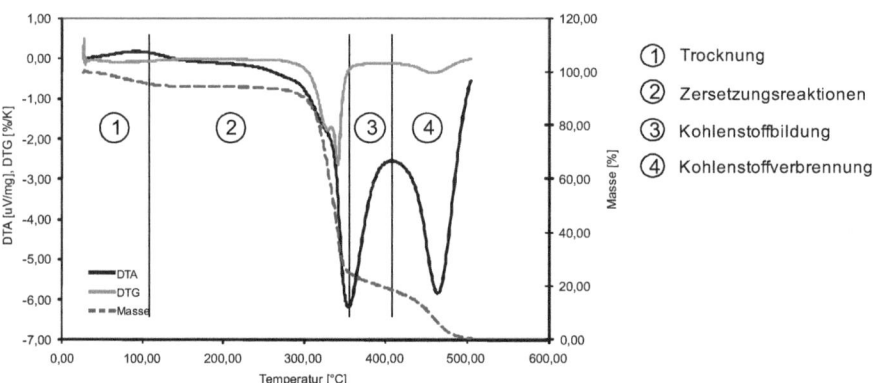

Abbildung 3.4. Reaktionsphasen von Filterpapier aus Zellulose unter Luftatmosphäre, Ergebnisse aus der STA bei einer Aufheizrate von 10 K/min

Es ist zu erkennen, dass nach geringen endothermen Reaktionen (Verdampfung des Wassers) in der ersten Phase die exothermen Reaktionen der Zersetzung (2. Phase) einsetzen. In der dritten Phase werden diese exothermen Reaktionen geringer und teilweise durch endotherme Reaktionen der Kohlenstoffbildung überlagert. Mit der weiteren Temperaturzunahme setzen in der vierten Phase die exothermen Reaktionen der Kohlenstoffverbrennung ein.

Zu beachten ist, dass dezidierte Temperaturen für die einzelnen Phasen oder Reaktionen nur bei bekannten Rahmenbedingungen (Atmosphäre, Aufheizrate) zu bestimmen sind. Allgemeine Aussagen für die thermische Zersetzung von Zellulose können jedoch nur eingeschränkt getroffen werden.

3.3.2 PMMA

Auch die PMMA-Proben wurden mit jeweils drei verschiedenen Aufheizraten (1,0, 5,0 und 10,0 K/min) und unter Luft- oder Stickstoffatmosphäre untersucht. Die Einwaagen der Proben betrugen zwischen 25 und 53 mg. Die Zusammenfassung der Versuchsreihen ist in Tabelle 3.6 und sämtliche Diagramme der STA-Untersuchungen sind im Anhang A zu finden.

Tabelle 3.6. Versuchsreihen der STA-Untersuchungen an PMMA

Versuch Nr.	Material	Aufheizrate [K/min]	Atmosphäre	Einwaage [mg]
L_PMMA_1K	PMMA	1	Luft	22,7
N_PMMA_1K	PMMA	1	Stickstoff	22,4
L_PMMA_5K	PMMA	5	Luft	22,7
N_PMMA_5K	PMMA	5	Stickstoff	22,4
L_PMMA_10K	PMMA	10	Luft	22,7
N_PMMA_10K	PMMA	10	Stickstoff	22,8

Auch aus den hier ermittelten Ergebnissen der DTA, TG und DTG können mehrere Phasen bei der thermischen Zersetzung von den untersuchten PMMAs definiert werden. Wie bei den Zellulose-Untersuchungen lassen sich die Temperaturbereiche der einzelnen Phasen nur für eine jeweilige Aufheizrate und Atmosphäre ermitteln. Des Weiteren ist zu beachten, dass diese Reaktionen und Temperaturbereiche nur für das hier im Speziellen untersuchte PMMA gültig sind. In Tabelle 3.7 sind die Untersuchungsergebnisse für die einzelnen Phasen je nach Atmosphäre und Aufheizrate zusammengefasst.

Tabelle 3.7. Thermische Reaktionen des hier untersuchten PMMA, bei verschiedenen Aufheizraten und/oder Atmosphären

Reaktionen		Temperaturbereich bei STA-Aufheizraten von			Atmosphäre
		1 K/min	5 K/min	10 K/min	
1.Phase					
	Erwärmung	≤ 240–270			Luft
		≤ 240–270			Stickstoff
2.Phase					
exotherm	Reaktionen unbekannter Additive	≤ 264	≤ 290	≤ 295	Luft
		≤ 260	≤ 290	≤ 326	Stickstoff
3.Phase					
endotherm	Verdampfung, Cracken, zersetzende Schmelze,	≤ 270	≤ 307	≤ 340	Luft
			≤ 346	≤ 366	Stickstoff
4.Phase					
exotherm	Verbrennung und/oder oxidative Zersetzung	305	339	362	Luft
		336	394	398	Stickstoff

Die Abbildung 3.5 zeigt beispielhaft die ermittelten 4 Phasen an Hand der DTA-, TG- und DTG-Ergebnisse für PMMA-Untersuchungen unter Luftatmosphäre und bei einer Aufheizrate von 10 K/min.

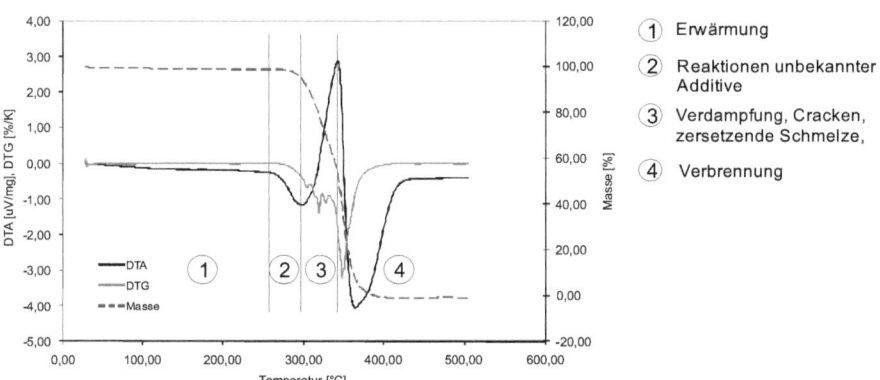

Abbildung 3.5. Reaktionsphasen von PMMA unter Luftatmosphäre, Ergebnisse aus der STA bei einer Aufheizrate von 10 K/min

In der ersten Phase wird die Probe erwärmt, die Schmelze von PMMA bildet sich bei 220–240 °C (s. Tabelle 3.2). In der zweiten Phase kommt es zu exothermen Reaktionen, deren Ursache wahrscheinlich in Reaktionen unbekannter Additive der Monomerrückständen zu finden sind (Pielichowski und Njuguna, 2005). In der dritten Phase finden Depolymerisation („Cracken") von

PMMA zu MMA, Pyrolyse und Verdampfung statt. Anschließend kommt es zur Verbrennung der Pyrolysegase oder einer oxidativen Zersetzung. Beim Zündzeitpunkt von MMA (nach Morita GmbH, o. J. bei 420 °C) waren alle Proben bereits vollständig umgesetzt.

Auch in der Literatur sind DTA-Untersuchungen an PMMA zu finden, dabei werden in einigen Untersuchungen drei, in anderen vier Peaks von Reaktionen ermittelt. Kashiwagi et al. (1986) erwähnen etwa drei Gewichtsverluststufen und drei Peaks, bei Temperaturen von 165 °C, 270 °C und 350 °C. Ferriol et al. (2003) wiederum ermitteln mittels DTA vier Peaks bei 150 °C, 230 °C, 270 °C und 370 °C. Bei einem Vergleich der hier durchgeführten Analysen und den DTA-Untersuchungen aus der Literatur fanden sich die Übereinstimmungen, dass bei etwa 230 °C ein großer Gewichtsverlust begann und bei etwa 370 ° die Proben fast vollständig umgesetzt waren. Im Unterschied zu den Untersuchungen in der Literatur fanden sich jedoch bei den hier durchgeführten thermischen Analysen an PMMA keine Reaktionen im Temperaturbereich von 150 oder 165 °C.

Die große Bandbreite bei der thermischen Zersetzung von PMMA ergibt sich aus den verschiedenen Strukturen der verwendeten PMMAs, durch die unterschiedlichen experimentellen Bedingungen, die verwendet wurden, um diese PMMAs zu erzeugen (anionisch polymerisiert, mit oder ohne Vorhandensein eines Initiators wie z. B. Benzoyl, etc.) und den Versuchsbedingungen (Aufheizraten, Atmosphären, etc.). Die thermische Zersetzung von PMMA ist abhängig vom ursprünglichen Grad der Polymerisation des Polymers (Pielichowski und Njuguna, 2005; Kashiwagi et al., 1986), aber auch von Zusätzen (UV-Beständigkeit, flammhemmend) oder dem Produktionsverfahren (gegossen, extrudiert) (Keim Kunststoffe GmbH, o. J.). Werden daher z. B. PMMA-Proben mit unterschiedlicher Kettenlänge untersucht, werden sich auch die Ergebnisse mehr oder weniger unterscheiden. Somit lassen sich keine genauen, und vor allem auf alle PMMA-Proben gültigen Aussagen des thermischen Verhaltens von PMMA herleiten.

Die Ergebnisse der hier durchgeführten thermischen Analyse konnten jedoch für die Forschungsfrage dieser Arbeit hinreichend genau ermittelt werden, denn es handelte sich hierbei um genau das PMMA-Probenmaterial, das bei den experimentellen Versuchen zur Anwendung kam bzw. bei den numerischen Untersuchungen zu Grunde gelegt wurde.

3.4 Cone Kalorimeter

Im Cone Kalorimeter der ISO 5660-1 (2002) können eine Reihe von Materialdaten ermittelt werden, unter anderem kann auch die Wärmefreisetzung eines brennenden Materials abgeschätzt werden. Bei der Prüfanordnung im Cone Kalorimeter wird eine waagerecht oder senkrecht montierte Probe (10 cm × 10 cm) einer Strahlung ausgesetzt und mittels elektrischem Zündfunken entzündet. Der Strahler hat eine konische Form („Cone") damit auf der Oberfläche eine gleichmäßige Strahlung beaufschlagt wird. Die Strahlungsintensität ist zwischen 0–100 kW/m^2 frei wählbar. Über eine Abzugshaube werden die Verbrennungsgase gesammelt und daraus unter anderem die Brandleistung (HRR) über den Sauerstoffverbrauch ermittelt. Dabei wird angenommen, dass pro kg verbrauchtem Sauerstoff ca. 13,1 kJ × 103 kJ an Energie (ISO 5660-1, 2002) freigesetzt wird. Des Weiteren können der Massenverlust und der Zündzeitpunkt (t_{ig}), d. h. der Zeitpunkt, an dem ein anhaltendes Brennen (≥ 10 s) erreicht wird, ermittelt werden. Die Abbildung 3.6 zeigt die Prüfanordnung und die Prüfapparatur des Cone Kalorimeters.

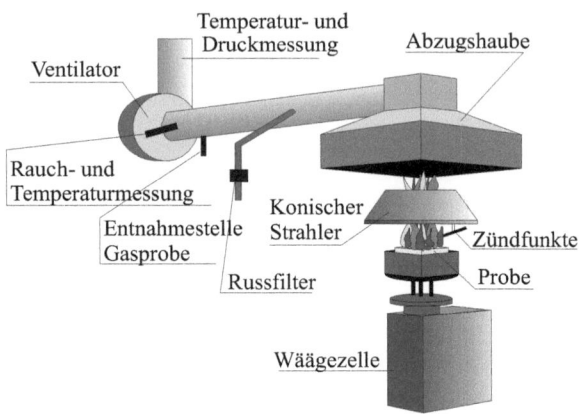

Abbildung 3.6. Prüfanordnung und Prüfapparatur Cone Kalorimeter nach ISO 5660-1

In den vorliegenden Untersuchungen wurde das Verhalten von Zellulose- und PMMA-Proben bei einer externen Strahlungsintensität von 10, 15 und von 20 kW/m² untersucht. Die Proben wurden ausschließlich in waagerechter Einbauposition untersucht. Die Tabelle 3.10 fasst alle durchgeführten Versuche zusammen.

Tabelle 3.8. Versuchsreihen der Cone-Kalorimeter-Untersuchungen an Zellulose und PMMA, bei waagrechtem Einbau der Proben

Versuch Nr.	Material	Strahlung [kW/ m²]	Einwaage [g]	Gesamtdauer der Versuche [s]
Zelluloseversuche				
Z_001_15	Zellulose	15	2,0	181
Z_002_15	Zellulose	15	5,0	117
PMMA-Versuche				
P_001_15	PMMA	15	61,14	125
P_002_15	PMMA	15	61,97	168
P_003_20	PMMA	20	58,4	96
P_004_20	PMMA	20	63,22	50
P_005_15	PMMA	15	61,97	179
P_006_10	PMMA	10	61,97	–

Bei nahezu allen Untersuchungen im Cone Kalorimeter konnten die beiden Materialien entzündet werden. Bei einer Bestrahlung von 10 kW/m^2 konnte jedoch keine Entzündung der PMMA-Probe erreicht werden.

3.5 Ergebnisse der Cone-Kalorimeter-Untersuchungen

3.5.1 Zellulose

In der vorliegenden Untersuchung wurde das Verhalten von Zellulose-Proben bei einer externen Strahlungsintensität von 15 kW/m^2 untersucht. Die Tabelle 3.10 zeigt die Ergebnisse dieser Untersuchungen.

Tabelle 3.9. Ergebnisse der Cone-Kalorimeter-Zellulose-Versuche (Auszug)

Versuch Nr.	Strahlung [kW/m^2]	t_{ig} [s]	HRR_{Peak} [kW/m^2]	THR [MJ/m^2]	MLR_{ave} [g/s m^2]	EHC_{av} [MJ/kg]
Z_001_15	15	42	105,13	1,08	1,1	15,65
Z_002_15	15	59	104,73	1,04	0,9	15,03

t_{ig} Zündzeitpunkt in s
HRR_{Peak} Maximale spezifische Brandleistung in kW/m^2
THR Spezifische freigesetzte Wärmemenge in MJ/m^2
MLR_{ave} Durchschnittliche spezifische Abbrand-, bzw. Pyroiyserate in g/s m^2
EHC_{av} Effektiver Heizwert der Probe in MJ/kg

Der Zündzeitpunkt der Zellulose-Proben wurde bei den Cone-Kalorimeter-Untersuchungen in der 42. bzw. der 59. Sekunde ermittelt. Die Differenz von 7 Sekunden ergibt sich wahrscheinlich aus einer ungleichen Vorlaufzeit des Versuches, d. h. der Zeit, bis der elektrische Zünder an die Probe herangeführt wurde. Innerhalb von 10 bzw. 11 s nach der Zündung wurden die höchsten Brandleistungen von etwa 105 kW/m^2 verzeichnet, nach weiteren 16 Sekunden waren die gesamten Proben umgesetzt (s. Abbildung 3.7).

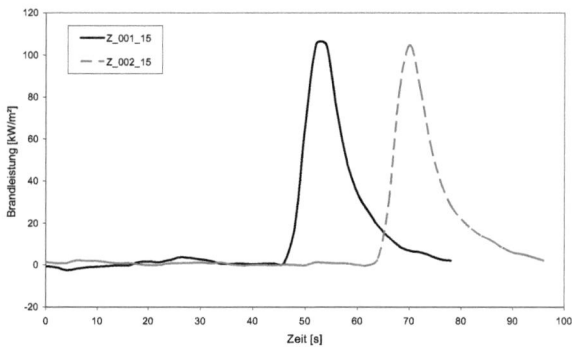

Abbildung 3.7. Brandleistung von Zellulose bei einer externen Bestrahlung von 15 kW/m^2

Die Abbildung 3.8 zeigt die Entwicklung des Zellulose-Abbrandes während der Untersuchungen. 52 bzw. 62 s nach Start der Untersuchungen wurden dabei Höchstwerte von etwa 0,14 g/s ermittelt.

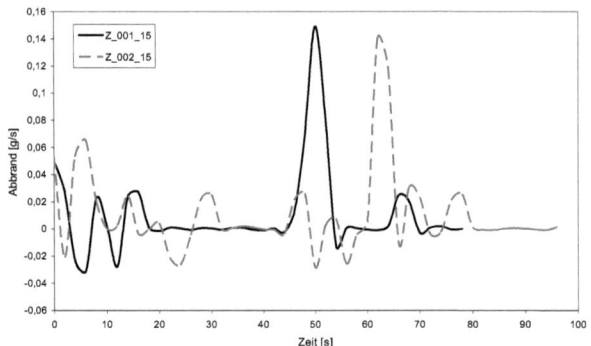

Abbildung 3.8. Abbrand von Zellulose bei einer externen Bestrahlung von 15 kW/m^2

Die Abbildung 3.9 zeigt den direkten Vergleich der Brandleistung beider Versuche bei normalisierter Zeitachse. Der Zeitpunkt $t^* = 0$ entspricht hier den jeweiligen Zündzeitpunkten (t_{ig}) der beiden Untersuchungen. Es ist zu erkennen, dass die Brandleistungen der beiden Zellulose-Untersuchungen fast identische Entwicklungen und Werte aufwiesen, d. h. bei den untersuchten Zelluloseproben wurden 10–11 s nach der Zündung maximale Brandleistungen von 104–105 kW/m^2 erreicht.

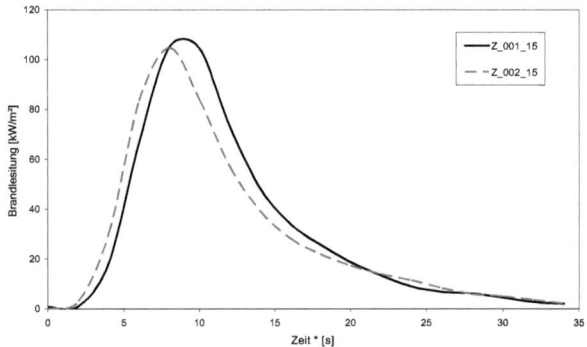

Abbildung 3.9. Brandleistung von Zellulose bei Zeit* = Versagenszeit – t_{ig}

3.5.2 PMMA

In der vorliegenden Untersuchung wurde das Verhalten von PMMA-Platten bei einer externen Strahlungsintensität von 10, 15 und von 20 kW/m² geprüft. Die Tabelle 3.10 zeigt einen Auszug aus den Ergebnissen dieser Untersuchungen, mit Ausnahme des Versuches P_0005_10, da bei diesem (Bestrahlung mit 10 kW/m²) keine Entzündung eingeleitet und demzufolge keine Ergebnisse ermittelt werden konnten.

Tabelle 3.10. Ergebnisse der Cone-Kalorimeter-PMMA-Versuche (Auszug)

Versuch Nr.	Strahlung [kW/m²]	t_{ig} [s]	HRR_{Peak} [kW/m²]	THR [MJ/m²]	MLR_{ave} [g/s m²]	EHC_{av} [MJ/kg]
P_001_15	15	179	546,64	162,14	18,9	25,65
P_002_15	15	181	599,01	155,14	18,9	25,44
P_005_15	15	168	742,11	144,06	24,8	24,68
P_003_20	20	137	635,12	156,19	20,3	25,28
P_004_20	20	125	684,76	146,09	23,2	25,15

t_{ig} Zündzeitpunkt in s
HRR_{Peak} Maximale spezifische Brandleistung in kW/m²
THR   Spezifische freigesetzte Wärmemenge in MJ/m²
MLR_{ave} Durchschnittliche spezifische Abbrand-, bzw. Pyroloserate in g/s m²
EHC_{av} Effektiver Heizwert der Probe in MJ/kg

Wie aus Tabelle 3.10 ersichtlich, erfolgte die Zündung der PMMA-Proben, je nach Strahlungsbelastung, nach 125–181 s. Die Abbildung 3.10 zeigt einen Vergleich der hier ermittelten Zündzeitpunkte zu Untersuchungen an PMMA im Cone Kalorimeter von Elam et al. (1990) und Quintiere (2006).

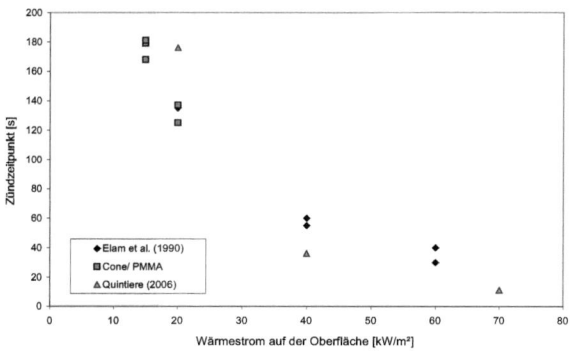

Abbildung 3.10. Zündzeitpunkte von PMMA unter verschiedenen Strahlenbelastungen

Es ist zu erkennen, dass mit steigendem Wärmestrom auf der Oberfläche erwartungsgemäß kürzere Einwirkdauern notwendig sind, um PMMA zu entzünden. So wurde bei einem Wärmestrom von 15 kW/m² nach 168–181 s die Zündung eingeleitet, während bei einem Wärmestrom von 60 kW/m² bereits nach 28–40 s das PMMA entzündet werden konnte.

Die Abbildung 3.11 zeigt die Entwicklung der Brandleistung der untersuchten PMMA-Platten bei normalisierter Zeitachse. Der Zeitpunkt $t^* = 0$ entspricht den jeweiligen Zündzeitpunkten (t_{ig}) der Untersuchungen. Die Brandleistungen stiegen innerhalb von 164–288 s nach der Zündung auf 546,64–742,11 kW/m² an. Zwischen einer Bestrahlung der Proben mit 15 kW/m² oder mit 20 kW/m² konnten keine großen Unterschiede in der Entwicklung der HRR festgestellt werden.

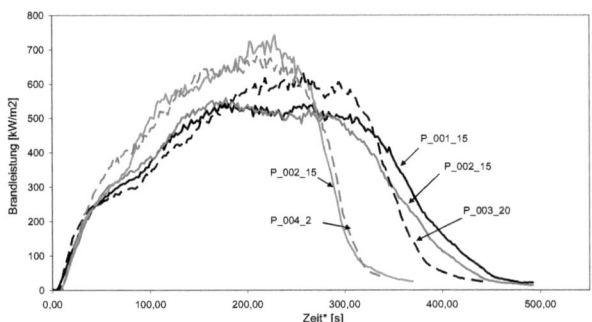

Abbildung 3.11. Brandleistung von PMMA bei einer Bestrahlung mit 15 oder 20 kW/m²

Die Abbildung 3.12 zeigt die Entwicklung des Abbrandes der einzelnen Proben ebenfalls mit normalisierter Zeitachse ($t^* = 0$ bei t_{ig}). Im Mittel wurde ein maximaler Abbrand von 0,22–0,29 g/s erreicht. Die Entwicklung des Abbrandes verläuft bei beiden Strahlungsintensitäten recht ähnlich.

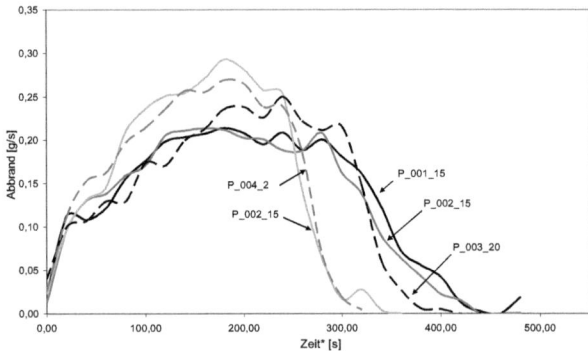

Abbildung 3.12. Abbrand von PMMA bei einer Bestrahlung mit 15 oder 20 kW/m²

Während bei einer Bestrahlung der PMMA-Oberfläche mit 10 kW/m² keine Entzündung eingeleitet werden konnte, zeigten die Ergebnisse bei Strahlungsintensitäten von 15 oder 20 kW/m² kaum Unterschiede in den Ergebnissen der Brandleistung und des Abbrandes, sondern nur bei den ermittelten Zeitpunkten der Zündung und des Beginns des eigentlichen Abbrandes.

3.6 Zusammenfassung STA- und Cone-Kalorimeter-Untersuchungen

Mittels der thermischen Analyse und dem Cone Kalorimeter, konnten eine Reihe von chemischen und physikalischen Eigenschaften von Zellulose und PMMA gewonnen werden.

Aus den Cone-Untersuchungen wurden für die untersuchte Zellulose ein Zündzeitpunkt von 50 s und eine Brandleistung von 105 kW/m² ermittelt. Die Untersuchungen in der STA zeigten, dass die thermische Zersetzung von Zellulose in 4 Phasen abläuft. Nach (1) der Trocknung der Probe (bis ca. 105 °C) beginnen (2) exotherme Zersetzungsreaktionen in der Zellulose, die im weiteren Verlauf durch (3) endotherme Reaktionen der Kohlebildung teilweise überlagert und abgelöst werden. In der letzten Phase findet (4) die Verbrennung des Kohlenstoffes statt, bei 490 °C waren die Zelluloseproben vollständig umgesetzt.

Die PMMA-Proben wurden bei Strahlenbelastungen von 10, 15 und 20 kW/m² im Cone Kalorimeter untersucht. Dabei wurden Zündzeitpunkte von 125–180 s und max. Brandleistungen von 546–742 kW/m² ermittelt. Bei einer Strahlung von 10 kW/m² konnte keine Zündung eingeleitet werden. Die Untersuchungen in der STA zeigten eine mehrphasige Zersetzung des PMMAs. Nach (1) der Erwärmung wurden (2) exotherme Reaktionen und (3) das endotherme Cracken von PMMA in MMA bzw. die zersetzende Schmelze beobachtet. Nach der letzten Phase (4) der Verbrennung waren die meisten PMMA-Proben bei etwa 370 °C bereits vollständig umgesetzt.

Alle Untersuchungen mit der STA zeigten deutlich den Einfluss der Atmosphäre, aber auch der gewählten Aufheizrate auf die Ergebnisse der Untersuchungen. Es konnten grundlegende Aussagen über die Reaktionen, exotherme oder endotherme, getroffen werden, jedoch die genaue Reaktionstemperatur war nicht eindeutig bestimmbar, weil sie mit der Art der Atmosphäre und vor allem der Aufheizrate erheblich differieren. Genaue Aussagen über Temperaturen, in denen exotherme oder endotherme Reaktionen bei einem Stoff erwartet werden, sind daher immer nur in Bezug auf die vorliegenden Randbedingungen bei den Untersuchungen anzugeben.

Die Ergebnisse der Materialuntersuchungen geben einen ersten Aufschluss über die thermischen Eigenschaften der Materialien und können sowohl zur Ermittlung von Materialdaten für die FDS-Simulationen (Kapitel 7–9) als auch für die Auswertung der experimentellen Versuche herangezogen werden.

3.7 Untersuchungen zur Abschätzung von Wärmeströmen

Im Zuge dieser Arbeit wurden auch einige Versuche durchgeführt, um die Wärmeströme auf die Oberfläche vor einer Flamme bei unterschiedlicher Oberflächenneigung zu ermitteln. Dafür wurden in verschiedenen Abständen zu einer Wärmequelle die auf die Oberfläche auftreffenden Wärmeströme mittels Wärmeflussaufnehmern (Medtherm 64-5-19) gemessen. Als Wärmequelle bzw. Brennstoff diente dabei eine 20 mm dicke und 140 mm breite brennende PMMA-Platte. Die Abbildung 3.13 zeigt den Versuchsaufbau der beiden verwendeten Versuchsanordnungen.

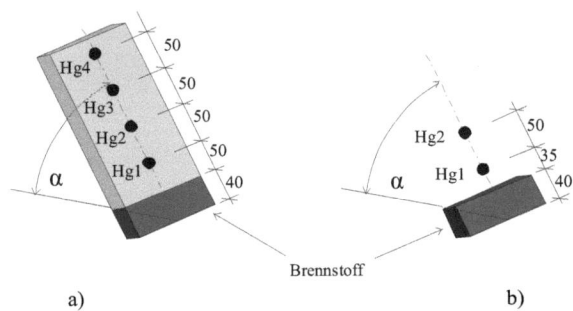

Abbildung 3.13. Versuchsaufbauten zur Ermittlung von Wärmeströmen bei unterschiedlichen Neigungen; a) Versuchsanordnung Test Nr. 1, b) Versuchsanordnung Test Nr. 2

Bei der Versuchsanordnung Test 1 wurde die Wärmequelle im unteren bzw. vorderen Bereich einer GKF-Platte montiert und an 4 Positionen auf der Oberfläche die Wärmeströme mittels Wärmeflussaufnehmern (Hg1–Hg4, Abbildung 3.13 a) gemessen. Bei der Versuchsanordnung zu Test 2 wurden die Wärmeflussaufnehmer frei im Raum montiert und nur an 2 Positionen (Hg1–Hg2, Abbildung 3.13 b) Messungen der Wärmeströmungen bei unterschiedlichen Neigungen vorgenommen. Bei beiden Versuchsanordnungen wurden die Oberflächenneigungen zwischen 0° (horizontal) und 90° (vertikal) variiert und dabei der gesamte Versuchsaufbau in die jeweilige gewünschte Neigung gekippt, d. h. sowohl die Wärmequelle wie auch die Wärmeflussaufnehmer.

Mit der Versuchsanordnung 1 wurden Neigungen von 0, 30, 60 und 90° und mit der Versuchsordnung 2 wurden die Neigungen zwischen 0°- und 90°- in 10°-Schritten untersucht. In Tabelle 3.11 sind alle durchgeführten Versuche zur Ermittlung der Wärmeströme bei unterschiedlicher Neigung zusammengefasst.

Tabelle 3.11. Versuchsreihen zur Ermittlung der Wärmeströme bei unterschiedlicher Oberflächenneigung

Versuch	Neigung α [°]
Versuchsanordnung 1	
Test 1/0	0°
Test 1/30	30°
Test 1/60	60°
Test 1/90	90°
Versuchsanordnung 2	
Test 2/0	0°
Test 2/10	10°
Test 2/20	20°
Test 2/30	30°
Test 2/30b	30°
Test 2/40	40°
Test 25/0	50°
Test 2/60	60°
Test 2/60b	60°
Test 2/70	70°
Test 2/80	80°
Test 2/90	90°

Die Abbildung 3.14 zeigt die ermittelten Wärmeströme bei Neigungen zwischen 0–40°, dabei war sowohl zwischen den beiden Versuchsanordnungen (Test 1, Test 2) als auch bei gleicher Versuchsanordnung und gleicher Neigung (vgl. Test 1/30, Test 1/30b) eine gewisse Bandbreite der Ergebnisse zu erkennen. Im Abstand von 35 bzw. 55 mm vom Flammenrand wurden z. B. bei 0° Neigung 0,48–0,68 kW/m² und bei 30° Neigung 1,15–4,54 kW/m² ermittelt. An der jeweils zweiten Position der Wärmeflussaufnehmer in den Versuchen (85–100 mm vom Flammenrand) war der Wärmestrom bereits auf 0,17–0,48 kW/m² gesunken.

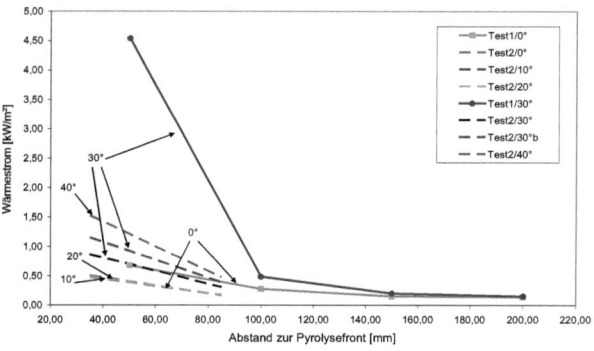

Abbildung 3.14. Wärmestrom vor einer Flamme bei Neigungen 0–40°, Ergebnisse aus Test 1 und 2

Auch bei den 50–90° geneigten Oberflächen (s. Abbildung 3.15) sind sowohl bei verschiedenen Versuchsanordnungen wie auch bei gleicher Versuchsanordnung und gleicher Neigung Differenzen in den Ergebnissen zu erkennen. An der ersten Position (35–50 mm Abstand zum Flammenrand) werden z. B. bei 60° geneigter Oberfläche zwischen 4,10–14,36 kW/m^2 und bei vertikalen Proben (90°) zwischen 17,09–26,58 kW/m^2 ermittelt.

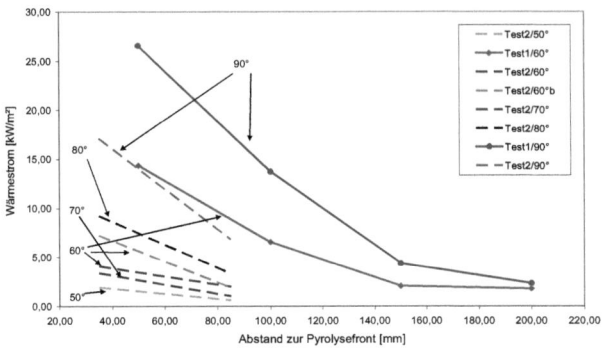

Abbildung 3.15. Wärmestrom vor einer Flamme bei Neigungen von 50–90°, Ergebnisse aus Test 1 und 2

Bei allen durchgeführten Versuchen bzw. Neigungen war der erwartete Abfall des Wärmestroms mit zunehmendem Abstand zur Wärmequelle zu erkennen. Bei 0°, 60° und 90° wurde sogar teilweise das gleiche Gefälle in der Wärmestromentwicklung bei beiden Versuchsanordnungen festgestellt, wobei jedoch bei Test 1 höhere Wärmeströme ermittelt wurden. Diese höheren Wärmeströme ergaben sich vor allem aus den unterschiedlichen Versuchsaufbauten, da bei Versuchsanordnung Nr. 1 die Wärmeflussaufnehmer in einer Platte eingebaut waren, die direkt an die Wärmequelle anschloss und sie in Versuchsanordnung Nr. 2 frei im Raum platziert wurden. Die Versuchsanordnung 1 entspricht daher eher einer Situation wie sie bei einem Realbrand vorzufinden sein würde und die Versuchsanordnung 2 zeigt eher die Ergebnisse der „reinen" Wärmeströme von einer Brandquelle bei unterschiedlichen Neigungen. Diese Ergebnisse (Versuchsanordnung 2) werden in der Folge für Eingaben bei der Modellierung (Kapitel 6) verwendet.

4 Experimentelle Untersuchungen zur Brandausbreitung auf Zellulose

4.1 Versuchsaufbau

4.1.1 Versuchsgeometrie

Um den Einfluss der Lage auf die Brandausbreitungsgeschwindigkeit bei dünnen Materialien zu untersuchen, wurden experimentelle Versuche der aufwärtswandernden Brandausbreitung an Zellulosestreifen unter verschiedenen Neigungen durchgeführt.

Ausgehend von den Prüfnormen und in der Literatur verwendeten Versuchsanordnungen (s. Kapitel 2) wurde ein Versuchsaufbau bzw. -raum zur Messung der Brandausbreitung entwickelt. Dieser bestand aus den folgenden Teilen:

- Test-Box,
- Versuchsrahmen,
- Probenhalterung.

Die Test-Box wurde als Raum im Raum konzipiert, um die Auswirkungen der eventuell unterschiedlichen Ventilationsbedingungen zwischen den einzelnen Versuchen so weit wie möglich gering zu halten. Die Größe und Ausmaße der Box wurden für die Abzugshaube im Labor optimiert. Die Innenmaße betrugen 143 cm × 116,5 cm × 155 cm und die Innenbeplankung bestand aus einer zweifachen Lage GKF-Platten.

Der Versuchsrahmen bildete die Unterkonstruktion für die Probenhalterung (s. Abbildung 4.1). Er bestand aus zwei spiegelgleichen und voneinander unabhängig aufstellbaren Rahmen aus 40/40/4 mm Hohlprofilen. An ihrer Innenseite wiesen die Hohlprofile jeweils einen Führungsschlitz für die Schrauben der Probenhalterung auf. Durch die getrennte Konstruktion der beiden Rahmen konnte die Positionierung an die Breite der Proben angepasst werden. Die Probenhalterung bestand aus je einem U-Profil (20/20/1 mm) und einem Flacheisen (20/2 mm) als Deckleiste. Diese konnte im Versuchsrahmen stufenlos in der gewünschten Neigung fixiert werden.

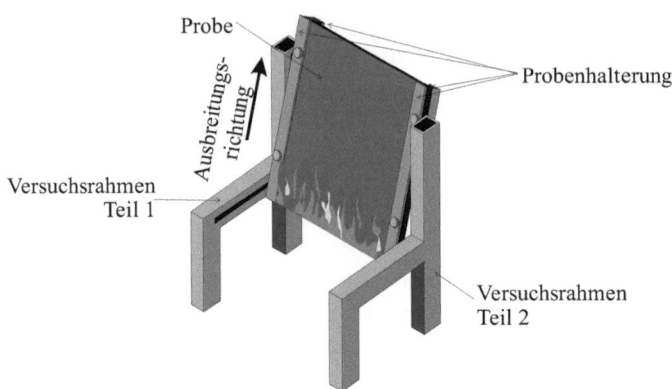

Abbildung 4.1. Versuchsrahmen und Probenhalterung

Der Versuchsrahmen wurde derart konzipiert, dass Proben bis zu maximalen Ausmaßen von 30/50 cm (B/H), bis zu einer Dicke von 10 cm und in jedem gewünschten Winkel untersucht werden könnten. Des Weiteren konnten die Proben auch in ihrem jeweiligen Einbauzustand untersucht werden, d. h. inklusive eventueller Unterlagen und Unterkonstruktionen.

4.1.2 Material

Um die Brandausbreitungsgeschwindigkeit auf geometrisch dünnen Materialien zu bestimmen, wurden Proben von Filterpapier aus Zellulose (Dicke ca. 0,2 mm) verwendet. Bei einer Probengröße von 140 mm × 300 mm betrug die frei abbrennbare Fläche 100 mm × 300 mm. Die zugehörigen Materialdaten sind in Abschnitt 3.1 zusammengefasst. Die Filterpapierproben wurden ohne Unterlage in die Probenhalterung eingespannt, um das freie Abbrennen eines dünnen Materials zu untersuchen.

4.1.3 Zündung

Die Zelluloseproben wurden im unteren Bereich (bei horizontaler Lage im vorderen Bereich) über die gesamte Probenbreite von 10 cm gezündet (s. auch Abbildung 4.5). Die Zündung erfolgte durch eine direkte Beflammung, über etwa 5 Sekunden hinweg, mittels eines Isopropanolbrenners mit linienförmiger Flammenaustrittsöffnung. Die Leistung des Brenners betrug etwa 0,14 kW. Der Zeitpunkt der Entzündung wird in den Auswertungen als $t = 0$ bezeichnet.

4.1.4 Messtechnik für die Brandausbreitung

Die Auswertung der Brandausbreitung erfolgte zunächst rein optisch mittels Videoaufzeichnungen über 5 Messlinien, die auf der Oberfläche im Abstand von jeweils 5 cm angezeichnet wurden. Die Abbildung 4.2 zeigt die Lage der Messlinien 1 bis 5 und der Zündfläche.

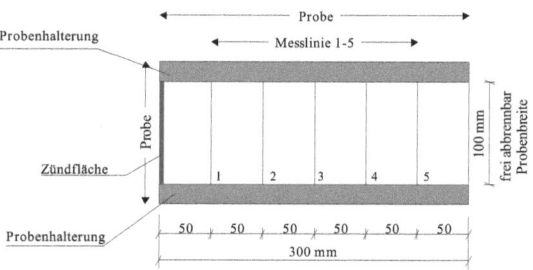

Abbildung 4.2. Lage der Messlinien (1–5) auf der frei abbrennbaren Zelluloseoberfläche

Ab einer Neigung von +20° kam es jedoch bei einer rein visuellen Auswertung zu erheblichen messtechnischen Problemen und Ungenauigkeiten in der Auswertung, denn die Flammen verdeckten die Brandausbreitungsfront. Dieses Problem findet in der Literatur kaum Erwähnung. In vielen der normativen Brandversuche und vorliegenden Literaturberichten erfolgte die Auswertung rein visuell mit (vgl. Charuchinda et al., 2001; Chen et al., 2007) oder ohne Aufzeichnungen (vgl. Drysdale und Macmillan, 1992a; ÖNORM EN ISO 9239-1, 2002). Honda und Ronney (2000) verwendeten zur Auswertung zusätzlich zu den Videoaufzeichnungen Daten von Thermoelementen und Qian et al. (1994) auch Schlierenphotographie. Zur Anwendung kamen auch Infrarotkameras mit (vgl. Ohlemiller et al., 1998) und ohne speziellen Filter (vgl. Lizhong et al., 2005).

Die Auswertung der erwähnten Experimente erfolgte immer auf rein visueller Basis und nie mittels elektronischer Datenerfassung. Somit hatte u. a. auch die subjektive Wahrnehmung durch die beteiligten Personen Einfluss auf die Auswertung. Diese Differenzen sind wahrscheinlich nicht sehr groß und für vergleichende Aussagen innerhalb einer Untersuchungsreihe ausreichend genau, dennoch ist eine objektive und möglichst reproduzierbare Messtechnik von Bedeutung, und dies nicht nur bei aufwärtswandernden Flammenfronten mit dem Problem der verdeckten Pyrolysefront.

Als Grundidee einer möglichen Messwerterfassung der Brandausbreitung steht die „leitende Linie", d. h. eine „Linie", über die ein Widerstand aufgebracht oder Spannung geleitet wird. Diese wird auf dem Probenmaterial aufgebracht und bei der Zerstörung der Oberfläche etwa durch die Pyrolysefront wird der Kontakt gelöscht. Dieser Impuls ist erfassbar und kann ausgewertet werden.

Bei dem in den vorliegenden Untersuchungen angewendeten Messaufbau wurde auf die Probe in regelmäßigen Abständen eine dünne Leitsilberlinie mit einer Breite von 3 mm aufgebracht und an den Längsseiten wurden Kontaktstellen aus Kupferblech montiert. Der Impuls für die Datenerfassung kann über eine Änderung eines Widerstandes oder einer Spannung erfolgen. Die Abbildung 4.3 zeigt Systemskizzen dieser beiden Varianten. An der linken Probenlängsseite wurden die Leitsilberlinien einzeln kontaktiert, an der rechten gemeinsam. Diese Schaltung war ausreichend, um Veränderungen im Widerstands- oder Spannungsbereich sicher zu erkennen.

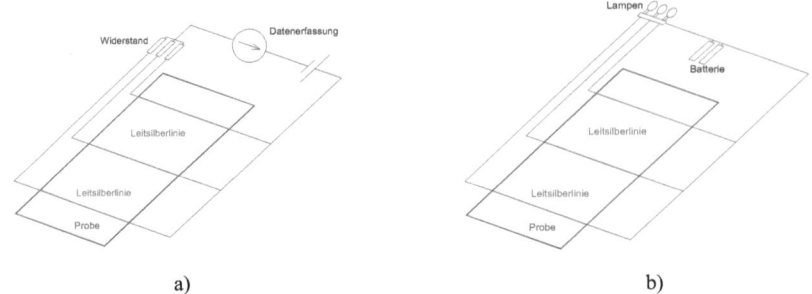

Abbildung 4.3. Systemskizze, a)Widerstandsmessung und b) Signalmessung mit LED

Die Datenerfassung mittels Widerstand erfolgt nach dem Prinzip:

$$\frac{1}{R_1}+\frac{1}{R_2}+\frac{1}{R_3}+\frac{1}{R_n}=\frac{1}{R}$$ Gl. (4.1)

Jede Leitsilberlinie hat einen Widerstand und bei der Zerstörung des Kontaktes erhöht sich der Gesamtwiderstand im System. Da der Widerstand durch die Leitsilberlinien alleine jedoch zu gering war, um eine Differenz leicht und eindeutig zu erkennen, wurde zwischen den einzelnen Leitsilberlinien und der Datenerfassung ein zusätzlicher Widerstand von je 100 Ω aufgebracht (Abbildung 4.3 a). Durch das „Weiterwandern" der Flammenfront versagt eine Linie nach der anderen und das Versagen wird zeitgenau digital erfasst.

Widerstandsmessungen sind in der Regel relativ schwierig durchzuführen, da es sich je nach Messsystem um Spannungsmessungen mit sehr kleinen Spannungen handelt. Die Messungen werden durch die Kontaktwiderstände (Leitsilber-, Kupferkontakte) sehr stark beeinflusst, sodass nur mit großem Aufwand reproduzierbare Ergebnisse erzielbar sind. Die direkte Widerstandsmessung stellte sich als nicht stabil genug heraus, um eine kontinuierliche Messung durchzuführen. In weiterer Folge wurde eine Spannung von etwa 5 V auf die Linien aufgebracht. Die Abbildung 4.4 zeigt den symbolischen Spannungsverlauf während eines Brandausbreitungsversuches.

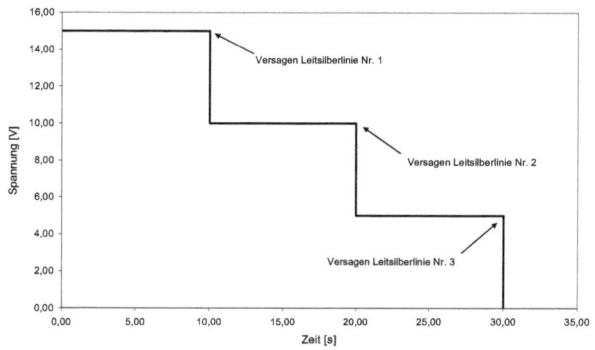

Abbildung 4.4. Spannungsverteilung beim Versagen von drei Leitsilberlinien (symbolisch)

Bei der Spannungsmessung wird die Spannungsveränderung mittels Datenlogger aufgezeichnet. Auf Grund der sehr raschen Brandausbreitungsgeschwindigkeit auf dem untersuchten Filterpapier konnten die Versagenszeitpunkte jedoch im vorliegenden Fall nicht mit ausreichender Genauigkeit erfasst werden. Es würde daher ein Datenlogger mit schnellerer Aufzeichnungszeit (im vorliegenden Fall unter einer Sekunde) benötigt werden. Im Unterschied zur Widerstandsmessung konnte mit der Spannungsmessung jedoch eine stabile und durchgehende Datenerfassung erreicht werden.

Um im vorliegenden Fall doch noch Ergebnisse mit dieser Messtechnik ermitteln zu können, wurden in weiterer Folge zwischen die spannungsführenden Leitungen Lampen (LEDs) geschaltet (s. Abbildung 4.3 b und Abbildung 4.5). Beim Versagen einer Leitsilberlinie erlischt die entsprechende Lampe und eine Auswertung wurde mittels Videoaufzeichnung möglich. Die Auswertung der Daten konnte dementsprechend auf 25 Bilder pro Sekunde genau erfolgen.

Abbildung 4.5. Versuch 2.1.0024, Neigung 20°

Die Abweichungen zwischen einer rein visuellen Auswertung und der Auswertung mittels LED-Signal lagen bei maximal 33 %. Die Abbildung 4.6 zeigt einen Vergleich der beiden Auswertemöglichkeiten.

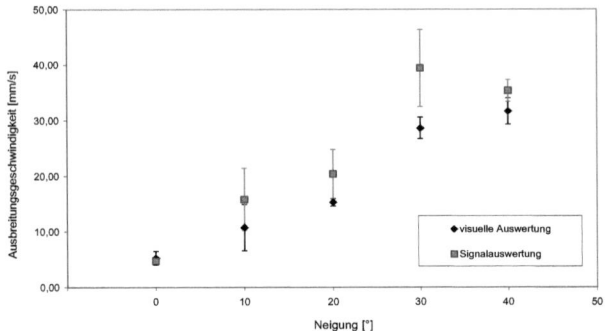

Abbildung 4.6. Vergleich der Ausbreitungsgeschwindigkeit bei visueller und LED-Signal-Auswertung

Um festzustellen, ob der Kontakt der Leitsilberbahnen durch externe Wärmeeinwirkung (z. B. Flammen) oder rein durch die Zerstörung der Probe bzw. Probenoberfläche unterbrach, sind Versuche im Ofen durchgeführt worden. Hierbei wurden Zellulosestreifen mit den aufgebrachten Leitsilberlinien im Ofen einer stetigen Temperaturerhöhung ausgesetzt und untersucht, ob die Zellulose oder der Leitsilberstreifen früher versagt.

Für die Versuche im Ofen wurde der vorhergehende Messaufbau angepasst. Auf einen Filterpapierstreifen wurden vier Leitsilberlinien aufgebracht und an der linken und rechten Seite die Kontaktstellen für die Datenerfassung (s. Abbildung 4.7) montiert. Da sich die Temperaturverteilung im Inneren des Ofens als nicht hinreichend homogen erwies, wurden zusätzlich drei Thermoelemente vom Typ K in die Befestigungsschienen eingeklemmt, um die Temperaturen möglichst nahe an der Probenoberfläche und den einzelnen Leitsilberlinien genau erfassen zu können.

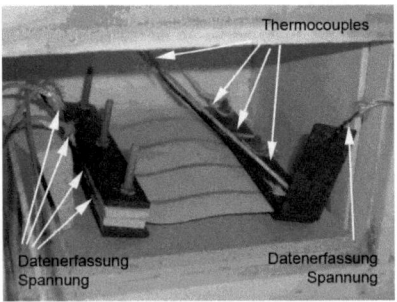

Abbildung 4.7. Versuchsaufbau für die Ofenversuche

Die Abbildung 4.8 stellt exemplarisch den Ofenversuch 1.3.1.0007 dar. Die Kanäle 101–104 zeigen die Entwicklung der Spannung auf den vier Leitsilberlinien, Kanal 201 den Temperaturverlauf im Zentrum des Ofens und die Kanäle 202–204 die Temperatur an der Probenoberfläche. Die Aufheizrate betrug 10 °C pro Minute. Die Versagenstemperatur der Leitsilberlinien lag bei diesem Versuch zwischen 348 und 357 °C.

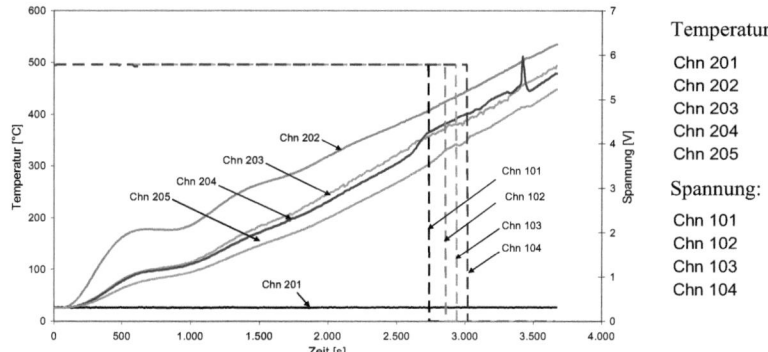

Abbildung 4.8. Versagenszeitpunkte der Leitsilberlinien im Ofen (Test1.3.1.0007, Aufheizrate 10 °C/min)

In Tabelle 4.1 sind die Versagenstemperaturen der Leitsilberlinien sämtlicher Versuche zusammengefasst. Die Versuche 1.3.1.0001–1.3.1.0003 wurden mittels Widerstandsmessung durchgeführt, bei den weiteren Versuchen wurden eine Spannung aufgebracht und die Spannungsverluste gemessen. Aus den bereits erwähnten Problemen mit der Widerstandsmessung gibt es für die Versuche 1.3.1.0001 und 0002 keine Ergebnisse, denn die Datenerfassung wurde mehrmals unterbrochen und die Versagenszeitpunkte nicht aufgezeichnet. Weitere Ergebnisse der Versuche finden sich im Anhang B.

Tabelle 4.1. Versagenstemperaturen der Leitsilberlinien im Ofen

Versuch	Aufheizrate	Kanal, Versagenstemperatur [°C]			
		101	102	103	104
1.3.1.0003	5 °C/min	–	355	360	329
1.3.1.0004	5 °C/min	356	347	425	432
1.3.1.0005	5 °C/min	315	351	351	352
1.3.1.0006	5 °C/min	329	349	383	370
1.3.1.0007	10 °C/min	357	382	393	349

Die Versagenstemperaturen der Leitsilberlinien lagen zwischen 329 und 432 °C, der diesem Temperaturbereich zugehörige Temperaturmittelwert entspricht in etwa der Zündtemperatur von Zellulose. Es ist jedoch darauf hinzuweisen, dass die ermittelten Temperaturen nicht genau der Temperatur der Leitsilberlinie zum Zeitpunkt des Versagens, entsprechen, denn diese konnten nur näherungsweise durch die nahe an der Oberfläche montierten Thermoelemente erfasst werden.

Es lässt sich dennoch in ausreichender Genauigkeit zeigen, dass der Kontakt durch die Zerstörung der Probe selber und nicht durch ein vorzeitiges Versagen der Leitsilberlinien unterbrochen wurde, und für geometrisch dünne Materialien wie etwa Filterpapierproben mit der entwickelten Messtechnik gute Ergebnisse bezüglich der Brandausbreitungsgeschwindigkeit erzielt werden können.

4.1.5 Versuchsreihen

In den durchgeführten Versuchen zur Brandausbreitung auf Zellulose wurden insgesamt 78 Versuche unter 10 verschiedenen Neigungen zwischen 0–90° untersucht. Die Neigungen wurden schrittweise um jeweils 10° gesteigert. Bei den ersten 16 Versuchen (von 2.1.0001 bis 2.1.0016) erfolgte die Auswertung der Brandausbreitungsgeschwindigkeit rein visuell (Videoaufzeichnung) an Hand von auf der Oberfläche aufgezeichneten Messlinien (s. Abbildung 4.2). Bei den weiteren Versuchen wurde zusätzlich die im vorhergehenden Abschnitt beschriebene „Leitsilbermethode" angewandt. Hierfür wurden auf die Probenoberfläche vorerst 3 Leitsilberlinien auf Höhe der Messlinien 1, 3 und 5 aufgebracht, die Breite der Leitsilberlinien betrug 3 mm. Um den Abstand zwischen den einzelnen Leitsilberlinien (zuerst 10 cm) zu verringern, wurden ab Versuch 2.1.0030 auf der Höhe jeder Messlinie (1–5) Leitsilberlinien aufgebracht. Der Abstand zwischen den Leitsilberlinien betrug somit 10 cm bzw. 5 cm (siehe Abschnitt 4.1.4).

4.2 Ergebnisse und Diskussion

4.2.1 Brandausbreitung auf dünnen Materialien

Bei Brandausbreitungsuntersuchungen auf dünnen Materialien kann es bei fortschreitender Brandentwicklung zu einem Ausbrand der Probe kommen. Bei den vorliegenden Untersuchungen brannten die sehr dünnen Proben sogar innerhalb weniger Sekunden (s. Abbildung 4.9) aus. Ein derartiger Ausbrand der Probe bedeutet, dass sich im Versuchsablauf die Geometrie der Probe (im Speziellen die Länge) verändert, daraus resultiert der Effekt, dass sich im Gegensatz zu einer geometrisch dicken Probe (d. h. kein Ausbrand, keine Geometrieveränderung) unterschiedliche Brandflächen und somit unterschiedliche Brandleistungen während des Versuches einstellen. Dieses ist in der Praxis der Regelfall.

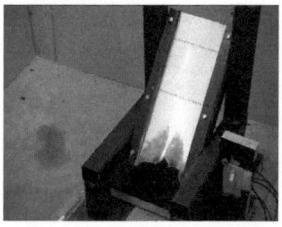  

$t = 3$ s $\qquad\qquad\qquad t = 6$ s $\qquad\qquad\qquad t = 8$ s

Abbildung 4.9. Brandausbreitung auf Zellulosestreifen bei einer Neigung von 50° (Versuch 2.1.0032)

Die Brandflächen bzw. die daraus resultierenden Brandleistungen ergeben sich aufgrund der geometrischen Dimensionen und der Ausbreitungsgeschwindigkeiten. Im gegenständlichen Versuchsaufbau liegt eine eindimensionale Brandausbreitung vor, somit lässt sich für die Entwicklung der Brandfläche die folgende Beziehung aufstellen:

$$A(t) = f(\bar{v}, b, t) = \bar{v} \cdot b \cdot t \qquad\qquad \text{Gl. (4.2)}$$

Darin sind:

$A(t)$ Brandfläche zum Zeitpunkt t
v Ausbreitungsgeschwindigkeit
b Probenbreite
t Zeit

Die Brandleistung ergibt sich aus dem Produkt der Brandfläche A mit der spezifischen Abbrandrate $\dot{r}$.

Sofern kein Ausbrand vorliegt, ergibt sich eine stetige lineare Zunahme der Brandfläche und bei Unterstellung einer konstanten Abbrandrate ebenso eine lineare Zunahme der Brandleistung. Im Falle eines Ausbrandes wird die Brandfläche durch die bereits abgebrannte Fläche verringert und es entsteht eine auf der Probenoberfläche wandernde Brandfläche.

Unterstellt man in erster Näherung, dass sich die Ausbrandfront mit derselben Geschwindigkeit wie die Flammenfront (Pyrolysefront) ausbreitet, kann man näherungsweise ansetzen:

$$A(t)^\bullet = \bar{v} \cdot b \cdot t - \bar{v} \cdot \max(t - t_A; 0) \cdot b \qquad\qquad \text{Gl. (4.3)}$$

Darin sind:

$A(t)^\bullet$ Brandfläche zum Zeitpunkt t unter Berücksichtigung des Ausbrandes
t_A die Ausbrandzeit

Die Ausbrandzeit ergibt sich aus der flächenbezogenen Brandlast q und dem spezifischen Abbrand $\dot{r}$ zu:

$$t_A = \frac{q}{\dot{r}} \qquad \text{Gl. (4.4)}$$

Unter der Voraussetzung einer bekannten und konstanten Abbrandrate sowie einer Leistungsermittlung sollte es daher auch möglich sein, auf die Ausbreitungsgeschwindigkeiten schließen zu können.

In den vorliegenden Untersuchungen konnten keine Leistungsmessungen vorgenommen werden, aber es wurden der Ausbrand und die Brandausbreitungsgeschwindigkeit ermittelt. Bei den im Versuchsaufbau verwendeten Zelluloseblättern trat nach Videoauswertungen, etwa nach 4–5 Sekunden, der Ausbrand des Blattes auf und die Brandfläche blieb mehr oder weniger annähernd gleich.

Unter der Annahme, dass sich die Ausbrandfront in etwa mit derselben Geschwindigkeit wie die Pyrolysefront ausbreitet und wenn, wie im vorliegenden Fall, der Zeitpunkt des beginnenden Ausbrandes (5 s), die Probenbreite (100 mm) und die maximale Materialoberfläche (100 mm × 300 mm) bekannt sind, kann für unterschiedliche Brandausbreitungsgeschwindigkeiten die Entwicklung der Brandflächen berechnet werden (s. Abbildung 4.10).

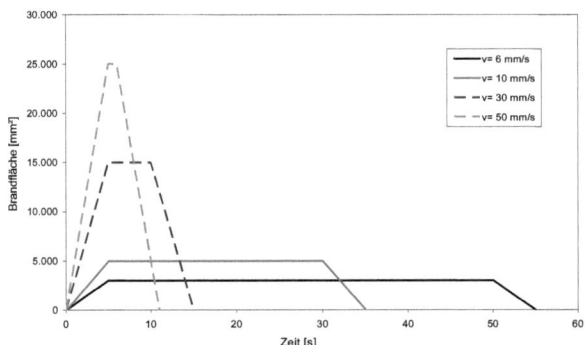

Abbildung 4.10. Entwicklung der Brandflächen auf geometrisch dünnen Materialien bei unterschiedlichen Brandausbreitungsgeschwindigkeiten

Die maximalen Brandflächen ergeben sich aus den Versuchen nach etwa 5 s und können nach Gl. (4.2) berechnet werden. Die im vorliegenden Fall verwendeten Geschwindigkeiten wurden exemplarisch ausgewählt und zeigen, dass sich mit zunehmenden Brandausbreitungsgeschwindigkeiten die maximalen Brandflächen vergrößern. Da die Brandausbreitungsgeschwindigkeiten in der Praxis mit steiler Neigung der Probenoberfläche ansteigt, kann demzufolge daraus geschlossen werden, dass sich mit steilerer Probenneigung auch die maximale Brandfläche vergrößert.

Es ergibt sich für die durchgeführten Experimente die Konsequenz, dass sich hier 2 Effekte in Bezug auf die Brandausbreitung überlagern. Ein Effekt besteht darin, dass die Leistung (hervorgerufen durch die brennende Oberfläche) bezogen auf die Geometrie nicht stetig ansteigt und der zweite Effekt besteht im Einfluss der Neigung der Probe.

4.2.2 Entwicklung der Brandausbreitungsgeschwindigkeit über die Probenlänge

Wie bereits erwähnt ergibt sich bei einer Probe ohne Ausbrand des Materials mit dem Brandverlauf eine stetig zunehmende Brandfläche. Dadurch erhöhen sich auch die Brandleistung und dementsprechend auch die Brandausbreitungsgeschwindigkeit mit der fortschreitenden Brandentwicklung über die Probenlänge. Da es in den vorliegenden Untersuchungen recht rasch (4–5 s) zu einem Ausbrand des Materials kam, vergrößerte sich die Brandfläche nicht derart wie bei einem Material ohne Ausbrand. Dennoch konnte auch hier eine Steigerung der Brandausbreitungsgeschwindigkeit über die Probenlänge beobachtet werden.

Bei einer Auswertung der Brandausbreitungsgeschwindigkeiten zwischen den einzelnen Messlinien wurde dieser Effekt über die Probenlänge untersucht. Die Abbildung 4.11 zeigt diese Entwicklung zwischen den Messlinien bei 5, 15 und 25 cm. Es lässt sich erkennen, dass bei den geneigten Proben die Geschwindigkeit im „oberen" Bereich der Proben (15–25 cm) in der Regel schneller ist als im „unteren" Bereich (5–15 cm) und dass die Differenz der Geschwindigkeiten zwischen den „unteren" und den „oberen" Bereichen mit steilerer Neigung zunimmt.

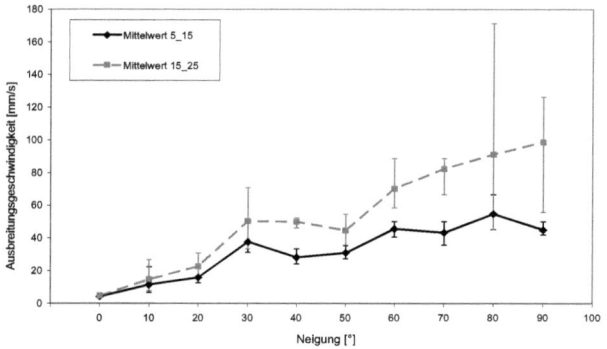

Abbildung 4.11. Ausbreitungsgeschwindigkeit zwischen den Messlinien 5–15 cm und 15–25 cm, bei unterschiedlichen Neigungen

Für die Auswertung der Brandausbreitungsgeschwindigkeit in Abhängigkeit von der Neigung wurde die Brandausbreitungsgeschwindigkeit über die ganze Länge der Probe von 30 cm gemittelt. Dies entspricht der in der Literatur gängigen Vorgehensweise (Drysdale und Macmillan, 1992a).

4.2.3 Einfluss der Probenkonditionierung auf die Brandausbreitung

Die Brandausbreitungsgeschwindigkeiten der einzelnen Versuche innerhalb einer Neigung wiesen teilweise große Differenzen auf (s. auch Abschnitt 4.2.4). Einer der Gründe hierfür ist eventuell ein unterschiedlicher Feuchtegehalt des Filterpapiermaterials. Um den Einfluss des Feuchtegehalts, also hier der Probenkonditionierung, auf die Ausbreitungsgeschwindigkeit zu untersuchen, wurden daher auch Versuche mit unterschiedlich konditionierten Proben durchgeführt.

Dazu wurden Filterpapierproben vier Tage in einem Exikator gelagert oder bei 105 °C im Ofen getrocknet und danach die Brandausbreitungsgeschwindigkeiten ermittelt. Die Ergebnisse dieser Versuche sind in Abbildung 4.12 dargestellt. Es zeigen sich jedoch keine eindeutig unterscheidbaren Auswirkungen der Konditionierung auf die Brandausbreitungsgeschwindigkeiten.

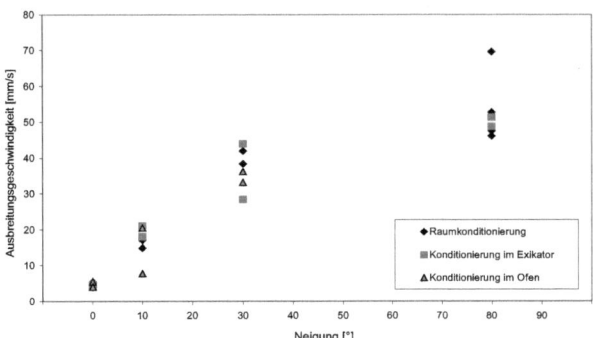

Abbildung 4.12. Ausbreitungsgeschwindigkeit in Abhängigkeit von der Konditionierung

4.2.4 Brandausbreitungsgeschwindigkeit in Abhängigkeit von der Neigung

Wie bereits erwähnt wurde die aufwärtswandernde Brandausbreitungsgeschwindigkeit bei Probenneigungen zwischen 0° bis 90° untersucht. Die Abbildungen 4.13 bis 4.14 zeigen diese Brandversuche an Filterpapier. Angegeben sind der Versagenszeitpunkt der Leitsilberlinien an den Messlinien bei 5 cm, 15 cm (Mitte der Probe) und 25 cm der Proben. Im Zusammenhang mit der gegenständlichen Untersuchung wird die Brandausbreitung als geometrische Größe der Bewegung bzw. des Fortschritts einer Pyrolysefront auf einer Feststoffoberfläche definiert. Die Brandausbreitung stellt eine Geschwindigkeit mit der Einheit [mm/s] dar.

Versuch/ Neigung	Zündung	5 cm Messlinie	15 cm Messlinie	25 cm Messlinie
2.1.0078 0°	 Zündung	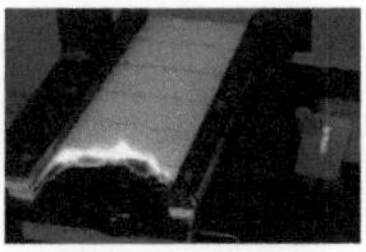 5 cm, $t = 12$ s	 15 cm, $t = 31$ s	 25 cm, $t = 48$ s
2.1.0063 10°	 Zündung	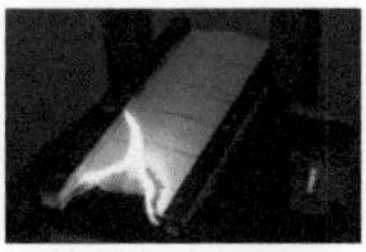 5 cm, $t = 9$ s	 15 cm, $t = 16$ s	 25 cm, $t = 20$ s
2.1.0024 20°	 Zündung	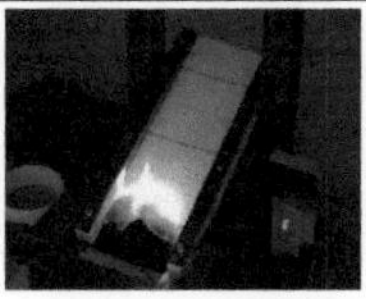 5 cm, $t = 8$ s	 15 cm, $t = 13$ s	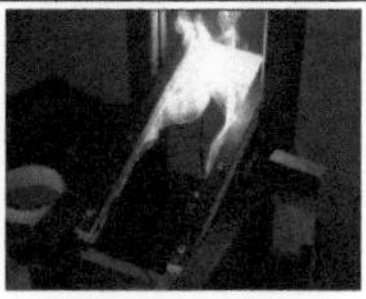 25 cm, $t = 16$ s
2.1.0070 30°	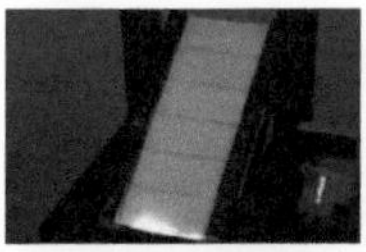 Zündung	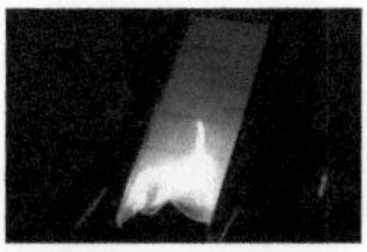 5 cm, $t = 5$ s	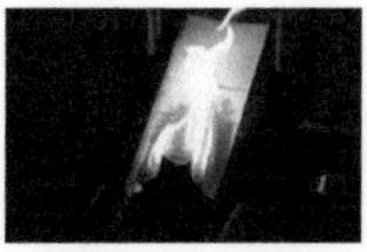 15 cm, $t = 9$ s	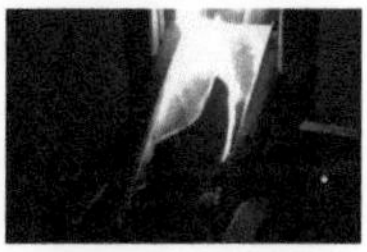 25 cm, $t = 10$ s
2.1.0030 40°	 Zündung	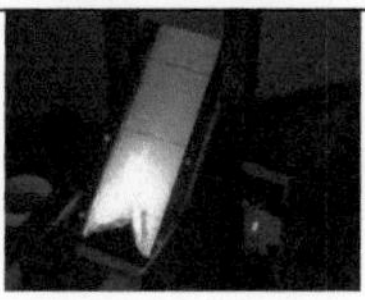 5 cm, $t = 4$ s	 15 cm, $t = 8$ s	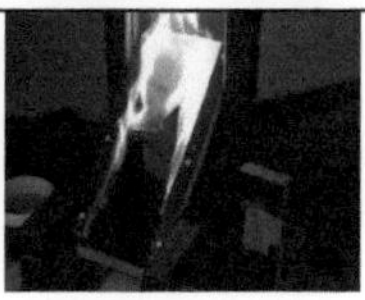 25 cm, $t = 10$ s

Abbildung 4.13. Brandversuche an Filterpapier, bei Neigungen 0–40°

Ab einer Neigung von 20° ist zu erkennen, dass die Pyrolysefront immer mehr von der Flammenfront verdeckt wurde und ab etwa 30° die Flammen bereits teilweise an der Oberfläche anlagen (s. Abbildung 4.13).

Versuch/ Neigung	Zündung	5 cm Messlinie	15 cm Messlinie	25 cm Messlinie
2.1.0032 50°	 Zündung	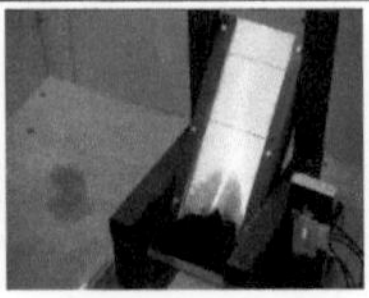 5 cm, $t = 3$ s	 15 cm, $t = 6$ s	 25 cm, $t = 8$ s
2.1.0036 60°	 Zündung	 5 cm, $t = 4$ s	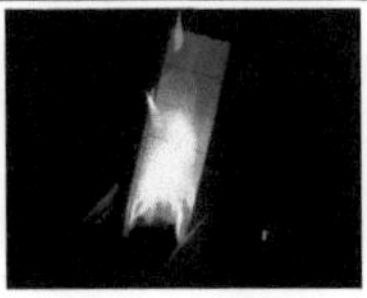 15 cm, $t = 6$ s	 25 cm, $t = 7$ s
2.1.0040 70°	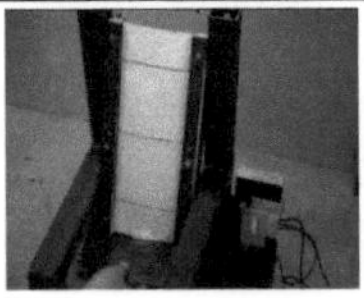 Zündung	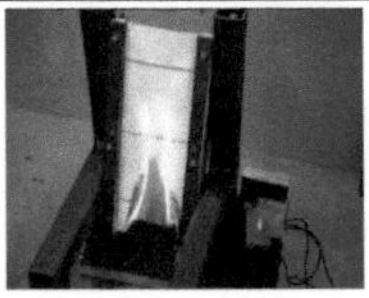 5 cm, $t = 4$ s	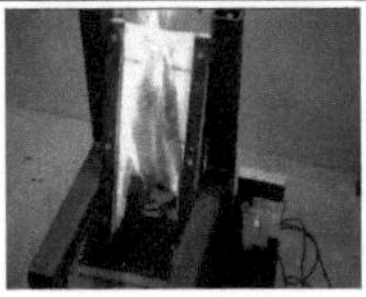 15 cm, $t = 6$ s	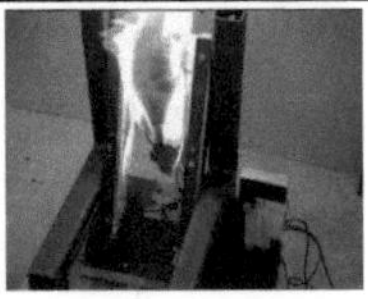 25 cm, $t = 8$ s
2.1.0056 80°	 Zündung	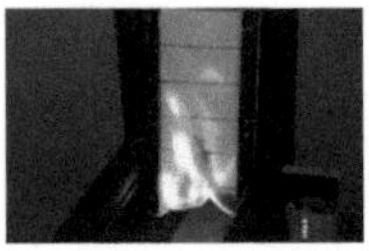 5 cm, $t = 3$ s	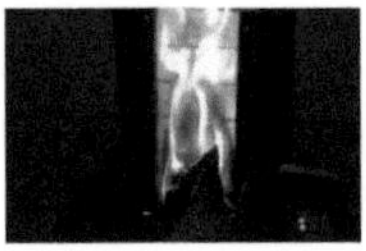 15 cm, $t = 6$ s	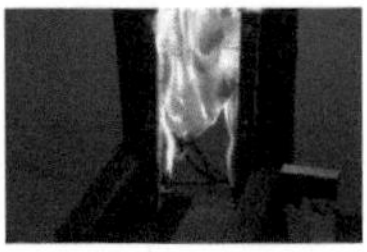 25 cm, $t = 7$ s
2.1.0044 90°	 Zündung	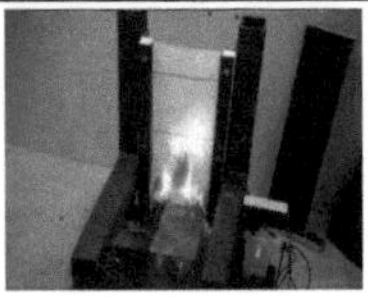 5 cm, $t = 2$ s	 15 cm, $t = 3$ s	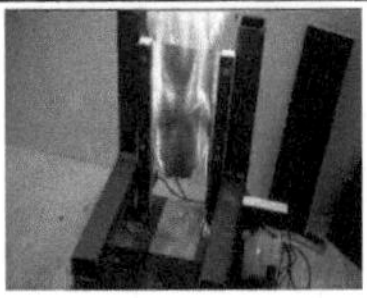 25 cm, $t = 4$ s

Abbildung 4.14. Brandversuche an Filterpapier, bei Neigungen 50–90°

Je steiler die Neigung (s. a. Abbildung 4.14), desto schwerer wurde es rein visuell, die Lage der Pyrolysefront zu finden. Durch die schnelle Brandausbreitungsgeschwindigkeit wurde auch der zeitliche Abstand, in der die Pyrolysefront von einer Markierung zur anderen „wanderte", sehr kurz. Bei der Auswertung der Leitsilberlinien (Abstand 5 cm) kam es ab einer Neigung von 50° bereits zu Auslösezeiten unter einer Sekunde zwischen den einzelnen Linien

Die Abbildung 4.15 zeigt die gemittelten Brandausbreitungsgeschwindigkeiten und deren jeweilige Standardabweichungen (68,3 % der Ergebnisse). Zum Vergleich werden auch Ergebnisse aus der Literatur (s. auch Tabelle 2.10) zu Brandausbreitungsgeschwindigkeiten an dünnen Materialien dargestellt.

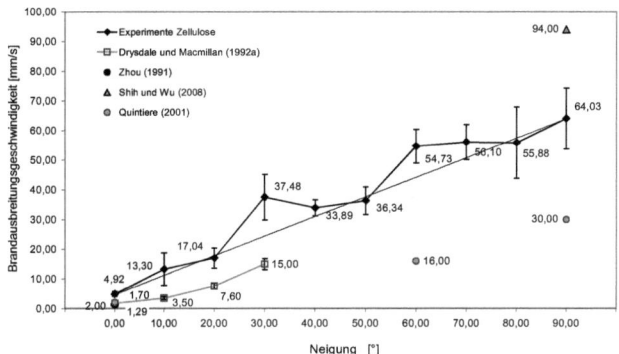

Abbildung 4.15. Brandausbreitungsgeschwindigkeit auf Zellulose und dünnen Materialien in der Literatur und den durchgeführten Versuchen, in Abhängigkeit von der Probenneigung

Die Brandausbreitungsgeschwindigkeiten stiegen mit zunehmender Oberflächenneigung erwartungsgemäß an. Die meisten Werte (incl. Standardabweichungen) folgten annähernd einem linearen Anstieg von $y = 0{,}657x + 4{,}92$. Ausnahmen bildeten die Ergebnisse bei 30° und 60°, denn in diesen Bereichen wurden punktuell stärkere Anstiege der Geschwindigkeiten ermittelt.

Bei 80° und 90° geneigten Proben traten während der Versuche vermehrt Risse im Probenmaterial auf und erschwerte dadurch die Auswertung. Die Leitsilberlinie wurde mechanisch durch Risse zerstört, bevor die Pyrolysefront diese erreicht hatte. So weit wie möglich wurden diese „ungültigen" Versuche herausgefiltert, da jedoch die Pyrolysefront und die Risse durch die Flammen verdeckt wurden, konnten eventuell nicht alle ungültigen oder fragwürdigen Versuche entfernt werden. In der Literatur finden sich für diese Neigungen oft nur erratische Daten (Magee und McAlevy, 1971).

Bei Quintiere (2001) bzw. Shi und Wu (2008) sind Daten für die vertikale Brandausbreitung auf dünnen Papierstreifen zu finden, sie ermittelten 30 bzw. 94 mm/s (s. auch Abbildung 2.11 a., für 5 cm breite Proben). Somit liegt die in diesen Untersuchungen festgestellte Geschwindigkeit von 64 mm/s genau zwischen den Werten aus der Literatur.

Versuche, mit deren Hilfe die Brandausbreitungsgeschwindigkeit über die gesamte Neigungsbreite, von horizontal bis vertikal, und wie im vorliegenden Fall mit einem dünnen Material, untersucht wurde, sind in der Literatur kaum zu finden. Von Quintiere (2001) wurden einzelne Neigungen (0°, 60°, 90°) und von Drysdale und Macmillan (1992a) wurden Neigungen zwischen 0° bis 30° untersucht. Ein direkter Vergleich der Untersuchungsergebnisse mit Daten aus der Literatur ist jedoch schwierig, vor allem durch die unterschiedlichen dünnen Materialien, die zur Anwendung kamen. Drysdale und Macmillan (1992a) verwendeten etwa Computerkarten (d = 0,18 mm), Quintiere (2001) Isoliermaterialien mit unbekannter Dicke sowie Shi und Wu (2008) Papier (d = 0,15 mm). Auch in den Versuchsaufbauten (Datenermittlung etc.) unterschieden sich die Untersuchungen. Gerade bei Geschwindigkeiten im Bereich von mm pro Sekunden können schon die oft subjektiven Auswertungen große Auswirkungen auf die ermittelten Ergebnisse haben, aber in der Realität eines Brandes haben sie keinen sehr großen Einfluss.

Einen weiteren wichtigen Einfluss auf die Brandausbreitungsgeschwindigkeit hat die Lage der Flamme zur Oberfläche. Mit steilerer Neigung „rückt" die Flamme immer näher an die Oberfläche und beginnt mehr oder weniger auf dieser anzuliegen. Bei den Untersuchungen zum Brand in King's Cross (vgl. Drysdale et al., 1992b; Roberts, 1992) wurden die Flammen als an der Oberfläche anliegend beobachtet und dies laut Smith (1992) als Ursache für den Anstieg der Brandausbreitungsgeschwindigkeit bei einer Neigung von 30° benannt. Bei Quintiere (2006) hingegen wurde angegeben, dass das Anliegen der Flamme erst zwischen 30–60° Neigungen zu beachten sei und bei Wu et al. (2000) wurde eine kritische Neigung von 24–27° ermittelt. Dabei wurde die kritische Neigung bei Wu et al. (2000) als jene Neigung definiert, bei der es zu einem starken Anstieg der Länge kommt, auf der die Flamme auf der Oberfläche anliegt. Dies wirkt sich direkt auf die Brandausbreitungsgeschwindigkeit aus, die sprunghaft ansteigt (Wu et al., 2000). Je näher die Flamme der Oberfläche kommt und je mehr sie diese berührt, desto mehr Energie kann von der Flamme auf die Oberfläche übertragen werden. Die aerodynamischen Effekte zwischen Brennstoffneigung und der Flamme haben daher einen direkten Einfluss auf die Brandausbreitungsgeschwindigkeit. Die kritische Neigung, bei der es zu einem rapiden Anstieg der Geschwindigkeit kommt, ist laut Wu et al. (2000) abhängig von der Geometrie, von eventuellen Abschirmungen und/oder der Lage der Wärmequelle.

Die Ursache für den hier zu beobachtenden punktuell starken Anstieg der Brandausbreitungsgeschwindigkeit bei etwa 30° und 60° wird deshalb in der Flammen-Oberflächen-Interaktion liegen. Bei 30° begannen die Flammen in den Versuchen bereits teilweise an der Oberfläche anzuliegen (s. a. Abbildung 4.13), der rapide Anstieg der Brandausbreitungsgeschwindigkeit wurde, wie oben erwähnt, bereits in mehreren Untersuchungen dokumentiert und bestätigt. Bei den Versuchen mit 60° geneigten Proben war zu beobachten, dass die Flammen fast vollständig an der Oberfläche anlagen (s. a. Abbildung 4.14). Die vorherrschenden Strömungsbedingungen durch die Probengeometrie oder den Versuchsaufbau dürften die Flammen an die Oberfläche „drücken" und deshalb war bei 60–80° Neigungen kaum eine Zunahme der Brandausbreitungsgeschwindigkeit zu verzeichnen.

4.3 Zusammenfassung und Schlussfolgerungen aus den Zelluloseversuchen

Aus den Brandversuchen an Zellulose lassen sich in Bezug auf die Ermittlung und die Ergebnisse von Brandausbreitungsgeschwindigkeiten die folgenden Schlüsse ziehen:

- Es ist zu unterscheiden, ob bei dem betrachteten Material ein geometrisch „dünner" oder „dicker" Stoff vorliegt; d. h. ob in der Phase der Ausbreitung mit einem raschen Ausbrand des Materials zu rechnen ist.

- Für geometrisch dünne Materialien lassen sich Ausbreitungsgeschwindigkeiten in Abhängigkeit von der Probenneigung nur angenähert wiedergeben, da sich aufgrund des Ausbrandes die Brandflächen, die Brandleistungen und somit auch die Wärmeströme an der Pyrolysefront in Abhängigkeit der Brandlast, d. h. der zunehmenden Probendicke, verändern können.

- Aus den experimentellen Daten und analytischen Überlegungen lassen sich weitere Methoden zur Ermittlung der Ausbreitungsgeschwindigkeiten ableiten. So sollte es möglich sein, dass man im Zusammenhang mit einer konstanten Pyrolyserate/Abbrandrate und einer Leistungsermittlung unmittelbar auf die Ausbreitungsgeschwindigkeiten schließen kann, wenn man die aktuelle Brandfläche richtig bestimmt. Umgekehrt ist es natürlich auch möglich, durch Kopplung der „Leitfadenmethode" und einer Leistungsermittlung die Pyrolyserate/Abbrandrate zu bestimmen.

- Die geometrische Messung der Brandausbreitungsgeschwindigkeit mittels „Leitfadenmethode" liefert realistische Werte, sie ist jedoch an geometrisch dicken Proben zu validieren.

- Obwohl es zu einem raschen Ausbrand der Zellulosestreifen kam, wurde dennoch eine Steigerung der Brandausbreitungsgeschwindigkeit über die Probenlänge beobachtet. Bei geneigten Flächen vergrößerte sich die Differenz mit steilerer Neigung.

- Die in den Versuchen ermittelten Brandausbreitungsgeschwindigkeiten stiegen mit steilerer Probenneigung annähernd linear mit $y = 0{,}657x + 4{,}92$ an, wobei im Bereich $\geq 30°$ und $\geq 60°$ punktuell besonders starke Anstiege verzeichnet wurden. Die Brandausbreitung ließ sich in der Regel bei steileren Neigungen schwierig bestimmen.

- Die ermittelten Brandausbreitungsgeschwindigkeiten waren in der Regel größer als die in der Literatur gemessenen Werte. Es gibt jedoch nur wenige geeignete Untersuchungen zum direkten Vergleich, weil die Materialien und die Messaufbauten etwas von den hier verwendeten Zellulosestreifen und dem Versuchsaufbau abwichen. Dennoch lassen sich prinzipiell die vorliegenden Ergebnisse aus der Literatur mit den hier ermittelten Messergebnissen bestätigen.

5 Experimentelle Untersuchungen zur Brandausbreitung auf PMMA

5.1 Versuchsaufbau

5.1.1 Versuchsgeometrie

In weiterer Folge wurden Untersuchungen an Platten aus PMMA durchgeführt, um den Einfluss der Probenneigung auf die Brandausbreitungsgeschwindigkeit eines thermisch dicken Materials zu untersuchen.

Die Versuche wurden in einem eigens entwickelten Versuchsrahmen durchgeführt. Die Probenhalterung konnte stufenlos in der Neigung verändert werden, um Proben in jedem gewünschten Winkel zu untersuchen. Die Abbildung 5.1 zeigt die Probenhalterung bei einer Neigung von 30°. Eine detaillierte Beschreibung des Versuchsrahmens findet sich im Abschnitt 4.1.1.

Abbildung 5.1. Versuch 2.2.0015, Neigung 30°

Wie bereits erwähnt, wurde der Versuchsrahmen derart konzipiert, dass die Proben in ihrem jeweiligen Einbauzustand untersucht werden können. In der hier beschriebenen Versuchsreihe wurden die PMMA-Proben auf einer 2 cm dicken Promatplatte montiert, um das Verhalten PMMA im eingebauten Zustand, d. h. mit gedämmter Rückseite, zu untersuchen.

5.1.2 Material

Es wurden Proben von Polymethylmethacrylat (PMMA) mit Probengröße von 90/300 mm und einer Dicke von 5 mm untersucht. Die Proben werden in Längsrichtung mittels Befestigungsschienen am Probenträger montiert, somit betrug die frei abbrennbare Fläche (Brandfläche) der Proben 50/300 mm.

Die zugehörigen Materialdaten sind in Abschnitt 3.1 zusammengefasst.

Die Verbrennung von PMMA an der Luft läuft nach Zeng et al. (2002a) in drei Schritten ab.

1. Bei einer Erwärmung von PMMA durch eine externe Wärmequelle spaltet sich das PMMA primär in das Monomer MMA.
2. Danach verdampft das Monomer MMA.
3. Diese Gase oxidieren bei hoher Temperatur, d. h. sie verbrennen.

Die Rückwirkung der Flammen auf die Oberfläche bewirkt die Produktion von weiteren brennbaren Gasen. Für die Brandentwicklung und die weitere Brandausbreitung können drei Bereiche auf der brennenden PMMA-Oberfläche unterschieden werden (s. Abbildung 5.2), die Bereiche der

- Erwärmung (vor allem durch die Flammenstrahlung),
- Zersetzende Schmelze und der
- Verbrennung.

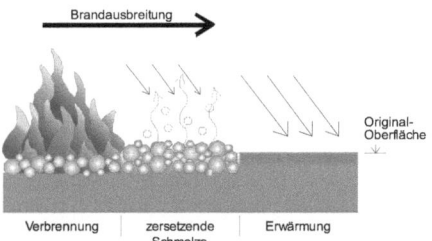

Abbildung 5.2. Bereiche der Brandentwicklung auf einer PMMA-Oberfläche

Zuerst wird das Material erwärmt, dies kann durch eine externe Wärmequelle oder die Flammen des brennenden Materials selber erfolgen. In weiterer Folge beginnt das PMMA zu schmelzen und parallel dazu sich zu zersetzen. Im dritten Brandentwicklungsbereich brennen die freigewordenen Gase mittels Flammbrand.

Die Grenzen zwischen den Brandentwicklungsbereichen sind in den Versuchen klar zu unterscheiden (s. Abbildung 5.7). Die Front zur zersetzenden Schmelze ist an der Blasenbildung auf der Oberfläche („kochen") zu erkennen und der Bereich der Verbrennung an den Flammen. Diese Grenzen können für die Ermittlung der Brandausbreitungsgeschwindigkeit herangezogen werden (s. Abschnitt 3.3.2).

5.1.3 Zündung

Alle Proben wurden im unteren Bereich (bei horizontaler Lage im vorderen Bereich) auf einer Länge von 4 cm und über die gesamte Probenbreite (hier 5 cm) gezündet (s. Abbildung 5.4). Die Zündfläche betrug somit 20 cm². Die Zündung erfolgte durch eine direkte Beflammung über 60 Sekunden hinweg, mittels Lötlampe (Rothenberger Lötlampe 1750 °C), die mit einem Fischschwanzaufsatz für eine längliche Flammenaustrittsöffnung versehen ist. Die Leistung der Lötlampe betrug etwa 1,45 kW.

Während der Zündphase wurde die restliche Probe mit einer Glasfaserdämmplatte abgedeckt, um einen Wärmeeintrag von der Lötlampe auf die restliche PMMA-Oberfläche (außerhalb der Zündfläche) zu verhindern. Nach erfolgter Zündung wurden die Lötlampe und die Abdeckung entfernt und das weitere freie Abbrennen dokumentiert.

5.1.4 Instrumentalisierung

Bei den in Kapitel 4 beschriebenen Brandausbreitungsversuchen an Zellulose wurde eine eigens entwickelte Methode mit Leitsilber zur Bestimmung der Brandausbreitungsgeschwindigkeit angewandt. Hierbei konnte durch die Unterbrechung von spannungsführenden Linien der Zeitpunkt des Erreichens der Brandausbreitungsfront ermittelt werden. Diese Methode ließ sich bei dem hier eingesetzten Material PMMA jedoch nicht verwenden, da sich herausgestellte, dass die Leitsilberlinie bei PMMA allmählich in die Oberfläche einschmilzt und daher keine eindeutigen Ergebnisse erzielt werden können.

Die Daten zur Ermittlung der Brandausbreitungsgeschwindigkeit wurden in der vorliegenden Versuchsreihe deshalb mit Thermoelementen (TC), einem Wärmeflussaufnehmer (HG) und durch visuelle Beobachtungen ermittelt. Die Messwerterfassung erfolgte mittels eines Datenloggers Typ Keithley 2700 Multimeter (MWE) und mittels Videoaufzeichnungen (Kamera). Die Abbildung 5.3 zeigt schematisch den Versuchsaufbau und die Lage der Video- und Messwerterfassung.

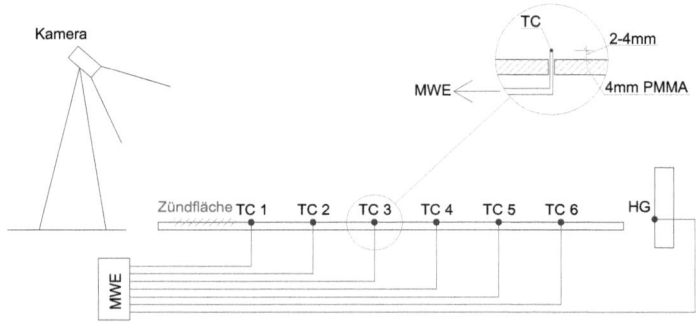

Abbildung 5.3. Instrumentalisierung der Proben, Lage der Thermoelemente über der Oberfläche

Folgende Daten wurden ermittelt:

- Visuelle Brandentwicklung,
- Oberflächentemperatur bzw. oberflächennahe Temperatur,
- Strahlung zu einer lotrechten Fläche.

Für die rein visuelle Bewertung des Brandfortschrittes wurden, mit Ausnahme des Zündbereiches, alle 20 mm eine Messlinie auf der Probenoberfläche angezeichnet. Der Abstand der ersten Messlinie von der Probenunterkante beträgt 60 mm. Die Abbildung 5.4 zeigt die Lage und Beschriftung der Messlinien (1–12). Bei den vertikalen Versuchen wurde zusätzlich ein Gitter (Netzweite 25 mm) vor der Probenoberfläche angebracht, um trotz allmählicher Verrußung der Oberfläche den Brandfortschritt ermitteln zu können.

Die oberflächennahen Temperaturen wurden mittels Thermoelementen vom Typ K (Nickel-Chrom/Nickel-Legierung) erfasst. Die Thermoelemente werden durch Bohrungen von der Rückseite der Probe bis ca. 2–4 mm über die Probenoberfläche geführt (s. Abbildung 5.3). Bei der vorliegenden Versuchsreihe wurden jeweils 6 Thermoelemente mittig an den Messlinien 1, 3, 5, 7, 9 und 11 angebracht, somit beträgt der Abstand zwischen den einzelnen Thermoelementen jeweils 40 mm (s. Abbildung 5.4, TC 1–TC 6).

Zusätzlich wurde bei einigen Versuchen die Entwicklung der Strahlungsintensität an einer zur Probe lotrechten Fläche ermittelt. Der Abstand des Wärmeflussaufnehmers (Medtherm Wärmeflussaufnehmer 64-5-19) zur Messlinie 11 betrug jeweils 60 mm (s. Abbildung 5.4, HG, heat gauge).

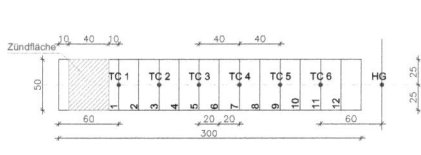 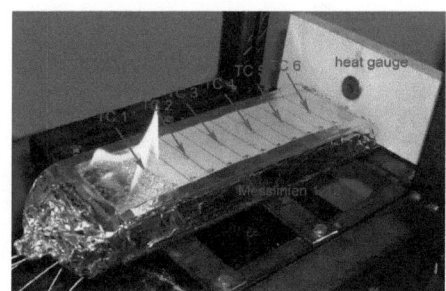

Abbildung 5.4. Lage der Messlinien (1–12), der Thermoelemente (TC 1–6), des Wärmeflussaufnehmers (HG) und der Zündfläche auf der Probenoberfläche

5.1.5 Messunsicherheiten

Durch die Verwendung von Thermoelementen kann es auf Grund der Wärmeübergänge zwischen dem zu messenden Medium und den Thermoelementen zu Fehlern und Ungenauigkeiten in den Ergebnissen der Temperaturermittlung kommen. Mc Grattan et al. (2009b) benennt die Ungenauigkeiten bei der Ermittlung der Oberflächentemperaturen mittels Thermoelementen mit 14 %.

Bei den hier durchgeführten Versuchen konnte beobachtet werden, dass es zu einem Einschmelzen der Temperaturfühler in die Materialoberfläche kam, wenn der Abstand zwischen Thermoelement und Probenoberfläche < 3 mm betrug. Somit wird gegebenenfalls nur mehr die Schmelztemperatur der PMMA-Probe gemessen, jedoch nicht die Temperatur in der Reaktionszone, zwischen Stoff- und Gasphase.

Bei einer Positionierung der Thermoelemente in einem Abstand von mehr als 3 mm umhüllte das schmelzende PMMA die Temperaturfühler nicht mehr und es konnte die Temperaturentwicklung über der Oberfläche erfasst werden. Es muss jedoch darauf hingewiesen werden, dass es sich nicht genau um die Oberflächentemperatur der Probe handelt, sondern um die Gastemperatur 3 mm über der Probe (oberflächennahe Temperatur).

5.1.6 Versuchsreihen

Es wurden vier verschiedene Neigungen untersucht (0°, 30°, 60°, 90°) und insgesamt 18 Versuche durchgeführt. Die folgenden Parameter wurden während der Versuchsreihen variiert:

Neigung: Es wurden jeweils 4 Versuche mit einer Neigung von 0° und 30° sowie 5 Versuche mit einer Neigung von 60° und 90° durchgeführt.

Datenerfassung: Bei allen Versuchen wurden Messlinien (Abstand 20 mm) auf der Oberfläche aufgezeichnet, bei den Versuchen mit 60° und 90° Neigung wurde zusätzlich ein Gitter im Abstand von 5 mm vor der Oberfläche montiert (Netzabstand 25 mm).

Zündvorgang: Bei einer Neigung von 0°, und 30° wurde die Probe bereits in der zu untersuchenden Neigung gezündet, bei einer Neigung von 60° und den vertikalen Versuchen wurde die Probe in horizontaler Lage gezündet und anschließend innerhalb von 2–5 s in die zu untersuchende Neigung gekippt.

Strahlungsmessung: Bei den Neigungen 0° und 30° wurde die Entwicklung der Strahlungsintensität am Ende der Probe aufgezeichnet. Bei den Versuchen mit den Neigungen 60° und 90° wurden die Wärmeflussaufnehmer nicht montiert, weil die Montagewand des Wärmeflussaufnehmers den Abzug der Rauchgase behindert. Einerseits verrußt der Sensor und es sind keine genauen Daten zu ermitteln und anderseits wirkt die Montagewand auf Grund ihrer allmählichen Erwärmung durch die Rauchgase als zusätzlicher Strahler auf die Probe und verfälscht die Ergebnisse.

5.2 Ergebnisse und Diskussion

5.2.1 Oberflächennahe Temperaturen in der Reaktionszone

In den durchgeführten Versuchen sollten die Temperaturen in der Reaktionszone ermittelt werden, d. h. im Bereich des Übergangs von der Probe in die Gasphase.

Die Abbildung 5.5 zeigt die Entwicklung der Temperaturen 2–4 mm über der PMMA-Oberfläche bei unterschiedlichen Neigungen. Es ist zu beachten, dass die Dauer der Brandentwicklung in den einzelnen Diagrammen erheblich differiert, bei den dargestellten Diagrammen zwischen 1.200 und 4.500 s, denn die Aufzeichnungen erfolgten bei allen Versuchen, bis die Brandfront die Oberkante der Probe erreicht hatte, jedoch nicht immer bis zum Ausbrand der einzelnen Thermoelemente. Es ergaben sich dementsprechend stark unterschiedliche Verläufe in den Aufzeichnungen.

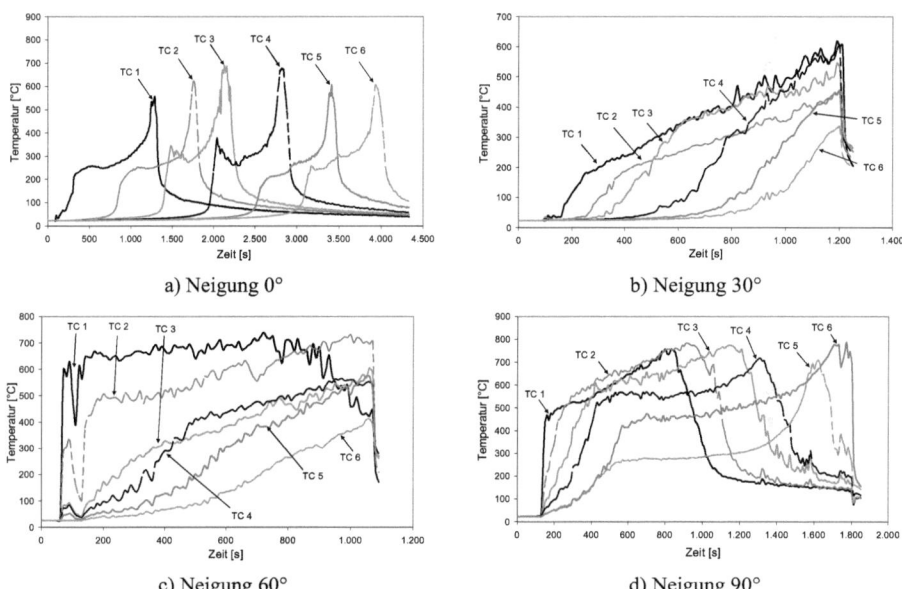

Abbildung 5.5. Entwicklung der oberflächennahen Temperaturen bei einer Neigung von a) 0°, b) 30°, c) 60° und d) 90°

Bei einer Neigung von 0° (Abbildung 5.5 a) lassen sich vier Phasen in der Brandentwicklung erkennen. In der ersten Phase kam es zu einer raschen Erwärmung der Oberfläche bis etwa 220–250 °C. In der zweiten Phase stieg die Temperatur langsam an; teilweise ist ein Plateau in der Temperaturentwicklung zu erkennen. In der dritten Phase stieg die Temperatur rasch bis auf einen Maximalwert von 580–700 °C an, in dieser Phase brannte das Material mit großer

Energiefreisetzungsrate. In der letzten Phase kam es, auf Grund der geringen Materialdicke von nur 5 mm, zum vollständigen Ausbrand des Materials.

Die Abbildung 5.6 zeigt eine grafische Repräsentation des Brennens bzw. des Verbrennens von PMMA bei horizontaler Lage. Wie bereits erwähnt, können mehrere Phasen unterschieden werden (s. auch Abschnitt 3.3.2). Im Bereich A wird die Probe bis zur Schmelz- bzw. Zersetzungstemperatur von 220–240 °C (s. Tabelle 3.2) erwärmt. Im Bereich B kommt es zu einer zersetzenden Schmelze, das PMMA zersetzt sich in MMA und dieses verdampft. Im Bereich C verbrennen die entstandenen Gase mittels Flammbrand. Im Bereich D verbrennt das Material bis zum vollständigen Ausbrand.

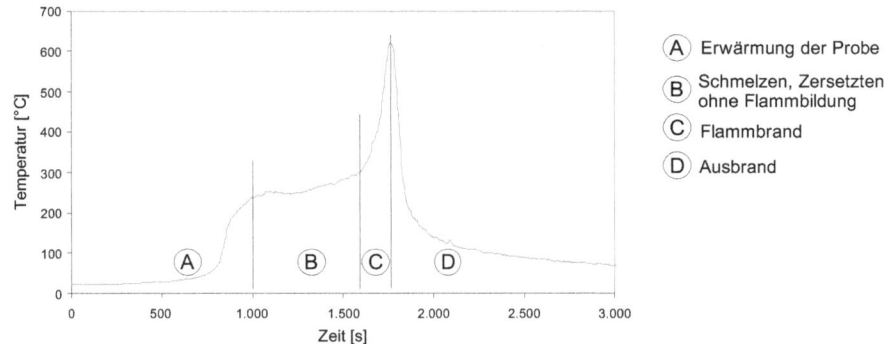

Abbildung 5.6. Grafische Darstellung der Verbrennung (horizontal) von PMMA als Funktion der Zeit

Bei den Neigungen von 30°, 60° und 90° sind diese vier Phasen nicht mehr eindeutig zu unterscheiden (s. (Abbildung 5.5 b, c und d). Nur der Ausbrand ist bei entsprechend langer Aufzeichnung eindeutig erkennbar (z. B. Abbildung 5.5 d). Die restlichen Phasen laufen durch die immer raschere Brandausbreitungsgeschwindigkeit nahezu zeitgleich ab und sind nicht mehr eindeutig zu unterscheiden.

Eine vollständige Auflistung aller Diagramme der 18 Versuche (2.2.0009 bis 2.2.0027) findet sich im Anhang C.1.

5.2.2 Ermittlung der Brandausbreitungsgeschwindigkeit

Um die Brandausbreitung zwischen zwei Punkten (Linien) zu berechnen, muss bei bekanntem Abstand die Zeitspanne erfasst werden, in der die Brandausbreitungsfront diesen Abstand überwunden hat. Dafür müssen 1. eine Brandausbreitungsfront und 2. ein oder mehrere Parameter für die Ermittlung dieser Zeitspanne definiert werden.

Für die Definition einer Brandausbreitungsfront kann bei PMMA sowohl die vorderste Front der thermischen Zersetzung (zersetzende Schmelze, „kochen", s. Abschnitt 5.1.2) als auch die reine Flammenfront herangezogen werden, d. h. als Kriterium für die Brandausbreitungsfront kann die

- thermische Zersetzung oder
- die Flammenfront

definiert werden. In der Literatur sind beide Ansätze zu finden (vgl. Pizzo et al., 2009; Ayani et al., 2006). Der Zeitpunkt, an dem die thermische Zersetzung oder die Flammenfront einen bestimmten Punkt erreicht, kann ermittelt über

- Temperaturkriterien,
- visuelle Beobachtungen und Videoaufzeichnungen,
- Infrarotkameraaufzeichnungen, und/oder
- eigens entwickelte Programme.

So wurde z. B. bei Drysdale und Macmillan (1992a) sowie Honda und Ronney (2000) die Oberflächentemperatur über in der Oberfläche eingelassene oder anliegende Thermoelemente aufgezeichnet und damit die Brandausbreitungsgeschwindigkeit ermittelt. Bei Charuchinda et al. (2001) und Quintiere (2001) erfolgte die Auswertung wiederum an Hand von Videoaufzeichnungen der Versuche. In einigen Untersuchungen wurde die Brandentwicklung mittels Infrarotkameras aufgezeichnet, dabei wurden bei Ohlemiller et al. (1998) Filter mit 10,6 µm und bei Qian (1995) Filter mit 10,8 µm vorgeschaltet, um die Brandausbreitungsgeschwindigkeit bestimmen zu können. Pizzo et al. (2009) haben für die Ermittlung der Brandausbreitungsgeschwindigkeit einen Video-Prozessor entwickelt, mit dem der Zeitpunkt ermittelt werden konnte, an dem die thermische Zersetzung des PMMA durch Blasenbildung („kochen") auf der Oberfläche ersichtlich wird. Dieser Zeitpunkt wurde zur Berechnung der Brandausbreitungsgeschwindigkeit verwendet.

In der vorliegenden Untersuchung wurden folgende Kriterien für die Bestimmung der Brandausbreitung herangezogen:

- visuelle Beobachtungen bzw. Videoaufzeichnungen und
- Daten der oberflächennahen Temperaturen.

Für die visuellen Beobachtungen wurde die Brandausbreitungsfront als vorderste ersichtliche Flammenfront definiert. Bei der visuellen Bestimmung des Brandverlaufes wurde beim Versuch selber (Live) und an Hand der Videoaufzeichnungen (Film) ermittelt, zu welchem Zeitpunkt die Brandausbreitungsfront definierte Messlinien bzw. Gitterstäbe erreicht hat. Die Abbildung 5.7 a zeigt die Flammenfront bei Messlinie Nr. 5 bei einem Versuch mit PMMA in horizontaler Lage.

Da bei den hier beschriebenen Versuchen eine nur 5 mm dicke PMMA-Platte verwendet wurde, kam es im Laufe der Versuche auch zu einem Ausbrand des Probenmaterials, d. h. das Material verbrannte vollständig bis zur darunter liegenden Promatplatte (s. Abbildung 5.7 b). Diese Ausbrandkante war gut zu erkennen und wurde ebenfalls als Zeitkriterium über den Brandverlauf herangezogen.

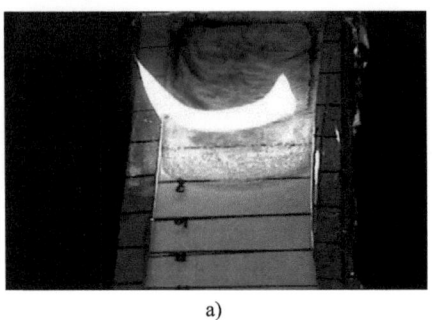
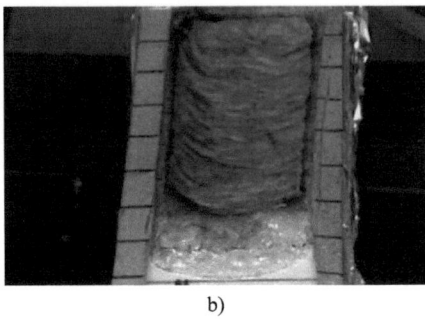

a) b)

Abbildung 5.7. Brandentwicklung bei einer Neigung von 0° (Versuch 2.2.0008);
a) nach 29 Sekunden, b) nach dem Ablöschen der Flammen

Neben der visuellen Beobachtung wurden auch Daten der oberflächennahen Temperaturen zur Bestimmung der Brandausbreitung herangezogen. Im vorliegenden Fall wurden jene Zeitpunkte, an denen ein Maximalwert im Temperaturverlauf sowie jene Zeitpunkte, an denen Temperaturen von 200 °C und 300 °C erreicht wurden, als Kriterien definiert.

In Tabelle 5.1 sind alle Zeitkriterien zusammengefasst, die vorerst für die Bestimmung der Zeitpunkte, an der die Flammenfront einen Punkt bzw. eine Linie erreicht, herangezogen wurden (K = Kurzbezeichnung des Kriteriums bei der Auswertung).

Tabelle 5.1. Kriterien für die Bestimmung der Zeitpunkte und Lage der Flammenfont in Abhängigkeit von der Erfassung (Auswertekriterien)

Kriterien		Erklärung
Ermittlung beim Realversuch (Live)		
K1	Linie/Gitterstäbe	Zeitpunkt an dem die Flammenfront die Messlinie / den Gitterstab erreicht
Ermittlung von den Videoaufzeichnungen (Film)		
K2	Linie/Gitterstäbe	Zeitpunkt, an dem die Flammenfront die Messlinie / den Gitterstab erreicht
K3	Ausbrand	Zeitpunkt, an dem das Material vollständig verbrannt ist
Ermittlung von den Messdatenaufzeichnungen (Datenlogger)		
K4	200 °C	Zeitpunkt, an dem die Oberflächentemperatur 200 °C übersteigt
K5	300 °C	Zeitpunkt, an dem die Oberflächentemperatur 300 °C übersteigt
K6	Maximalwert	Zeitpunkt, an dem die maximale Temperatur erreicht wird

Eine Bewertung der Qualität und der Anwendbarkeit der angesetzten Kriterien wurde im Zuge der entsprechenden Beschreibung der Ergebnisse bei den einzelnen Neigungen (Abschnitt 5.2.3) sowie mittels einer Analyse der Messmethoden und deren Kriterien (Abschnitt 5.2.4) vorgenommen. Aus dieser Bewertung erfolgte die Selektion der Messwerte und deren Kriterien für die weiteren Betrachtungen, d. h. es wurden die im Endeffekt zur Anwendung kommenden Kriterien definiert und damit in weitere Folge die Brandausbreitungsgeschwindigkeiten berechnet (Abbildung 5.15).

Die Brandausbreitungsgeschwindigkeiten aller Versuche mit allen Auswertekriterien sind in Anhang C.2 zusammengefasst.

5.2.3 Messwerte nach allen Auswertekriterien

5.2.3.1 Ergebnisse bei einer Neigung von 0°

Es wurden insgesamt vier Versuche mit einer Neigung von 0° durchgeführt. Die Auswertung erfolgte nach erwähnten sechs Kriterien (Tabelle 5.1). Die Abbildung 5.7 zeigt exemplarisch die Ergebnisse des Versuches Nr. 2.2.0009. Bei diesem Versuch wurden Brandausbreitungsgeschwindigkeiten zwischen 0,053 und 0,057 mm/s ermittelt. Der Variationskoeffizient beträgt hierbei nur 2,9 %.

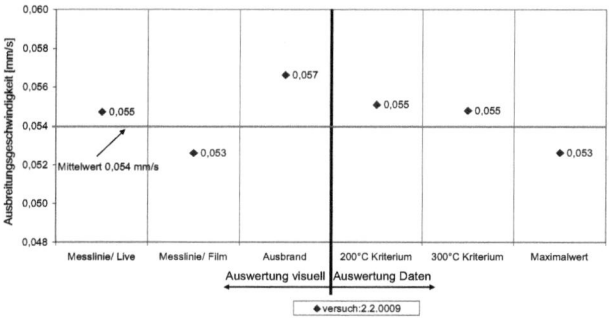

Abbildung 5.8. Versuche 2.2.0009, Neigung 0°, Ausbreitungsgeschwindigkeit je nach verwendetem Auswertekriterium

Die Ergebnisse aller durchgeführten Versuche bei einer Neigung von 0° samt deren Auswertung nach den sechs Kriterien (K1–K6, s. Tabelle 5.1) sind in der folgenden Tabelle 5.2 zusammengefasst. Für das Kriterium „Messlinie/Live" waren nur Daten von einem Versuch vorhanden, da bei den Versuchen 2.2.0010–2.2.0012 während der Brandversuche keine Daten erfasst wurden. Bei horizontalen PMMA-Proben wurden Brandausbreitungsgeschwindigkeiten zwischen 0,053 und 0,079 mm/s ermittelt. Der Mittelwert aus allen Ergebnissen betrug 0,067 mm/s und der Variationskoeffizient (= Standardabweichung/Mittelwert) betrug 13,6 %.

Tabelle 5.2. Brandausbreitungsgeschwindigkeit bei einer Neigung von 0°

0° Neigung Kriterien:		Brandausbreitungsgeschwindigkeit [mm/s]					Var.-koeff. [%]
		2.2.0009	2.2.0010	2.2.0011	2.2.0012	Mittelwert	
K1	Messlinie/Live	0,055	–	–	–	0,055	0
K2	Messlinie/Film	0,053	0,075	0,072	0,068	0,067	14,7
K3	Ausbrand	0,057	0,067	0,074	0,077	0,069	13,2
K4	200 °C Kriterium	0,055	0,067	0,071	0,066	0,065	10,5
K5	300 °C Kriterium	0,055	0,073	0,080	0,072	0,070	15,2
K6	Maximalwert	0,053	0,071	0,076	0,079	0,070	17,0
Mittelwert [mm/s]		0,054	0,071	0,075	0,072	**0,067**	–
Variationskoeffizient [%]		2,9	5,0	4,6	7,7	–	**13,6**

Die Tabelle 5.2 zeigt auch die relative Streuung (Variationskoeffizient) der Ergebnisse in den einzelnen Versuchen (2,9–7,7 %) und innerhalb der einzelnen Auswertekriterien (10,5–17,0 %). Dabei ist zu erkennen, dass die größten Variationen innerhalb des Auswertekriteriums „Maximalwert" und die kleinsten beim Kriterium „200 °C" zu finden waren.

Die Abbildung 5.9 zeigt eine grafischen Darstellung der Werte aus Tabelle 5.2. Es ist zu erkennen, dass die Werte des Versuches 2.2.0009 in der Regel um 0,018 mm/s geringer waren als die restlichen drei Versuche. Eine mögliche Ursache für diese systematische Abweichung kann in der ab Versuch 2.2.0010 veränderten Lage der Proben im Versuchsraum liegen. Beim ersten Versuch (2.2.0009) wurde die Probe an dem der Kamera zugewandten Rand gezündet, in den weiteren drei Versuchen wurde die gesamte Probenhalterung um 180° gedreht und die Probe an dem der Kamera abgewandten Probenrand gezündet.

Bei gleichbleibender Kameraposition konnten damit die Brandentwicklung von der noch unverbrannten Seite aus gefilmt werden. Es kann jedoch durch die geänderte Lage zu leicht unterschiedlichen Strömungsbedingungen gekommen sein, welche als Ursache für die Abweichungen möglich sind. Da die Abweichungen von etwa 0,018 mm/s jedoch relativ gering sind, werden im Weiteren alle Versuche zur Auswertung der Brandausbreitungsgeschwindigkeit herangezogen.

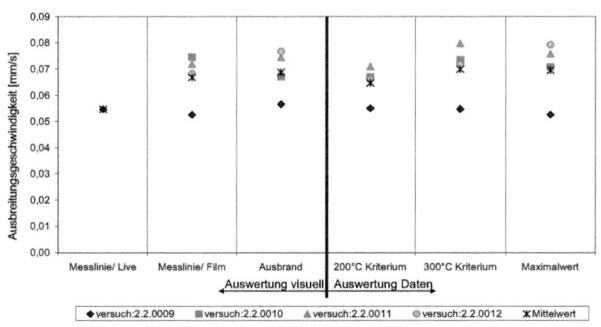

Abbildung 5.9. Brandausbreitungsgeschwindigkeit von PMMA, Neigung 0°

5.2.3.2 Ergebnisse bei einer Neigung von 30°

Bei den Untersuchungen mit einer Probenneigung von 30° wurden ebenfalls insgesamt vier Brandversuche durchgeführt. Die Abbildung 5.10 zeigt exemplarisch die ermittelten Brandausbreitungsgeschwindigkeiten beim Versuch 2.2.0016. Hierbei wurden Geschwindigkeiten zwischen 0,247 und 0,317 mm/s festgestellt. Für die Kriterien „Ausbrand" bzw. „Maximalwert" konnten jedoch keine Messdaten ermittelt werden und das relative Streumaß betrug 12 %.

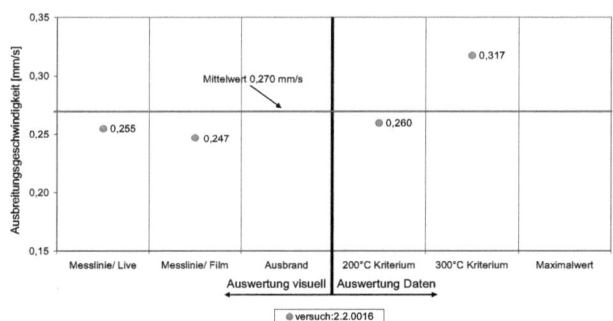

Abbildung 5.10. Versuch 2.2.0016, Neigung 30°, Ausbreitungsgeschwindigkeit in Abhängigkeit von den verwendeten Auswertekriterien

Die Abbildung 5.11 zeigt die Brandausbreitungsgeschwindigkeiten aller Versuche mit einer Neigung von 30°, in Abhängigkeit von den verschiedenen Auswertekriterien (detaillierte Ergebnisse s. Anhang C.2). Es lässt sich erkennen, dass nicht bei allen Versuchen sämtliche Kriterien erfüllt und geeignete Daten ermittelt werden konnten. Nur bei den Kriterien „Messlinie/Film" (K1) und „200 °C" (K4) war dies für alle vier Versuche möglich. In Summe wurden Brandausbreitungsgeschwindigkeiten von 0,175 bis 0,588 mm/s ermittelt. Der Mittelwert aus allen Ergebnissen ergab eine Brandausbreitungsgeschwindigkeit von 0,28 mm/s bei einer relativen Streuung von 35 %.

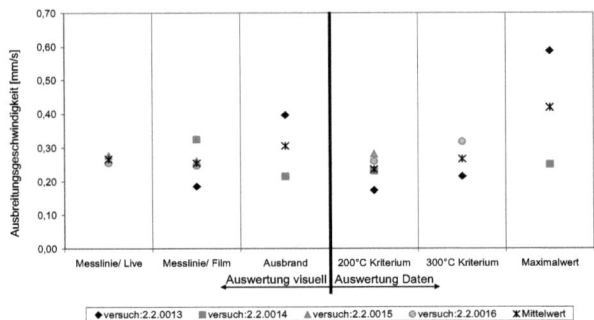

Abbildung 5.11. Brandausbreitungsgeschwindigkeit von PMMA, Neigung 30°

Der Variationskoeffizient innerhalb der Versuche betrug hierbei 4–57 % und innerhalb der Auswertekriterien 6–57 % wobei die größten Differenzen beim Kriterium „Maximalwert" und die geringsten beim Kriterium „Messlinie/Live" ermittelt wurden.

5.2.3.3 Ergebnisse bei einer Neigung von 60°

Mit einer Probenneigung von 60° wurden insgesamt sechs Versuche durchgeführt. Die Abbildung 5.12 zeigt die Brandausbreitungsgeschwindigkeiten aller Versuche bei einer Neigung von 60° (s. auch Anhang C.2). Der Mittelwert aus allen Ergebnissen ergab eine Brandausbreitungsgeschwindigkeit von 0,285 mm/s bei einem Variationskoeffizienten von 30 %.

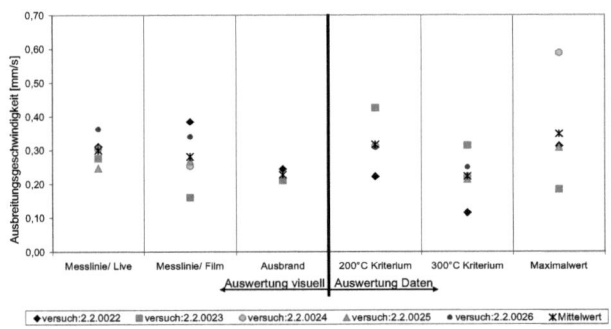

Abbildung 5.12. Brandausbreitungsgeschwindigkeit von PMMA, Neigung 60°

Bei der Auswertung nach dem Kriterium „Maximalwert" lassen sich die größte Streuung (49 %) und nach den Kriterien „Messlinie/Live" und „Ausbrand" die geringste Streuung bei den Ergebnissen erkennen, wobei mit Letzterem nur bei zwei Versuchen Messwerte ermittelt werden konnten.

5.2.3.4 Ergebnisse bei einer Neigung von 90°

Mit vertikalen Proben wurden ebenfalls sechs Versuche durchgeführt. Die Abbildung 5.13 zeigt sämtliche Brandausbreitungsgeschwindigkeiten für alle Versuche unter einer Probenneigung von 90°. Auch hier konnten nicht bei allen Versuchen Werte mit allen Auswertekriterien ermittelt werden, so wurden z. B. bei Versuch 2.2.0017 nur Messwerte nach den Kriterien „200 °C" und „300 °C" und bei Versuch 2.2.0027 nur nach den Kriterien „Messlinie/Live" und „Messlinie/Film" erfasst.

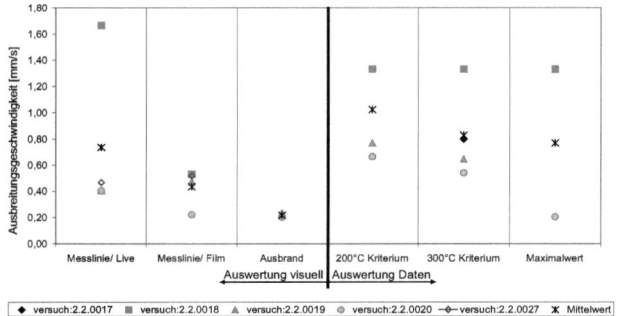

Abbildung 5.13. Brandausbreitungsgeschwindigkeit von PMMA, Neigung 90°

Als Mittelwert ergab sich eine Brandausbreitungsgeschwindigkeit von 0,704 mm/s mit einem Variationskoeffizienten von 61 %. Diese große Streuung bei den Ergebnissen stammt vor allem von den Messwerten nach den Kriterien „Maximalwert" und „Messlinie/Live", denn dort wurden Variationskoeffizienten von 80–100 % ermittelt.

5.2.4 Analyse der Messmethoden und deren Kriterien

Wie in den vorab dargestellten Abschnitten 5.2.3.1 bis 5.2.3.4 ersichtlich, konnten nicht mit allen Messmethoden bzw. Auswertkriterien (K1–K6, Tabelle 5.1) überhaupt Werte oder nicht in ausreichender Qualität und Quantität ermittelt werden. Unterschiede fanden sich sowohl innerhalb der einzelnen Versuche, innerhalb einzelner Auswertekriterien, aber auch zwischen den verschiedenen Probenneigungen. In Anbetracht dessen ist es notwendig, eine Selektion der Messwerte bzw. Auswertekriterien für die weiteren Betrachtungen der Brandausbreitungsgeschwindigkeit vorzunehmen.

Die Abbildung 5.14 zeigt die Variationskoeffizienten (= Mittelwert/Standardabweichung) der berechneten Brandausbreitungsgeschwindigkeit in Abhängigkeit vom verwendeten Auswertekriterium und der Neigung der Oberfläche.

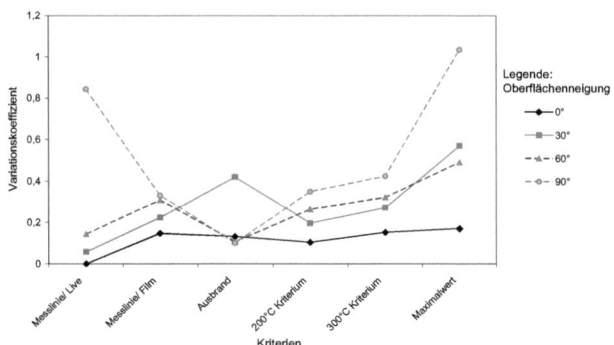

Abbildung 5.14. Relatives Streumaß der ermittelten Brandausbreitungsgeschwindigkeiten in Abhängigkeit vom verwendeten Auswertekriterium und der Oberflächenneigung

Mit dem Auswertekriterium „Maximalwert" konnten nur bei den horizontalen Versuchen Messwerte von guter Qualität und Quantität ermittelt werden. Bei den geneigten Versuchen hingegen ließ sich bereits kaum mehr ein eindeutiger Maximalwert auf der Probenoberfläche feststellen (s. auch Abschnitt 5.2.1) und die Messwerte nach dem „Maximalwert" lieferten bei allen Neigungen immer die größten Streuungen. Eine Verwendung dieses Kriteriums für die Auswertung der Brandausbreitung ist daher nicht sinnvoll.

Das Kriterium „Messlinie/Live" lieferte in der Regel gute und nachvollziehbare Ergebnisse, ausgenommen waren jedoch die Versuche bei 90° Neigung. Bei diesen war es teilweise schwierig, Messwerte zu erfassen, da die Brandausbreitungsfront zu sehr von den Flammen verdeckt wurde. Dennoch wurden mit diesem Auswertekriterium in Summe die geringsten Streuungen erreicht.

Mit dem Kriterium „Ausbrand" konnten in acht der 18 Versuche keine Messwerte erfasst werden, daher auch die geringe Streuung der Ergebnisse. Eigentlich wurde mit diesem Auswertekriterium nicht die Brandausbreitungsgeschwindigkeit, sondern die Ausbrandgeschwindigkeit ermittelt, und auch wenn in dem hier verwendeten Versuchsaufbau eine gute Übereinstimmung der Messwerte mit jenen aus anderen Auswertekriterien vorliegen, kann davon ausgegangen werden, dass mit steigender Probendicke die Differenz zwischen Brandausbreitungs- und Ausbrandgeschwindigkeit weiter steigt und damit andere Ergebnisse erzielt werden. Da das Ziel der vorliegenden Untersuchungen jedoch die Ermittlung der Geschwindigkeit ist, mit der sich der Brand ausbreitet und nicht wie schnell das Probenmaterial verbrannt ist, ist die Anwendung des Kriteriums „Ausbrand" nicht weiter sinnvoll.

Bei den Messwerten nach den weiteren Auswertekriterien „Messlinie/Film", „200 °C" und „300 °C" wurde die Streuung der Ergebnisse zwar mit steilerer Neigung größer, dennoch konnten in der Regel gute Messwerte für die Bestimmung der Ausbreitungsgeschwindigkeit ermittelt werden.

In Tabelle 5.3 sind jene Auswertekriterien zusammengefasst, deren Messwerte für die Berechnung der Brandausbreitung an geneigten Flächen zur Anwendung kamen.

Tabelle 5.3. Für die endgültige Berechnung der Brandausbreitung verwendete Kriterien zur Bestimmung der Zeitpunkte und Lage der Flammenfront

Kriterien		Erklärung
Ermittlung beim Realversuch (Live)		
K1	Linie/Gitterstäbe	Zeitpunkt, an dem die Flammenfront die Messlinie / den Gitterstab erreicht
Ermittlung von den Videoaufzeichnungen (Film)		
K2	Linie/Gitterstäbe	Zeitpunkt, an dem die Flammenfront die Messlinie / den Gitterstab erreicht
Ermittlung von den Messdatenaufzeichnungen (Datenlogger)		
K4	200 °C	Zeitpunkt, an dem die Oberflächentemperatur 200 °C übersteigt
K5	300 °C	Zeitpunkt, an dem die Oberflächentemperatur 300 °C übersteigt

Die Tabelle 5.4 zeigt die nach den vorab genannten Kriterien (K1, K2, K4, K5) ermittelte mittlere Brandausbreitungsgeschwindigkeiten sowie die Standardabweichungen und die Variationskoeffizienten. Dieses relative Streumaß verdeutlicht noch einmal, dass sich die größte Streuung erwartungsgemäß bei der steilsten Neigung von 90° und die geringsten bei der langsamen, gleichmäßigen Brandausbreitung in horizontaler Lage ergaben.

Tabelle 5.4. Brandausbreitungsgeschwindigkeit an PMMA bei einer Mittelung der Ergebnisse mit den Auswertekriterien K1, K2, K4 und K5

Neigung [°]	Mittlere Brandausbreitungsgeschwindigkeit [mm/s]	Standardabweichung	Variationskoeffizient [%]
0	0,07	0,01	14
30	0,25	0,05	18
60	0,28	0,08	27
90	0,76	0,42	56

5.2.5 Brandausbreitungsgeschwindigkeit in Abhängigkeit von der Neigung

Die Abbildung 5.15 zeigt die nach den vorab ausgewählten Kriterien (K1, K2, K4, K5, Tabelle 5.3) gemittelten Brandausbreitungsgeschwindigkeiten in Abhängigkeit von der Neigung und zum Vergleich Werte aus der Literatur. Die Untersuchungen an PMMA in der Literatur unterscheiden sich jedoch etwas von den hier durchgeführten Versuchen, z. B. in der Wahl der Probendicke oder

Probenbreite (s. auch Tabelle 2.10). Des Weiteren wurden dort auch verschiedene Kriterien zur Bestimmung der Brandausbreitungsfront oder eigens entwickelte Messinstrumente (Filter etc. s. Abschnitt 5.2.2) verwendet. Soweit möglich wurden jene Ergebnisse zu Vergleichen herangezogen, die den vorherrschenden Randbedingungen möglichst ähnlich sind.

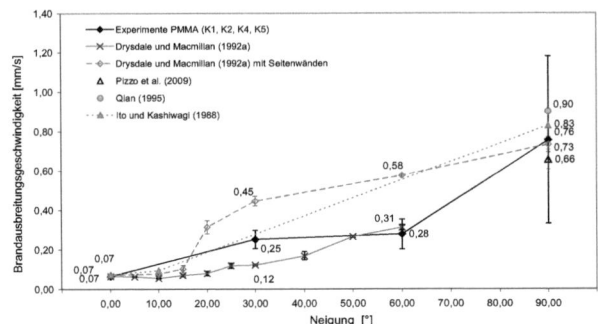

Abbildung 5.15. Brandausbreitungsgeschwindigkeiten auf PMMA, in Abhängigkeit von der Neigung

Bei einer horizontalen Probenneigung wurde in den hier durchgeführten Versuchen eine durchschnittliche Brandausbreitungsgeschwindigkeit von 0,067 mm/s ermittelt. Dieser Wert stimmt mit den Daten aus der Literatur von 0,066–0,072 mm/s (vgl. Drysdale, 1998; Drysdale und Macmillan, 1992a) gut überein.

Bei vertikal geneigten PMMA-Proben liegen die Werte aus der Literatur innerhalb der Standardabweichung der hier durchgeführten Versuche, obwohl die Ausmaße der Proben und die Auswertungen teilweise sehr unterschiedlich waren (s. auch Tabelle 2.10). So wurden bei Pizzo et al. (2009) 3 cm dicke und 20–2,5 cm breite PMMA-Proben (s. auch Abbildung 2.17) untersucht, zum Vergleich in Abbildung 5.15 wurden die Ergebnisse der 5 cm breiten Proben herangezogen. Die Auswertung bei Pizzo et al. (2009) erfolgte über die Rückseite der Proben mittels eines eigens entwickelten Videoprozessors. Die Proben bei Qian (1995) (s. auch Abbildung 2.12) hatten eine Dicke von 1,2 cm und bei Drysdale und Macmillan (1992a) von 2 bis 6 cm. Für Letztere sind die 6 cm breiten Proben in Abbildung 5.15 dargestellt. Trotz der Unterschiede der verschiedenen Untersuchungen konnten mit den hier durchgeführten experimentellen Untersuchungen im Vergleich zu den vorhandenen Literaturdaten vergleichbare Brandausbreitungsgeschwindigkeiten ermittelt werden.

Bei einer Neigung von 30° wurden bei den hier durchgeführten Versuchen eine Brandausbreitungsgeschwindigkeit von 0,252 mm/s und bei einer Neigung von 60° von 0,278 mm/s gemessen. Der Verlauf zwischen 30° und 60° zeigte also nur eine sehr geringe Steigerung der Brandausbreitungsgeschwindigkeit. Für die Untersuchungen an geneigten PMMA-Proben gibt es nur wenige Untersuchungen in der Literatur. Untersuchungen von Ito und Kashiwagi (1988) etwa wurden an 25 mm dicken PMMA unter 10° Neigung durchgeführt, jedoch an keinen steiler geneigten Oberflächen (aber auch horizontal und vertikal). Bei Drysdale und Macmillan (1992a) wurden wiederum PMMA-Proben mit einer Dicke von 6 mm bei verschiedenen Neigungen (0–60° bzw. 0–90°) und verschiedenen Probenbreiten (z. B. auch 5 cm) untersucht. Zusätzlich wurde auch der Einfluss von Seitenwänden (Höhe 2 cm) entlang der Probenlängsseite auf die Brandausbreitungsgeschwindigkeit untersucht. Die Auswertung erfolgte dabei rein visuell (Messlinien). Die Brandausbreitungsgeschwindigkeit bei den Versuchen ohne Seitenwände stieg mit steilerer Probenneigung exponentiell an. Eine weitere exponentielle Vergrößerung dieser Werte würde der festgestellten Steigerung der Brandausbreitungsgeschwindigkeiten zwischen 60° und 90° Neigung in den eigenen Versuchen entsprechen.

Diese Untersuchungen von Drysdale und Macmillan (1992a) zeigen auch den Einfluss von Luftströmungen auf die Brandausbreitungsgeschwindigkeiten. Ab einer Neigung von 20° hatten bereits 2 cm hohe Seitenwände Auswirkungen auf die Entwicklung der Brandausbreitungsgeschwindigkeit. Es kam zu einer rapiden Steigerung der Geschwindigkeit bis zu einer Neigung von etwa 30°.

Auch in Untersuchungen von Zhou (1991) wurde der Einfluss von Strömungen und Turbulenzen auf die Brandausbreitungsgeschwindigkeit bestätigt. Diese Untersuchungen zeigten, dass bei PMMA-verkleideten Wänden, je nach den vorherrschenden Strömungen und Turbulenzen, die Brandausbreitungsgeschwindigkeiten zwischen 0,7–2,8 mm/s variieren können. In der Regel stieg dabei die Brandausbreitungsgeschwindigkeit mit stärkeren Strömungen und sank mit zunehmenden Turbulenzen.

Der Einfluss der Interaktion von Flamme und Oberfläche wurde bereits bei den Zelluloseversuchen beschrieben (s. Abschnitt 4.3). Auch bei den PMMA-Versuchen sind diese aerodynamischen Effekte zwischen der Brennstoffneigung und der Flamme zu erkennen. So ist der rapide Anstieg bei etwa 30° auf das beginnende Anliegen der Flamme auf der Oberfläche zurückzuführen, dies wurde auch bereits in früheren Untersuchungen in der Literatur dokumentiert (vgl. Wu et al., 2000; Drysdale et al., 1992b). Bei den Untersuchungen mit 60° geneigten PMMA-Oberflächen waren zwar wie bei den Zellulosversuchen Flammen zu beobachten, die fast vollständig an der Oberfläche anlagen, doch dürfte bei PMMA die Wärmeleitung ins Innere den Effekte einer rapiden Geschwindigkeitszunahme etwas in Richtung steilerer Neigung (> 60°) verschieben.

Die Ursache für die hier zu beobachtende Entwicklung der Brandausbreitung bei > 0° und < 90° kann daher im Messaufbau (Geometrie, Ventilation, etc.) liegen. Verschiedene Randbedingungen, wie z. B. die Art und Lage der Brandquelle, die Unterlage der Proben, Ventilationsbedingungen (Strömungen, Turbulenzen) oder die Ausmaße der Proben können Einfluss auf die Ergebnisse von experimentellen Untersuchungen zur Brandausbreitung haben. Die Ergebnisse der hier durchgeführten Versuche zeigen im Besonderen, dass bei Brandversuchen unter Neigung die Ergebnisse von den Strömungsbedingungen (Längs-, Querströmungen, Abschirmungen) mehr beeinflusst werden als bei vertikalen oder horizontalen Brandausbreitungsuntersuchungen.

5.3 Zusammenfassung und Schlussfolgerungen PMMA-Versuche

Aus den Ergebnissen der hier dargestellten Versuchsserien lassen sich in Bezug auf die Ermittlung von Brandausbreitungsgeschwindigkeiten die folgenden Schlüsse ziehen.

- Bei horizontaler Neigung können die Brandentwicklungsbereiche auch an Hand der Temperaturentwicklung der oberflächennahen Temperaturen unterschieden werden. Bei Neigungen > 30° laufen diese Phasen parallel in verschiedene Bereichen (über die Höhe) der Probe ab und können nicht mehr eindeutig unterschieden werden.

- Die Brandausbreitungsgeschwindigkeit kann und wird über verschiedene Zeit-Kriterien ermittelt, etwa mittels visueller Ermittlung an Hand von Referenzlinien oder auch an Hand verschiedener Temperaturkriterien. Für die Berechnung der Brandausbreitungsgeschwindigkeit wurden die Messwerte aus den Auswertekriterien „Messlinie/Live" „Messlinie/Film", „200 °C" und „300 °C" gemittelt.

- Mit den Messwerten aus den vorab erwähnten Auswertekriterien wurden Brandausbreitungsgeschwindigkeiten auf PMMA bei einer Neigung von 0° mit 0,067 mm/s, bei 30° mit 0,253 mm/s, bei 60° mit 0,278 mm/s und bei 90° mit 0,757 mm/s ermittelt. Die Entwicklung der Brandausbreitungsgeschwindigkeit mit steilerer Probenneigung divergiert nur geringfügig mit den Werten in der Literatur, vor allem bei einer Neigung von 30°.

- Die Versuche mit einer Neigung von 30° können als kritisch bewertet werden, jedoch nur dahingehend, dass Neigungen von 24–30° als kritische Neigungen im Bezug auf die Ausbildung und Lage der Flammen bezeichnet werden können. Ab diesem Neigungsbereich beginnen Flammen in Abhängigkeit von den vorherrschenden Strömungsbedingungen mehr oder weniger an der Oberfläche anzuliegen und die Brandausbreitung kann sprunghaft ansteigen. Leicht divergierende Strömungsbedingungen (Längs-, Quer-Strömungen, Abschirmungen) können daher in divergierenden Brandausbreitungsgeschwindigkeiten resultieren.

- Experimentelle Grenzen und Messunsicherheiten müssen bei allen experimentellen Untersuchungen kritisch hinterfragt werden. Im Speziellen können der Messaufbau und hier vor allem die vorherrschenden Strömungsbedingungen die Ergebnisse erheblich beeinflussen.

- Im Mittel konnten brauchbare und plausible Ergebnisse für die gemessenen Brandausbreitungsgeschwindigkeiten ermittelt werden.

In weiterer Folge wird eine Modellierung der Brandausbreitungsgeschwindigkeit bei unterschiedlichen Neigungen an Hand von näherungsweisen Berechnungen beschrieben. Hierbei sollte geklärt werden, ob und wie weit die in den experimentellen Versuchen ermittelten Brandausbreitungsgeschwindigkeiten und deren Entwicklung über die Neigungen auch rechnerisch nachvollzogen und modelliert werden können.

6 Modellierung der Brandausbreitung auf geneigten Feststoffen

Die für die Brandausbreitung relevanten kontrollierenden physikalischen und chemischen Mechanismen sind grundsätzlich bekannt und auch die grundlegenden Gleichungen, dennoch wurde bisher keine allgemeingültige mathematische Lösung für die Modellierung der Brandausbreitung gefunden (Grant und Drysdale, 1995). Die Ursache liegt in der komplexen Aufgabe, alle Faktoren der Materialien und der Umgebung in die Lösung mit einzubeziehen. Solange daher keine maßgebenden mathematischen und/oder phänomenologischen Durchbrüche erzielt werden, z. B. die Flammenstrahlung oder die Reaktionen turbulenter Strömungen zu lösen, bleiben die Vorhersagen zu den Brandausbreitungsprozessen wie z. B. der Brandausbreitungsgeschwindigkeit begrenzt. Nach Grant und Drysdale (1995) gibt es folgende drei Möglichkeiten für Vorhersagemodelle zur Brandausbreitung:

- Einschränkung/Eingrenzung: Bestimmung der Brandausbreitung (nur) für eine Reihe von begrenzten Bedingungen.
- Numerische Analyse: Analysen, die parametrische Vorhersagen oder Vorhersagen von Fall zu Fall ermöglichen, auch für relativ komplizierte Geometrien und Umgebungsbedingungen.
- Näherungsweise ingenieurmäßige Analysen: Analysen, die experimentelle Zusammenhänge oder Versuchsergebnisse verwenden, um die unbekannten Parameter des Problems zu bestimmen.

Grundsätzlich lassen sich Modelle zur Brandausbreitung, wie bereits erwähnt, unterscheiden in jene für thermisch dünne und thermisch dicke Materialen oder jene für gegenläufige und gleichlaufende Brandausbreitung (s. Abschnitt 2.4). Einige Modelle zur Berechnung der gegenläufigen oder gleichlaufenden Brandausbreitung wurden bereits in den Abschnitten 2.4.1 und 2.4.2 dargestellt, diese behandeln jedoch „nur" die Brandausbreitung an vertikalen und horizontalen Flächen.

Auf Grund der geometrischen Lage kann, bei natürlicher Konvektion mit Einschränkung, bereits auf eine gegenläufige oder gleichlaufende Brandausbreitung geschlossen werden. So kann etwa bei einer horizontalen brennenden Fläche oder einem vertikal abwärtswandernden Brand in der Regel eine gegenläufige, bei einem vertikal aufwärtswandernden Brand eine gleichlaufende Brandausbreitungsrichtung angenommen werden. Somit ist bei horizontalen oder vertikalen Flächen die Brandausbreitungsrichtung in der Regel vorhersagbar. Bei geneigten Flächen ist dies jedoch nicht immer der Fall, denn bei einer Veränderung der Oberflächenneigung verändert sich die Brandausbreitungsart von gegenläufig (horizontale Oberfläche) zu gleichlaufend (vertikale Oberfläche) und vice versa. Die genaue Position (Neigung) des „Umspringens" von einer Brandausbreitungsart zur anderen ist dabei schwer zu definieren.

Einen weiteren wichtigen Einfluss auf die Brandausbreitung auf geneigten Flächen hat auch die Interaktion zwischen der Flamme und der Oberfläche. Einerseits kommt, wie bereits erwähnt, die strahlende Flamme mit steigender Neigung näher an die Oberfläche heran und anderseits verändert sich mit steigender Neigung auch der Winkel zwischen der Flamme und der Probenoberfläche. Dieser Winkel verringert sich bei einer aufwärtswandernden Flammenfront mit steigender Neigung, bis die Flamme beginnt, mehr oder weniger an der Oberfläche anzuliegen (Abbildung 6.1). Diese Neigung wird oft als kritische Neigung bezeichnet. Je nach äußeren Einflüssen wurde diese bei etwa 15–20 ° (Drysdale und Macmillan, 1992a), 15–30° (Hasemi, 2008) oder 24–27° (Wu et al., 2000) ermittelt. Mit steigender Neigung der Oberfläche verringert sich also der Abstand zwischen der Flamme und der Oberfläche und die Fläche, die von der Flamme vorgewärmt wird, vergrößert sich. Die Brandausbreitungsgeschwindigkeit steigt daher mit steilerer Oberflächenneigung an.

Die Abbildung 6.1 zeigt die Änderung des Flammenbildes mit der Änderung der Oberflächenneigung. Als Flammenlänge δ_f wurde dabei die maximale Längenausdehnung der Flamme vor der Pyrolysefront definiert.

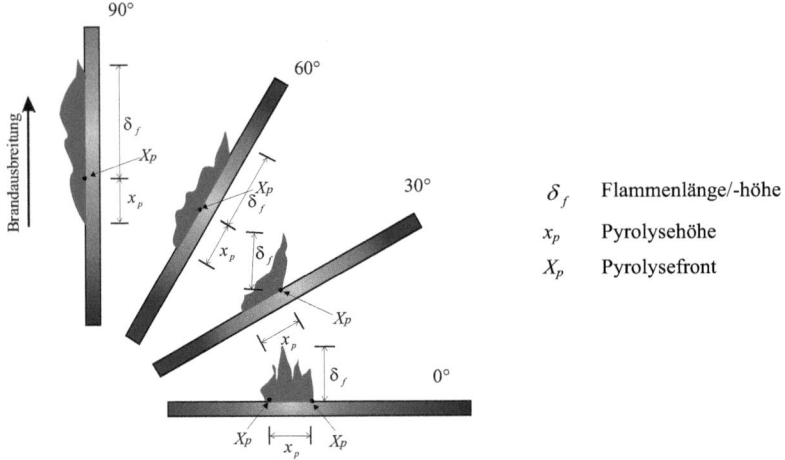

Abbildung 6.1. Brandausbreitung in Abhängigkeit von der Neigung

Modelle wie von Karlsson (Gl. (2.34) Abschnitt 2.4.2.1) oder nach Quintiere (Gl. (2.26) Abschnitt 2.4.1.1) können nur begrenzt für die Ermittlung der Brandausbreitungsgeschwindigkeit auf geneigten Flächen eingesetzt werden, weil sie dezidiert entweder für eine gegenläufige oder gleichlaufende Brandausbreitung bzw. für die Berechnung der Brandausbreitung an einer Wand oder am Boden erstellt wurden.

Betrachtet man jedoch allgemein die Modelle zur Ermittlung der Brandausbreitungsgeschwindigkeit in der Literatur, so ist zu erkennen, dass, obwohl die Lösungen differieren, die grundlegenden Gleichungen und notwendigen Eingabeparameter dieselben sind. Im Allgemeinen werden für die Ermittlung der Brandausbreitungsgeschwindigkeit folgende Angaben bzw. Kennwerte benötigt:

- Materialkennwerte (z. B. k, ρ, c_p, T_{ig}),
- Brandleistung,
- Ausdehnung der Flammen (Flammenlänge) und eventuell der Pyrolysezone,
- Einwirkende Energie (v. a. Wärmefluss von der Flamme).

Materialkennwerte wie die Dichte oder die Wärmekapazität können in Laborversuchen z. B. mit dem Cone Kalorimeter oder der DTA gemessen werden. Sie können zwischen einzelnen Materialien, aber auch innerhalb einer Materialgruppe erheblich differieren. Die Brandleistung kann ebenfalls über Laborversuche bestimmt werden.

Die Ermittlung der Ausdehnung der Flammen und der durch die Flammen auf die Oberfläche einwirkenden Energie stellen hingegen grundlegende Probleme dar. Die Ausdehnung der Flamme verändert sich sowohl mit dem verwendeten Material, der Oberflächenneigung als auch mit der Brandleistung des Brandes. Auch die durch die Flamme aufgebrachte Energie ist veränderlich, sie hängt unter anderem von der Flammenlänge, der Brandleistung, aber auch von der Lage der Flamme zur Oberfläche (vgl. Abbildung 6.1) ab. Beide Parameter sind über die Zeit veränderlich.

Die grundlegenden Probleme bei einer näherungsweisen Berechnung der Brandausbreitung für alle Neigungen sind somit die Ermittlung der Ausdehnung der Flammen (Flammenlänge) und der durch die Flammen erzeugten oder auf die angrenzenden Oberflächen eingebrachten Energie.

6.1 Berechnung der Flammenlänge

Wie bereits erwähnt hängt die Flammenlänge von einer Reihe von Faktoren, wie etwa der Neigung oder der Brandleistung ab. In einigen Untersuchungen wie bei Ito und Kashiwagi (1988) wurde diese über Versuche ermittelt und in anderen wie bei Karlsson (1995) über die aufgebrachte Leistung berechnet (vgl. Gl. (2.31)). Bei den Modellen in der Literatur wurde jedoch immer nur eine Orientierung (vertikal oder horizontal) betrachtet und nicht die Veränderung der Flammenausmaße mit der Neigung in Betracht gezogen.

Die Abbildung 6.2 zeigt ein vereinfachtes Schema zur Veränderung der Flammenachse (δ_f), d. h. der Länge und Lage zur Oberfläche, bei unterschiedlicher Neigung der Oberfläche. Dabei gilt:

$$\delta_f^0 \neq \delta_f^\alpha \neq \delta_f^{90} \qquad \text{Gl. (6.1)}$$

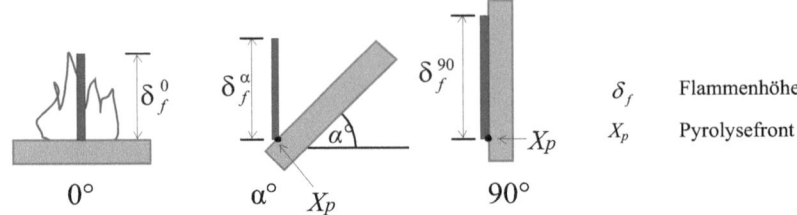

Abbildung 6.2. Schematische Darstellung der Länge und Lage der Flammenachse δ_f in Abhängigkeit von der Orientierung der brennenden Oberfläche

Bei geneigten Flächen wurde jedoch auch beobachtet, dass die Flammen nicht immer lotrecht stehen, sondern sich teilweise zur Oberfläche neigen (s. auch Wu et al., 2000), d. h. δ_f^α kann nicht grundsätzlich als lotrecht angenommen werden. Die Position und Orientierung einer Flamme ist in der Regel von mehreren Faktoren abhängig. Grundsätzlich lassen sich diese Faktoren durch Kräfte darstellen, welche das Flammenbild verursachen. Bei einer freien An- bzw. Zuströmung zum Verbrennungsbereich wirken grundsätzlich folgende Kräfte auf die Flamme:

- Auftrieb: d. h. die Auftriebskräfte der heißen Verbrennungsgase,
- Strömungen: d. h. die nachströmende Luft zur Verbrennung bzw. zur Einmischung,
- Schwerkraft.

Vereinfacht lässt sich die Kräftesituation wie folgt darstellen (s. Abbildung 6.3). Diese idealistische Darstellung gilt streng genommen nur für ein laminares Flammenbild, bei der sich eine stabile, ruhig stehende Flamme ausbildet. Bei einer turbulenten Strömung in der Flamme oder bei von außen aufgebrachten Strömungen ist diese Behauptung nur bedingt richtig.

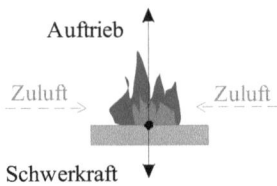

Abbildung 6.3. Kräfte, die bei natürlichen Strömungsbedingungen auf eine Flamme wirken

Bei der Annahme von natürlichen Strömungsbedingungen (keine maschinelle Ventilation etc.) und einer laminaren Flamme kann eine quantitative Abschätzung über eine Vektorbetrachtung dieser Kräfte erfolgen. Die Abbildung 6.4 zeigt die auf eine Flamme einwirkenden Kräftevektoren bei unterschiedlicher Neigung der brennenden Fläche.

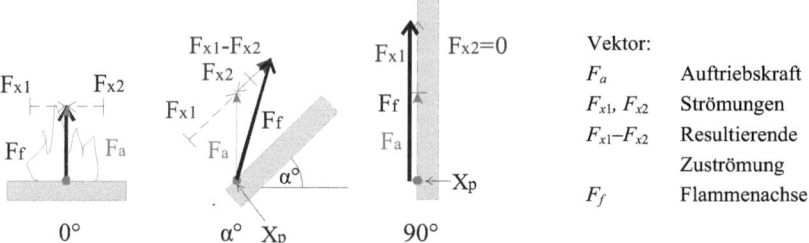

Abbildung 6.4. Qualitative Abschätzung der resultierenden Flammenachse und Flammenhöhe

Im Falle der horizontal brennenden Fläche wird der Winkel zwischen der Auftriebsachse der Flamme und den Vektoren der Zuluftströmungen etwa 90° sein, die resultierende Flammenachse liegt dementsprechend lotrecht. Bei einer vertikalen Fläche beträgt dieser Winkel in der Regel 0°. Bei einer Verbrennung auf einer geneigten Fläche kommt es zu einer ungleichmäßigen Zuströmung und zu einer Umleitung der Zuströmungen in Bezug auf den Auftriebsvektor. Aus der resultierenden Zuströmung (hier $F_{x1}-F_{x2}$) ergibt sich eine Neigung der Flammenachse zur Oberfläche.

An Hand einer derartigen quantitativen Betrachtung können die Lage und Länge der Flammenachse bestimmt werden. Da die Richtungen des Auftriebes und der Strömungen bekannt sind, könnte somit die Flammenachse (Lage und Länge) über die Beziehung in einem nicht rechtwinkligen Dreieck mit dem Kosinussatz wie folgt ermittelt werden:

$$F_f^\alpha = \sqrt{F_a^2 + (F_{x1}^\alpha - F_{x2}^\alpha)^2 - 2 \cdot F_a \cdot (F_{x1}^\alpha - F_{x2}^\alpha)\cos(\alpha+90)} \qquad \text{Gl. (6.2)}$$

Bei Annahme des Auftriebes F_a mit der Größe 1 und von $F_{x1} + F_{x2} = 1$ kann ein Verhältnis zwischen der Verlängerung der Flammenachse und der Neigung erstellt werden. Mit einer bei horizontaler Neigung ermittelten Flammenlänge (δ_f^0) kann damit die Veränderung der Flammenlänge bei unterschiedlicher Neigung (δ_f^α) bestimmt werden.

$$\delta_f^\alpha = F_f^\alpha \cdot \delta_f^0 \qquad \text{Gl. (6.3)}$$

Unter Verwendung von Gl. (6.2) und Gl. (6.3) zeigt die Abbildung 6.5 die Veränderung der Flammenlänge mit der Neigung, am Beispiel einiger verschiedener, bei horizontaler Neigung ermittelter Flammenlängen (δ_f^0).

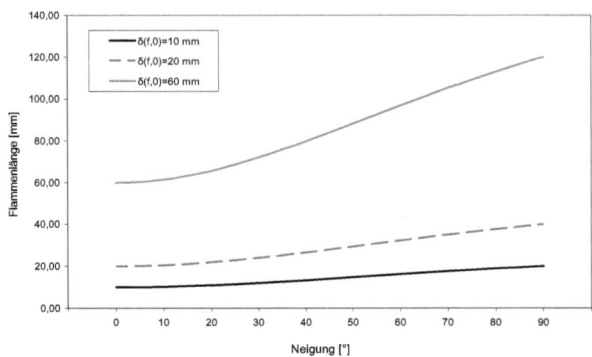

Abbildung 6.5. Flammenlänge in Abhängigkeit von der Neigung und der Flammenlänge δ_f^0 bei 0°

Bei einer δ_f^0 von 10 mm wurde derart eine Flammenlänge von 20 mm und bei δ_f^0 von 60 mm eine Flammenlänge von 120 mm für die vertikale Probenneigung ermittelt. Bei den im Zuge dieser Arbeit durchgeführten experimentellen Untersuchungen wurden auf den horizontalen PMMA-Proben Flammenlängen von etwa 20 mm erfasst. Aus Abbildung 6.5 würde dies für die vertikalen Versuche Flammenhöhen von etwa 40 mm ergeben und dieser Wert entspricht auch den in den Untersuchungen gemessenen Ausmaßen, d. h. der hier aufgestellte geometrische Ansatz zur Ermittlung der Flammenlänge liefert eine gute Übereinstimmung zu experimentell bestimmten Flammenlängen.

Über die quantitative Betrachtung von Auftriebsvektor und der resultierenden Zuströmung (hier F_{x1}–F_{x2}) können auch die weiteren Winkel zwischen Flammenachse, Auftriebskraft, resultierender Zuluft und der Oberfläche berechnet werden. Die Abbildung 6.6 zeigt die Beziehung der Winkel untereinander und deren Bezeichnungen.

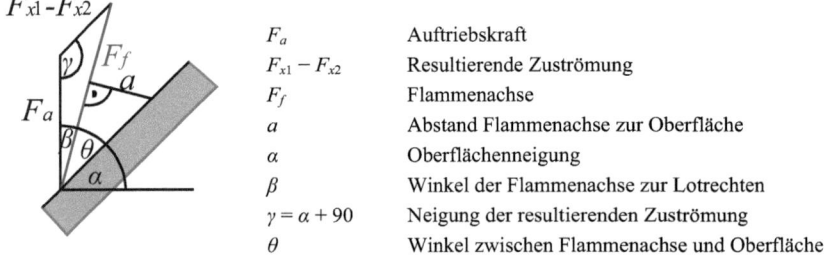

Abbildung 6.6. Winkelbezeichnungen und Zusammenhänge zwischen Flammenachse, Auftriebsvektor, resultierende Zuluftströmung und der brennenden Oberfläche

Aus diesen bekannten Beziehungen kann z. B. der Winkel β zwischen der Flammenachse und der Auftriebskraft wie folgt ermittelt werden:

$$\sin \beta = \frac{(F_{x1} - F_{x2}) \cdot \sin \gamma}{F_f} \qquad \text{Gl. (6.4)}$$

In weiterer Folge kann über:

$$\alpha + \beta + \theta = 90 \qquad \text{Gl. (6.5)}$$

auch der Winkel θ zwischen der Flammenachse und der Oberfläche berechnet werden. Dieser Winkel verändert sich mit der Veränderung der Oberflächenneigung von $\theta = 90°$ bei horizontaler Oberfläche bis zu $\theta = 0°$ bei vertikaler brennender Fläche (s. Abbildung 6.7).

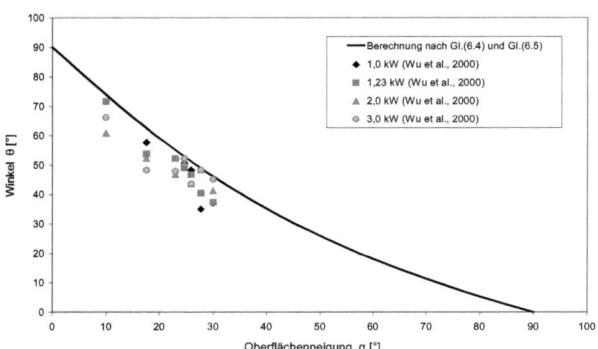

Abbildung 6.7. Entwicklung des Winkels θ in Abhängigkeit von der Oberflächenneigung; Vergleich der näherungsweisen Berechnung und Ergebnisse von Wu et al. (2000)

Bei Wu et al. (2000) wurde unter anderem die Veränderung der Flammenneigung bei 10° bis 35° geneigten Oberflächen und bei unterschiedlich großen Wärmequellen untersucht. Die hier dargestellte näherungsweise Berechnung der Neigung zwischen Flammenachse und geneigter Oberfläche zeigt eine gute Übereinstimmung mit den Ergebnissen aus dieser Untersuchung.

6.2 Berechnung der aufgebrachten bzw. einwirkenden Energie

Wie bereits erwähnt ist ein weiterer wichtiger Einfluss auf die Brandausbreitung der Wärmetransport von der Flamme auf die Oberfläche, d. h. wie viel Energie von der Flamme auf die Oberfläche gelangt. In der Literatur sind hierfür verschiedene Lösungsansätze zu finden. Neben experimentell ermittelten Daten (vgl. Ito und Kashiwagi, 1988; Hasemi, 2008) wurde eine Reihe von Modellen zur Berechnung der zu erwartenden Energie veröffentlicht (vgl. Quintiere und Rhodes, 1994; Wichman, 2003; Hasemi, 2008). Diese Modelle beziehen sich jedoch grundsätzlich nur auf eine Brandausbreitungsrichtung und/oder Orientierung (vertikal oder horizontal).

Untersuchungen zu den unterschiedlichen Wärmeströmen bei unterschiedlichen Neigungen sind nur in experimentellen Untersuchungen zu finden. Bei Ito und Kashiwagi (1988) wurde etwa die Entwicklung des Wärmeflusses von der Flamme auf die Oberfläche an PMMA-Proben (d = 0,47 cm) untersucht. Dabei wurden die Wärmeströme mittels holographischer Interferometrie an unterschiedlich geneigten Proben ermittelt. Die Abbildung 6.8 zeigt die Entwicklung der Wärmeströme aus den Untersuchungen von Ito und Kashiwagi (1988) und den eigenen durchgeführten Untersuchungen zur Abschätzung von Wärmeströmen bei unterschiedlichen Oberflächenneigungen (s. auch Abschnitt 3.7).

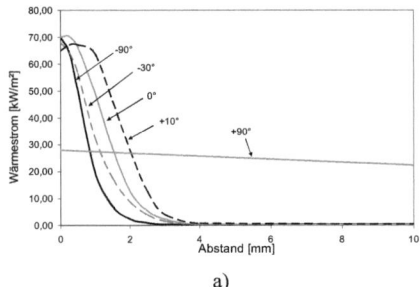
a)
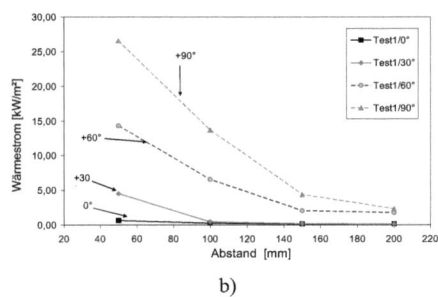
b)

Abbildung 6.8. Aus Versuchen ermittelter Wärmestrom auf der Oberfläche in Abhängigkeit vom Abstand von der Wärmequelle und der Neigung; a) Ito und Kashiwagi (1988), b) eigene Untersuchungen

Ein direkter Vergleich zwischen den Ergebnissen von Ito und Kashiwagi (1988) und den eigenen Untersuchungen ist jedoch schwierig, da bei den eigenen Untersuchungen auf Grund der geometrischen Abmessungen der Wärmeflussaufnehmer keine Daten so nahe an der Pyrolysefront wie bei Ito und Kashiwagi (1988) (dort 0–10 mm) gemessen werden konnten. Auch konnten dadurch und durch die geringe Flammenlänge ($\leq$ 40 mm) nur bei den 90°-Versuchen davon ausgegangen werden, dass sich der maximale Wärmestrom erfassen lässt. Bei 90° Neigung war mit 26,6 kW/m^2 eine gute Übereinstimmung bei den eigenen mit etwas unter 28 kW/m^2 bei Ito und Kashiwagi (1988) zu finden. Bei allen weiteren Neigungen war bei den eigenen Untersuchungen der Abstand der ersten Messstelle von der Pyrolysefront (35–50 mm) im Verhältnis zur Flammenlänge (10–40 mm) zu groß, um annähernd die maximalen Wärmeströme an der Pyrolysefront messen zu können.

Zur ersten Abschätzung der Wärmeströme an der Pyrolysefront wurden in weiterer Folge die Ergebnisse aus den hier durchgeführten Wärmestromuntersuchungen (Abschnitt 3.7) in Abhängigkeit von dem lotrechten Abstand a der Flamme zur Oberfläche herangezogen (geometrische Beziehung s. Abbildung 6.6). Die Abbildung 6.9 zeigt die Entwicklung der Wärmeströme in Abhängigkeit von a bei unterschiedlich geneigten Oberflächen.

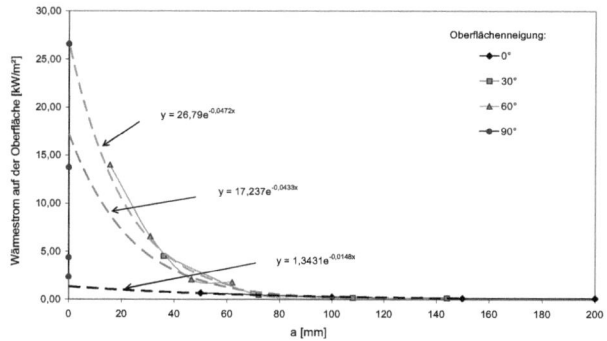

Abbildung 6.9. Wärmestrom auf der Oberfläche in Abhängigkeit vom lotrechten Abstand a der Flamme von der Oberfläche und der Oberflächenneigung

Bei einer exponentiellen Verlängerung der in den Untersuchungen gemessenen Werte kann näherungsweise ein Wärmestrom an der Pyrolysefront bei den horizontalen (0°) und geneigten Flächen (30°, 60°) angenommen werden. Derart kann ein Wärmestrom von 26,6 kW/m² für 60°, 17,2 kW/m² für 30° und 1,34 kW/m² für 0° geneigte Oberflächen angesetzt werden. Für die vertikalen Flächen kann aus Abbildung 6.8 und Abbildung 6.9 ein Wärmestrom von 27 kW/m² angenommen werden.

Der Wärmestrom, d. h. die Energie, die von der Flamme durch Wärmestrahlung auf einen Punkt vor der Flamme aufgebracht wird, kann jedoch auch wie folgt berechnet werden:

$$Q_x = \varphi_{12} Q_{rad} = \varphi_{12} \left(\left(T_f^4 - T_0^4 \right) \varepsilon \sigma \right) \qquad \text{Gl. (6.6)}$$

Darin sind:

Q_x Wärmestrom auf einen Oberflächenpunkt X in kW/m²

φ_{12} Einstrahlzahl

Q_{rad} Strahlungsleistung der strahlenden Fläche (hier der Flamme) in kW/m²

T_f Flammentemperatur in K

T_0 Umgebungstemperatur in K

ε Emissionsgrad der Flamme

σ Stefan Boltzmann Konstante: $5{,}67 \times 10^{-8}$ W/m²K⁴

Die Strahlungsleistung Q_{rad} der strahlenden Oberfläche (d. h. hier der Flamme) kann bei bekanntem Emissionsgrad der Flamme sowie der Flammen- und Umgebungstemperatur ermittelt werden. Das Hauptproblem bei der Berechnung des Wärmestromes, der auf einen beliebigen Punkt einwirkt, ist jedoch die Bestimmung der dementsprechenden Einstrahlzahl. Im Fall der Berechnung des Wärmestromes zu einem Punkt, d. h. einer sehr kleinen Fläche, wird die Einstrahlzahl wie folgt definiert:

$$\varphi_{12} = \frac{1}{\pi} \int_{A_2} \frac{\cos \beta_1 \cdot \cos \beta_2}{s^2} dA_2 \qquad \text{Gl. (6.7)}$$

Für bestimmte geometrische Verhältnisse existieren für diese Gleichung Lösungen, wie z. B. im VDI-Wärmeatlas (Verein Deutscher Ingenieure, 1997) oder im SFPE-Handbuch (Di Nenno et al., 2008). Dort sind für eine Reihe einfacher Geometrien vereinfachte Berechnungen zur Einstrahlzahl zu finden.

Wenn der Flammenplume des sich ausbreitenden Brandes auf eine strahlende Fläche in der Flammenachse reduziert wird, dann können folgende Beziehungen definiert werden (s. Abbildung 6.10):

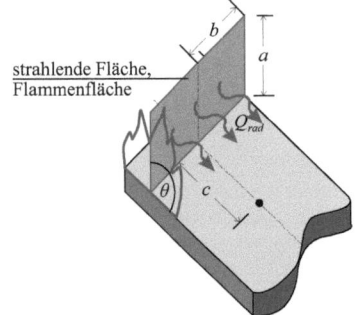

a Flammenhöhe
b halbe Flammenlänge
c Abstand zum Targetpunkt
θ Winkel zwischen Flammenachse und Oberfläche

Abbildung 6.10. Geometrische Beziehung der auf eine strahlende Fläche reduzierten Flamme zu einem Punkt auf der Oberfläche vor der Flamme

Es besteht somit die geometrische Beziehung einer Rechteckfläche (hier strahlende Flammenfläche), die in einem Winkel θ zu einem Flächenelement (hier Punkt auf der Oberfläche) liegt und bei der eine Seite in der Ebene des Elementes (d. h. hier der Oberfläche) liegt. Für den horizontalen Fall bei der Brandausbreitung beträgt der Winkel zwischen Flammenachse und Oberfläche $\theta = 90°$, die Einstrahlzahl kann für diesen Fall wie folgt ermittelt werden (Verein Deutscher Ingenieure, 1997):

$$\varphi_{12} = \frac{1}{2\pi}\left(\arctan B - \frac{1}{\sqrt{1+C^2}} \arctan \frac{B}{\sqrt{1+C^2}}\right) \qquad \text{Gl. (6.8)}$$

Mit:

$$B = \frac{b}{c} \quad \text{und} \quad C = \frac{a}{c} \qquad \text{Gl. (6.9)}$$

Die derart ermittelte Einstrahlzahl gibt Werte für die halbe Flammenlänge (b) an. Die Werte für die Berechnung der Einstrahlzahlen (a, b, c, siehe Abbildung 6.10) wurden in den experimentellen Untersuchungen erfasst. Darin betrug die Flammenlänge 100 mm (entspricht 2 × b) und die Flammenhöhen wurden im horizontalen Fall bei den PMMA-Untersuchungen mit 20 mm und bei den Zelluloseuntersuchungen mit 15 mm gemessen. Die Abbildung 6.11 zeigt die mit Gl. (6.8) berechneten Einstrahlzahlen für die gesamte Flammenlänge. Es ist zu erkennen, dass durch die geringere Flammenhöhe die Einstrahlzahl bei der Zelluloseflamme schneller mit dem Abstand zur strahlenden Fläche sinkt als bei der PMMA-Flamme.

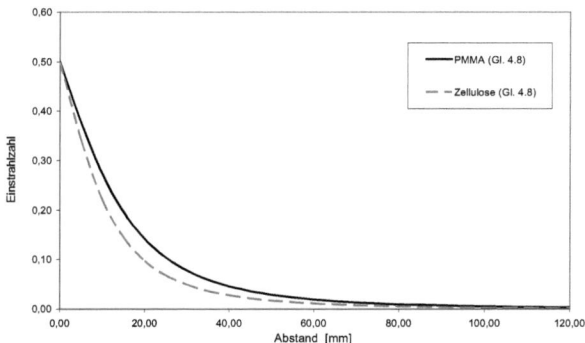

Abbildung 6.11. Einstrahlzahlen von auf eine strahlende Fläche reduzierte PMMA und Zelluloseflammen auf die Oberfläche (horizontaler Fall)

Diese Einstrahlzahlen können jedoch nur für die Berechnung bei horizontaler Brandausbreitung herangezogen werden. Bei geneigten Flächen müssen neue Einstrahlzahlen ermittelt werden, denn bei Veränderung der Oberflächenneigung ändert sich auch der Winkel zwischen der Flamme und der Oberfläche (s. Abbildung 6.7) und somit auch die Einstrahlzahl. Im SFPE-Handbuch, Anhang D (Di Nenno et al., 2008) wird folgende Gleichung zur näherungsweisen Berechnung der Einstrahlzahl bei geneigter Fläche angegeben:

$$\varphi_{12} = \frac{1}{2\pi}\left\{\arctan\left(\frac{1}{L}\right) + V(N\cos\theta - \theta L)\arctan V + \frac{\cos\theta}{W}\left[\arctan\left(\frac{N-L\cos\theta}{W}\right) + \arctan\left(\frac{L\cos\theta}{W}\right)\right]\right\}$$

Gl. (6.10)

Darin sind (s. Abbildung 6.10):

$$N = \frac{a}{b}, \quad L = \frac{c}{b}, \quad W = \sqrt{1 + L^2\sin^2\theta} \quad \text{und} \quad V = \frac{1}{\sqrt{N^2 + L^2 - 2NL\cos\theta}}$$

Gl. (6.11)

Die Abbildung 6.12 zeigt die Veränderung der maximalen Einstrahlzahl (d. h. nahe an der Pyrolysefront) für die gesamte Flammenlänge in Abhängigkeit vom Winkel θ zwischen Flamme und Oberfläche sowie in Abhängigkeit von der Oberflächenneigung α. Der Zusammenhang und die Abhängigkeit von θ und α wurde bereits in Abschnitt 6.1 beschrieben (s. auch Abbildung 6.7). Da bei einem vertikalen Brand (d. h. $\alpha = 90°$) die Flamme in ihrer Gesamtheit auf der Oberfläche anliegt, ist die Einstrahlzahl dort erwartungsgemäß 1.

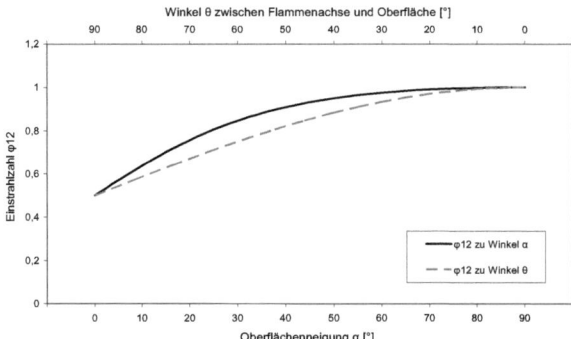

Abbildung 6.12. Einstrahlzahl bei unterschiedlicher Neigung der Oberfläche und unterschiedlichen Winkeln zwischen der Flammenachse (strahlende Fläche) und der Oberfläche

Neben den Einstrahlzahlen muss jedoch für die Berechnung des Wärmestromes auf der Oberfläche nach Gl. (6.6) auch eine Flammentemperatur und der Emissionsgrad der Flamme definiert werden. Die Flammentemperatur wird in weiterer Folge mit 900 °C angenommen, der Emissionsgrad der Flamme ist jedoch fraglich. Die Abbildung 6.13 zeigt die nach Gl. (6.6) und Gl. (6.8) näherungsweise berechneten Wärmeströme für den horizontalen Fall bei Zellulose- oder PMMA-Flammen und mit unterschiedlichen Emissionsgraden.

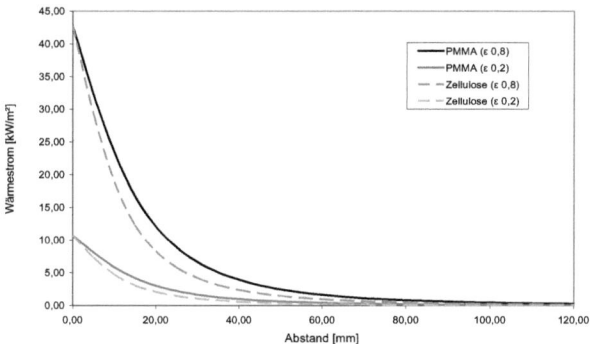

Abbildung 6.13. Näherungsweise berechneter Wärmestrom auf der Oberfläche vor der PMMA- oder Zelluloseflamme bei unterschiedlichen Emissionsgraden der Flammen (horizontaler Fall)

Der Einfluss des Emissionsgrades auf die Wärmeströme steigt noch mit steilerer Oberflächenneigung. Die Abbildung 6.14 zeigt die Entwicklung der Wärmeströme an der Pyrolysefront bei unterschiedlich geneigten Oberflächen und unterschiedlichen Emissionsgraden am Beispiel einer PMMA-Flamme.

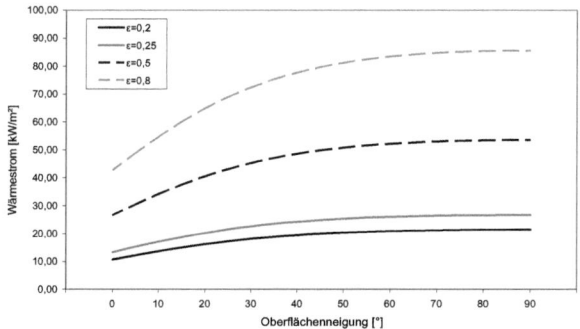

Abbildung 6.14. Wärmestrom an der Pyrolysefront bei unterschiedlichen Oberflächenneigungen und Emissionsgraden der Flammen, am Beispiel einer PMMA-Flamme

Da bei den experimentellen Untersuchungen an PMMA sehr hell brennende Flammen zu beobachten waren, muss der Emissionswert dementsprechend gering angenommen werden. Für einen Ansatz zur Definition eines Emissionsgrades der Flamme können auch die Ergebnisse aus den Strahlungsuntersuchungen herangezogen werden. Dort wurde bei vertikaler Oberfläche (d. h. bei 90°) ein Wärmestrom von ca. 27 kW/m^2 gemessen (Abbildung 6.8 b), dies würde bei der näherungsweisen Berechnung einem Emissionsgrad von etwa 0,25 entsprechen. Dieses Ergebnis ist in guter Übereinstimmung zu de Ris (1979; in Drysdale, 1998), denn dort wird ein Emissionsgrad von 0,26 für PMMA-Flammen angegeben. In weiterer Folge wurde für die näherungsweise Berechnung nach Gl. (6.6) ein Emissionsgrad von $\varepsilon = 0,25$ für PMMA angenommen.

Die Flammen bei den Zelluloseversuchen waren wesentlich rußiger als bei den PMMA-Versuchen, dementsprechend höher ist der Emissionswert anzusetzen. Zur weiteren näherungsweisen Berechnung für den Wärmestrom auf Zellulose wurde ein Emissionswert von $\varepsilon = 0,4$ angenommen.

Zusammenfassend werden in Tabelle 6.1 die näherungsweise ermittelten Wärmeströme an der Pyrolysefront bei unterschiedlichen Neigungen angegeben. Es wurde hierbei unterschieden zwischen Ergebnissen, die aus den exponentiellen Verlängerung der Ergebnisse der experimentellen Untersuchungen (s. Abbildung 6.9) und jenen, die durch eine näherungsweise Berechnung nach Gl. (6.6) ermittelt wurden.

Tabelle 6.1. Näherungsweise ermittelte einwirkende Energie an der Pyrolysefront

Neigung	Wärmeströme an der Pyrolysefront [kW/m^2] aus		
	Experimenten	näherungsweiser Berechnung	
		PMMA	Zellulose
0°	1,34	13,36	11,48
30°	17,23	22,63	23,38
60°	26,59	26,07	36,13
90°	27,00	26,73	45,95

6.3 Ermittlung der Brandausbreitungsgeschwindigkeit bei geneigten Flächen

Für die näherungsweise Berechnung der Brandausbreitungsgeschwindigkeit bei unterschiedlich geneigten Flächen wurden folgende Annahmen getroffen:

- Das Material ist homogen und die thermischen Eigenschaften des Materials sind unveränderlich mit der Temperatur.
- Chemische Veränderungen werden nicht betrachtet.
- Die Wärmeübertragung auf die unverbrannte Oberfläche wird als konstanter Wärmestrom $\dot{q}''_f$ angenommen.
- Einmal entzündet brennt die gesamte brennende Oberfläche während der Simulation (d. h. es wird kein Ausbrand angenommen).

Die Berechnung der Brandausbreitung erfolgte in Anlehnung an Quintiere (2006) mit:

$$V_p = \frac{\dot{q}''_{fc} \delta_{fc}}{\rho c d (T_{ig} - T_0)}$$ Gl. (6.12)

für thermisch dünne und mit:

$$V_p = \frac{4(\dot{q}''_{fc})^2 \delta_{fc}}{\pi k \rho c (T_{ig} - T_0)^2}$$ Gl. (6.13)

für thermisch dicke Materialien.

Darin sind:
$\dot{q}''_{fc}$ charakteristischer Wärmestrom von der Flamme in kW/m²
δ_{fc} charakteristische Flammenlänge in m
ρ Dichte in kg/m³
c Wärmekapazität in kJ/kgK
k Wärmeleitfähigkeit in W/mK
T_{ig} Zündtemperatur in K
T_0 Ausgangstemperatur in K
d Dicke der brennenden Schicht in m

Der charakteristische Wärmestrom wurde vorerst für alle Neigungen mittels folgender zwei Varianten gewählt (s. auch Tabelle 6.1):

1. Die Ergebnisse aus den Strahlungsuntersuchungen mit PMMA, d. h. die in den Untersuchungen ermittelten Wärmeströme wurden exponentiell verlängert, um die Wärmeströme an der Pyrolysefront näherungsweise zu ermitteln (s. Abbildung 6.9).
2. Die Ergebnisse aus der näherungsweisen Berechnung nach Gl. (6.6).

Für die charakteristische Flammenlänge wurde die Flammenlänge bei einer horizontalen Brandausbreitung gemessen und mittels der quantitativen Abschätzung in Abschnitt 6.1 für alle notwendigen Neigungen berechnet. Die notwendigen Materialkennwerte wurden aus der Literatur entnommen und teilweise den Ergebnissen aus eigenen Materialuntersuchungen (Abschnitt 3.1 bis 3.6) angepasst.

Die Abbildung 6.15 zeigt die Brandausbreitungsgeschwindigkeiten an Zellulose bei unterschiedlicher Oberflächenneigung aus den experimentellen Untersuchungen (Kapitel 4) und der näherungsweisen Berechnung nach Gl. (6.12).

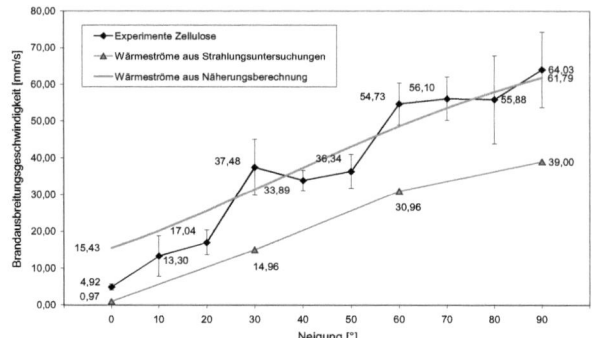

Abbildung 6.15. Brandausbreitungsgeschwindigkeit an Zellulose bei unterschiedlicher Oberflächenneigung; Vergleich der näherungsweise berechneten Geschwindigkeiten V_p mit den experimentellen Ergebnissen

Die näherungsweise Berechnung der Brandausbreitungsgeschwindigkeit mit den Wärmeströmen aus den Strahlungsuntersuchungen zeigen einen ähnlichen Anstieg, jedoch geringere Brandausbreitungsgeschwindigkeiten als bei den Zelluloseversuchen. Da die Wärmeströme jedoch aus PMMA-Untersuchungen abgeleitet wurden (s. Abschnitt 6.2) sind sie für die Berechnung an Zellulose nur bedingt sinnvoll. Bei der Verwendung der charakteristischen Wärmeströme aus der Näherungsberechnung nach Gl. (6.6) konnten bessere Übereinstimmungen mit den Versuchsergebnissen erzielt werden. Bei Neigungen < 30° wurden jedoch etwas zu schnelle Brandausbreitungsgeschwindigkeiten berechnet.

Die Abbildung 6.16 zeigt die Brandausbreitungsgeschwindigkeiten an PMMA bei unterschiedlicher Oberflächenneigung aus den experimentellen Untersuchungen (Kapitel 5) und der näherungsweisen Berechnung nach Gl. (6.12).

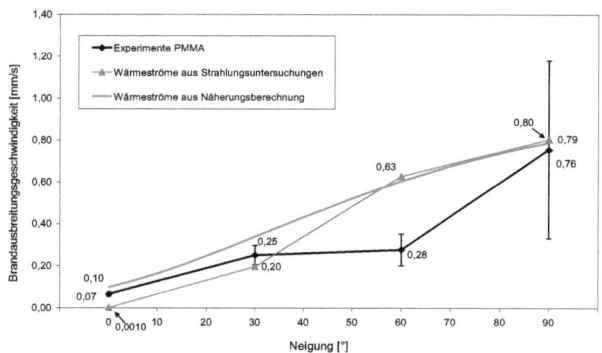

Abbildung 6.16. Brandausbreitungsgeschwindigkeit an PMMA bei unterschiedlicher Oberflächenneigung; Vergleich der näherungsweise berechneten Geschwindigkeiten V_p mit den experimentellen Ergebnissen

Es ist zu erkennen, dass sowohl bei der Verwendung der Wärmeströme aus den Strahlungsberechnungen als auch aus den Näherungsberechnungen ähnliche Entwicklungen der Brandausbreitungsgeschwindigkeiten berechnet wurden. Bei Ersteren sind erwartungsgemäß bei kleineren Neigungen (0°, 30°) die Wärmeströme zu niedrig angesetzt und dementsprechend werden geringere Geschwindigkeiten kalkuliert. Im Vergleich mit den PMMA-Experimenten finden sich bei den Näherungsberechnungen, mit Ausnahme der Neigungen von > 30° bis < 90°, gute Übereinstimmungen.

Der hier dargestellte Ansatz stellt erwartungsgemäß nur eine grobe näherungsweise Berechnung der Brandausbreitungsgeschwindigkeit dar. Die Erstellung eines Modelles zur Berechnung bzw. Abschätzung der Brandausbreitungsgeschwindigkeit bei horizontalen, geneigten und vertikalen Oberflächen ist auf Grund der Komplexität dieser Fragestellung hier nicht umfassend zu lösen. Die grundlegenden Probleme, wie z. B. die Ermittlung des Wärmestroms von der Flamme oder der Einfluss von Strömungen, waren und sind Inhalt umfangreicher und jahrzehntelanger Forschungen und sollen bzw. können daher in der Kürze dieser Arbeit nicht umfassend geklärt werden.

In weiterer Folge werden Vergleichsrechnungen der Versuche mit dem CFD Code FDS 5 durchgeführt. Es soll geklärt werden, ob und wie weit die Brandentstehungsphase (Zündung, Brandausbreitung) modelliert werden kann. Vor allem soll geklärt werden, wie weit die Rechenergebnisse mit experimentellen Untersuchungen und den näherungsweisen Berechnungen vergleichbar sind. Eine zusammenfassende Gegenüberstellung aller Ergebnisse ist in Kapitel 10 zu finden.

7 Numerische Untersuchungen mit FDS

Neben den experimentellen Untersuchungen sollen, wie bereits erwähnt, die Entzündung und Brandausbreitung auch mittels Simulationen untersucht werden. Dieses Kapitel behandelt einige Grundlagen zum verwendeten Simulationsprogramm FDS 5.4 und die allgemeinen Eingabeparameter zu den numerischen Untersuchungen mit Zellulose und PMMA. Die Ergebnisse befinden sich im Kapitel 8 (Zellulose-Simulationen) bzw. im Kapitel 9 (PMMA-Simulationen) und die kompletten Eingabefiles der FDS-Untersuchungen sind im Anhang D aufgelistet.

7.1 Fire Dynamic Simulator FDS 5

Bei den vorliegenden Untersuchungen wurde die Version FDS 5.4 verwendet. FDS ist ein CFD-Modell, welches ausdrücklich für die Brandberechnung entwickelt wurde und die zugehörigen Fundamentalgleichungen der Strömungs- und Thermodynamik berücksichtigt. Eine Reihe von allgemeinen Angaben zu CFD-Modellen und zum Programm FDS wurden bereits in Abschnitt 2.6.3.1 erwähnt. Im vorliegenden Abschnitt werden die Grundlagen zur Erstellung und Auswertung von FDS-Simulationen beschrieben.

Wie bereits erwähnt, ist in FDS eine Reihe von physikalischen Modellen implementiert, welche unter anderen die folgenden Grundmodelle beinhalten:
- Hydrodynamisches Modell,
- Feststoffmodell (Pyrolyse),
- Verbrennungsmodell (Gas-Phase),
- Wärmeleitmodell
- Wärmestrahlungsmodell,
- Branddetektionsmodell,
- Sprinklermodell und andere.

Im Folgenden werden einige der in FDS implementierten Modelle im Hinblick auf die Forschungsfrage etwas detaillierter beschrieben. Für umfangreiche Darstellungen und Erläuterung von FDS inklusive der mathematischen Modelle und Anwendung sei hier auf die Arbeiten von Mc Grattan et al. (2009a) und (2009c) sowie auf Wallasch und Stock (2008) verwiesen.

7.1.1 Hydrodynamisches Modell

FDS löst eine Form der Navier-Stokes-Gleichungen, die für langsame, thermisch bedingte Strömungen anwendbar sind. Das primäre Augenmerk liegt auf dem Wärme- und Stofftransport bei einem Feuer. Der Lösungsalgorithmus basiert auf einem expliziten Prädiktor-Korrektur-Schema zweiten Grades, in Raum und Zeit.

Die numerische Simulation laminarer und turbulenter Strömungsvorgänge sowie Wärme- und Stoffübertragungen und chemischer Reaktionen beruht auf der Lösung der Bilanzgleichung für Masse, Impuls, Stoffkonzentration und Energie. Die numerische Lösung der hydrodynamischen Erhaltungsgleichungen erfolgt in FDS 5 wie folgt:

Massenbilanz:

$$\frac{\partial \rho}{\partial t} + \nabla \cdot \rho \mathrm{u} = \dot{m}_b'''\qquad\text{Gl. (7.1)}$$

Speziesbilanz der Gasspezies, Y_α:

$$\frac{\partial \rho Y_\alpha}{\partial t} + \nabla \cdot \rho Y_\alpha \mathrm{u} = \nabla \cdot \rho D_\alpha \nabla Y_\alpha + \dot{m}_\alpha''' + \dot{m}_{b,\alpha}'''\qquad\text{Gl. (7.2)}$$

Impulsbilanz:

$$\frac{\partial \rho \mathrm{u}}{\partial t} + \nabla \cdot \rho \mathrm{u}\mathrm{u} + \nabla p = \rho \mathrm{g} + f_b + \nabla \cdot \tau_{ij})\qquad\text{Gl. (7.3)}$$

Energiebilanz:

$$\frac{\partial \rho h_s}{\partial t} + \nabla \cdot \rho h_s \mathrm{u} = \frac{Dp}{Dt} + \dot{q}''' - \dot{q}_b''' - \nabla \cdot \dot{q}'' + \varepsilon\qquad\text{Gl. (7.4)}$$

Die Turbulenz wird nach Mc Grattan et al. (2009c) über die Smagorinsky-Form einer Large Eddy Simulation (LES) behandelt. Wenn die Zellen bzw. Gitter des Simulationsmodells klein genug (≤ mm) gewählt werden, ist es auch möglich, diese in einer direkten numerischen Simulation (DNS) zu lösen. Die Voreinstellung in FDS ist LES, dabei wird die Smagorinsky-Form der Large Eddy Simulation (LES) verwendet, um kleinskalige (sub-grid-scale) Turbulenzen zu modellieren. Die Viskosität μ wird wie folgt modelliert:

$$\mu_{LES} = \rho(C_s \Delta)^2 \left[2\overline{S}_{ij} : \overline{S}_{ij} - \frac{2}{3}(\nabla \cdot \overline{u})^2 \right]^{1/2}\qquad\text{Gl. (7.5)}$$

Darin sind C_s eine empirische Konstante (Smagorinsky-Konstante) und Δ ist die Längenskala der Gitterweite. Die Wärmeleitfähigkeit (k_{LES}) und die Stoffdiffusion ($(\rho D)_{l,LES}$) sind mit der turbulenten Viskosität wie folgt verknüpft:

$$k_{LES} = \frac{\mu_{LES} c_p}{Pr_t} \quad ; \quad (\rho D)_{l,LES} = \frac{\mu_{LES}}{Sc_t}\qquad\text{Gl. (7.6)}$$

Dabei werden die turbulente Prandtlzahl Pr_t und die turbulente Schmidtzahl Sc_t mit jeweils 0,5 und die Smogorinsky-Konstante C_s mit 0,2 in FDS als konstant angenommen. Diese können jedoch bei Bedarf durch den Anwender verändert bzw. angepasst werden.

7.1.2 Modellierung der Pyrolyse

Der Brand eines Feststoffes oder einer Flüssigkeit und die daraus resultierenden Reaktionen und Energieproduktionen werden in FDS in der Feststoff- und der Gas-Phase behandelt. In Ersterer wird die Pyrolyse, d. h. die Produktion eines gasförmigen Brennstoffes auf der Oberfläche eines Feststoffes oder einer Flüssigkeit, und in Letzerer die Verbrennung, d. h. die Reaktion des gasförmigen Brennstoffes mit dem Sauerstoff, berechnet. In diesem Abschnitt wird die Modellierung der Pyrolyse beschrieben, die Modellierung der Verbrennung ist in Abschnitt 7.1.3 zu finden.

Die Pyrolyse von Feststoffen und Flüssigkeiten kann in FDS über mehrere Ansätze beschrieben werden. Welcher Ansatz zur Anwendung kommt, hängt sehr davon ab, welches Material und welche Materialdaten vorhanden sind und welches Pyrolysemodell als zutreffend angesehen wird. In FDS sind Pyrolysemodelle für flüssige Brennstoffe und Feststoffe implementiert. Bei den Feststoffen gibt es Pyrolysemodelle für:
- Feststoffe, deren Pyrolyserate direkt oder indirekt angegeben wird und
- Feststoffe, deren Pyrolyserate über thermodynamische und reaktionskinetische Ansätze berechnet wird.

Die grundlegenden Ansätze und Unterschiede dieser drei Pyrolysemodelle werden in den folgenden Abschnitten im Sinne der Forschungsfrage beschrieben.

7.1.2.1 Flüssige Brennstoffe

Die Brände von Feststoffen und Flüssigkeiten werden in FDS sehr ähnlich behandelt, jedoch wird bei flüssigen Brennstoffen die Energiefreisetzungsrate in Abhängigkeit von der Verdampfungsmenge und -rate ermittelt. Die Verdampfungsrate der Flüssigkeit ist dabei abhängig von der Flüssigkeitstemperatur und der Konzentration der Flüssigkeitsdämpfe über der Pooloberfläche. Nach der Clausius-Clapeyron-Beziehung ist die Menge des Flüssigkeitsdampfes eine Funktion der Siedetemperatur der Flüssigkeit, der Verdampfungswärme, des Molekulargewichts und der Oberflächentemperatur der Flüssigkeit.

Zu Beginn einer Simulation wird eine Abschätzung der Abbrandrate der Flüssigkeit durchgeführt, dabei wird der initiale Volumenstrom des Flüssigkeitsdampfes vom Anwender angegeben oder ein voreingestellter Wert verwendet. Während der Simulation wird der Massenstrom des Flüssigkeitsdampfes ständig angepasst.

Bei einem sehr hohen Anfangswert des Volumenstroms des Flüssigkeitsdampfes startet die Verdampfung unabhängig von einer Zündquelle und der Brennstoff beginnt sofort zu brennen. Bei den flüssigen Brennstoffen wird danach keine Brandausbreitung berechnet, sondern nach der Entzündung die gesamte Flüssigkeitsoberfläche sofort als brennend behandelt.

Zur Vereinfachung der Berechnung der Wärmeleitung in der Flüssigkeit wird diese wie ein thermisch dicker Feststoff behandelt. Die Konvektion in der Flüssigkeit im Pool wird nicht behandelt bzw. berechnet.

7.1.2.2 Feststoffe, deren Pyrolyserate direkt oder indirekt angegeben wird

Bei den meisten Feststoffen ist es oft schwierig, alle notwendigen Materialdaten zu messen damit die Pyrolyserate durch FDS ermittelt werden kann. Manchmal sind die einzigen Informationen zum Brandverhalten dieser Stoffe einfache thermische Kennwerte, wie etwa die Entzündungstemperatur oder ihre Energiefreisetzungsrate.

Für manche Untersuchungen sind die Materialdaten jedoch auch von nachrangiger Bedeutung z. B. wenn das Ziel „nur" darin besteht, Rauch- und Wärmetransporte zu ermitteln, dann kann es auch vollkommen ausreichend sein, eine Brandleistung oder Pyrolyserate vorzugeben und nicht durch eine komplexe Simulation der Verbrennung in FDS berechnen zu lassen.

In beiden Fällen, jenen mit den wenigen Materialdaten und jenen der vorgegebenen gemessenen Brandleistungen, erfolgt die Berechnung der fehlenden Parameter wie folgt:

$$\dot{m}''_f = \frac{f(t)\dot{q}''_{user}}{\Delta H} \qquad \text{Gl. (7.7)}$$

Die Modellierung der Pyrolyse kann also über die Eingaben der Energiefreisetzung pro Fläche (HRRPUA in kW/m^2), der Zündtemperatur und gegebenenfalls über eine zeitabhängige Funktion der Brandleistung (Energiefreisetzungsrate) oder über die Eingabe der Energiefreisetzung bzw. direkt über die Pyrolyserate (MLRPUA in kg/ m^{2}s) pro Fläche erfolgen.

Somit ergibt sich der Brand aus einer Massenquelle, deren Brennstofffreisetzungsrate über eine vorgegebene Abbrandrate (kg/m^{2}h) oder Brandleistung und Heizwert explizit vom Benutzer vorgegeben wird. Doch auch wenn die Pyrolyserate in den erwähnten Fällen direkt oder indirekt angegeben wird, wird durch FDS dennoch das Erwärmen und Entzünden des Feststoffes simuliert und in den Bilanzen berücksichtigt.

7.1.2.3 Feststoffe, deren Pyrolyserate berechnet wird

Die Pyrolyserate von Feststoffen kann in FDS auch durch thermodynamische und reaktionskinetische Ansätze bestimmt werden, dafür müssen jedoch eine Reihe von Materialdaten der Feststoffe angegeben werden.

Ein Feststoff kann aus einem Material oder aus einer Reihe von Schichten verschiedener Materialien bestehen. Dabei kann jede dieser Schichten verschiedene Materialeigenschaften aufweisen. In FDS ist es erforderlich, die Materialparameter für alle Materialien (d. h. auch jede Schicht) zu spezifizieren.

Jedes Material kann verschiedenste Reaktionen bei unterschiedlichen Temperaturen durchlaufen. Es kann auch vorkommen, dass überhaupt keine Reaktionen stattfinden und sich die Schicht „nur" erwärmt. Die Anzahl der stattfindenden Reaktionen ist in FDS anzugeben, sonst ignoriert FDS alle Parameter im Zusammenhang mit den Reaktionen. Pro Material können maximal 10 Reaktionsstufen angegeben werden, für den gesamten Feststoff in Summe maximal 20 Reaktionen.

Für jede Reaktion, die jeder Materialbestandteil durchläuft, müssen die kinetischen Parameter angegeben werden. Dies betrifft Parameter wie z. B. die Dichte, die Verbrennungstemperatur oder aber auch den Pre-Exponentialfaktor A und die Aktivierungsenergie E.

Die Werte von A und E sind für die meisten Materialien nicht bekannt, es gibt jedoch einen Parameter, der in FDS verwendet werden kann, um den gleichen Effekt zu erzielen. So kann an Stelle von A und E eines Materials eine sogenannte Referenztemperatur angegeben werden. Diese Referenztemperatur entspricht nicht der Zündtemperatur, sondern jener Temperatur, bei der die Masse des Materials am schnellsten abnimmt, d. h. die Zersetzungsreaktionen am stärksten sind. Diese Referenztemperatur kann daher über Materialuntersuchungen z. B. in der DTA ermittelt werden.

Die Werte von A und E werden in FDS aus der Referenztemperatur und weiteren Parametern wie folgt ermittelt:

$$E = \frac{er_p}{Y_0} \frac{RT_p^2}{\dot{T}}$$
Gl. (7.8)

$$A = \frac{er_p}{Y_0} e^{E/RT_p}$$
Gl. (7.9)

Darin sind:

r_p Reaktionsrate in s^{-1}
Y_0 Massenanteil des Materials im Feststoff in g_0/g_f
T_p Referenztemperatur in K
$\dot{T}$ Aufheizrate in K/s
R Gaskonstante $8{,}314 \times 10^{-3}$ kJ/mol K

Die Aufheizrate entspricht hierbei der bei der verwendeten Materialuntersuchung (z. B. DTA) gewählten. Weiteres entspricht $Y_0 = 1$, wenn der Feststoff aus nur einem Material besteht.

In Bezug auf die für die Modellierung der Pyrolyse notwendigen Materialdaten können in FDS der Pre-Exponentialfaktor A und die Aktivierungsenergie E explizit angeben werden (wenn diese bekannt sind) oder sie werden von FDS über die Parametereingabe einer Referenztemperatur berechnet.

Sind alle notwendigen Materialparameter aller Materialien in einem Feststoff angegeben, kann FDS die Brandentwicklung unter Berücksichtigung der zugrunde liegenden Reaktionen und die daraus resultierende Energiefreisetzung ermitteln.

Neben der Entwicklung der Energiefreisetzung durch die Pyrolyse ist jedoch auch die Produktion der Verbrennungsprodukte von Interesse, diese werden in der Gas-Phase modelliert. Die Modellierung wird im folgenden Abschnitt beschrieben.

7.1.3 Modellierung der Verbrennung

Obwohl in einer FDS-Simulation mehrere Arten von Brennstoffen (verschiedene Feststoffe oder Flüssigkeiten) vorkommen können, wird zurzeit lediglich nur die Anwendung einer Verbrennungsreaktion je Simulation unterstützt. Die Ursache dafür liegt im Rechenaufwand, denn es ist sehr arbeitsintensiv, die Transportgleichungen für viele verschiedene gasförmige Brennstoffe simultan zu lösen. In FDS wird somit nur eine einzelne Gas-Phasen-Reaktion berechnet, gewissermaßen als Stellvertreter für alle potenziellen Brennstoffe.

Zur Beschreibung der Gas-Phasen-Reaktion gibt es zwei Möglichkeiten:

- Mischungsbruch-Modell (Mixture-Fraction-Model) und ein
- Finite-Rate-Modell (Arrhenius-Ansatz).

Beim Mischungsbruchmodell werden die Gasbestandteile bei der Verbrennung als Anteil im Verhältnis zum Gesamtvolumen ermittelt. Beim Finite-Rate-Modell hingegen werden alle Gasbestandteile, die bei der Verbrennung mitwirken, einzeln behandelt. Der Finite-Rate-Ansatz ist wesentlich zeit- und arbeitsintensiver sowie komplizierter als der Mischungsbruchansatz. Er wird vor allem in der direkten numerischen Simulation (DNS) verwendet. Bei den Large Eddy Simulationen (LES), bei denen die Gitterauflösungen zu grob sind, wird in der Regel das Mischungsbruchmodell verwendet.

Bei Brandschutzuntersuchungen wird die Verbrennung in FDS mit dem Mischungsbruch berechnet, denn dieser ist als Voreinstellung programmiert. Ein Mischungsbruch kann bei einem Volumen mit einer Mischung aus Gasbestandteilen definiert werden. Er ist der Anteil eines Bestandteiles im Verhältnis zur Gesamtsumme im Volumen. Bei der Verbrennung wird der Mischungsbruch üblicherweise als der Massenanteil des Brennstoffes in der Gasmischung verstanden. Daher ist der Mischungsbruch auf einer Benneroberfläche gleich 1 und an reiner Luft gleich 0.

In der Version FDS 5 sind folgende Mischungsbruchmodelle implementiert:

- Ein-Gleichungsmodell:
  - vollständige Verbrennung
  - Spezies Produktionsrate ≈ Brennstoffverbrauch
  - keine weiteren Nachreaktionen
  - ausreichend Sauerstoff vorhanden
- Zwei-Gleichungsmodell:
  - vollständige Verbrennung
  - lokales Verlöschen bei Sauerstoffmangel möglich
  - wenn Verbrennung, dann vollständig
- Drei-Gleichungsmodell:
  - unvollständige Verbrennung
  - wie das Zwei-Gleichungsmodell plus Zwei-Schritt-Kinetik
  - bessere Vorhersage von Ruß und CO bei unterventilierten Flammen
  - höhere Produktionsrate für Ruß.

Bis zur Version FDS 4 kam nur das Ein-Gleichungsmodell zur Anwendung, ab der Version FDS 5 gibt es auch das Zwei-Gleichungsmodell (Voreinstellung) und das Drei-Gleichungsmodell. Für genauere und detaillierte Beschreibungen der Reaktionen sei hier auf Mc Grattan et al (2009a) und (2009c) verwiesen.

7.1.4 Wärmeübertragung

Die Wärmetransporte erfolgen über Wärmeleitung, Konvektion und Wärmestrahlung. Die Wärmezunahme und -verluste durch Wärmeleitung und Wärmestrahlung fließen in die Energiebilanz (vgl. Gl. (7.4)) ein. Für die Berechnung der Wärmeleitung und Wärmestrahlung gibt es in FDS eigene Submodelle und Berechnungen. Die folgenden Abschnitte geben einen kurzen Überblick über die Behandlung der Wärmeleitung und Wärmestrahlung in FDS.

7.1.4.1 Wärmeleitung

Die Wärmeleitung in einem Feststoff wird in FDS als eindimensional behandelt. Dabei wird die Richtung x in den Feststoff hinein angenommen, wobei $x = 0$ der Oberfläche entspricht. Die Entwicklung der Temperatur ($T_s(x,t)$) durch die Wärmeleitung wird in FDS 5 wie folgt ermittelt:

$$\rho_s c_s \frac{\partial T_s}{\partial t} = \frac{\partial}{\partial x} k_s \frac{\partial T_s}{\partial x} + \dot{q}_s''' \qquad \text{Gl. (7.10)}$$

Der Quellterm $\dot{q}_s'''$ ergibt sich dabei aus:

$$\dot{q}_s''' = \dot{q}_{s,c}''' + \dot{q}_{s,r}''' \qquad \text{Gl. (7.11)}$$

d. h. aus der Summe der chemischen Reaktionen $\dot{q}_{s,c}'''$ und der Absorption der Flammenstrahlung $\dot{q}_{s,r}'''$. Ersteres ergibt sich aus der Wärmeproduktion oder den Wärmeverlusten durch die Pyrolysemodelle der verschiedenen Flüssigkeiten und Feststoffe.

7.1.4.2 Strahlungsberechnung

Der Wärmetransport durch Strahlung wird in FDS über die Strahlungsübertragungsgleichung (RTE: Radiation Transport Equation) gelöst. Die Lösung der Strahlungsgleichung erfolgt ähnlich der Finite-Volumen-Methode, dabei kommen zwei Modelle zum Einsatz; jenes für einen grauen Strahler und ein anderes für Bandenstrahler.

Die Strahlungsübertragungsgleichung (RTE) für ein absorbierendes/strahlendes und streuendes Medium lautet wie folgt:

$$s \cdot \nabla I_\lambda(x,s) = -[\kappa(x,\lambda) + \sigma_s(x,\lambda)] I_\lambda(x,s) + B(x,\lambda) + \frac{\sigma_s(x,\lambda)}{4\pi} \int_{4\pi} \phi(s,s') I_\lambda(x,s') ds' \qquad \text{Gl. (7.12)}$$

Darin sind:
- λ Wellenlänge
- $I_\lambda(x,s)$ Strahlungsintensität bei der Wellenlänge λ
- s   Richtungsvektor der Intensität
- $\kappa(x,\lambda)$ lokaler Absorptionskoeffizient
- $\sigma_s(x,\lambda)$ lokaler Streuungskoeffizient
- $B(x,\lambda)$ Emissionsquellterm

Das Integral auf der rechten Seite beschreibt die hereinkommenden Streuungen aus anderen Richtungen. Im Falle eines nicht streuenden Gases kann die RTE wie folgt beschrieben werden:

$$s \cdot \nabla I_\lambda(x,s) = \kappa(x,\lambda)[I_b(x) - I_\lambda(x,s)] \qquad \text{Gl. (7.13)}$$

Mit

$I_b(x)$ Quellterm

In der Regel kann die Abhängigkeit vom Spektrum (λ) nicht genau gelöst werden. Stattdessen wird das Strahlungsspektrum in eine relativ geringe Anzahl von Frequenzbändern geteilt und für jedes Band die RTE abgeleitet.

$$s \cdot \nabla I_n(x,s) = \kappa_n(x)\left[I_{b,n}(x) - I_n(x,s)\right], \quad n = 1.....N \qquad \text{Gl. (7.14)}$$

Darin sind:
- n Frequenzband
- $I_n(x,s)$ Strahlungsintensität über das Frequenzband n
- κ_n Absorptionskoeffizient innerhalb des Frequenzbandes n

Doch trotz dieser Reduktion auf wenige Frequenzbänder ist die Berechnung der RTE sehr zeitintensiv. In den meisten Feuern ist der Ruß das wichtigste Verbrennungsprodukt, das die Strahlung von Feuer und dem heißen Rauch beeinflusst. Da das Strahlungsspektrum des Rußes kontinuierlich ist, wird das Gas in FDS als grauer Strahler angenommen. Der Quellterm kann somit wie folgt ermittelt werden:

$$I_b(x) = \frac{\sigma T(x)^4}{\pi} \qquad \text{Gl. (7.15)}$$

Für Flammen mit geringem Rußanteil führt die Annahme eines grauen Strahlers jedoch zur Berechnung eines zu hohen Anteiles an emittierter Strahlung. Hierfür kann in FDS ein 6- oder 9-Band-Modell verwendet werden. Zur Vereinfachung wird hierbei der Brennstoff als CH_4 angenommen. Für eine detailliertere Beschreibung sei hier auf Mc Grattan et al. (2009a) verwiesen.

Die Voreinstellung in FDS verwendet das Modell des grauen Strahlers. Die RTE wird als Finite-Volumen-Methode gelöst (FVM). Dabei wird der Strahlungstransport durch eine finite Anzahl von Winkeln (Voreinstellung: 100 Winkel) diskretisiert. In jeder Gitterzelle wird die Gl. (7.14) über das Volumen der Zelle und einen Kontrollwinkel integriert. Die Abbildung 7.1 zeigt das Koordinatensystem der Winkeldiskretisierung für die Berechnung der Strahlung.

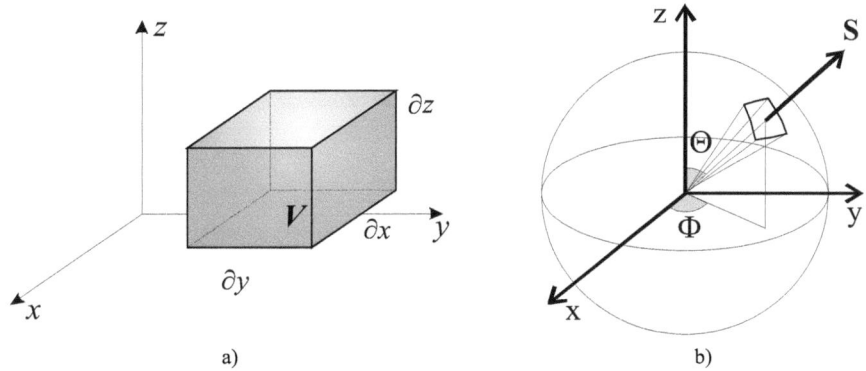

Abbildung 7.1. Diskretisierung für die Finite-Volumen-Methode; a) Geometrie, b) Winkeldiskretisierung

Der Anteil der in der Flamme freigesetzten Energie, die als Strahlung frei wird, ist sowohl eine Funktion der Flammentemperatur als auch der chemischen Zusammensetzung (chemical composition) des brennenden Stoffes. Nach Mc Gratten et al. (2009c) können diese in Simulationen mit Gittergrößen ≥ 10 mm nicht in ausreichender Genauigkeit errechnet werden, weil der Flammenbereich nicht gut genug aufgelöst wird. Je kleiner die Gittergrößen, desto genauer wird die Berechnung jenes Anteils von der Gesamtenergie der Verbrennung, der als Strahlung frei wird.

Es besteht in FDS jedoch auch die Möglichkeit, jenen Anteil von der Gesamtenergie der Verbrennung, der als Strahlung frei wird, explizit anzugeben. Im Parameter des Strahlungsenergieanteils (RADIATIVE_FRACTION) kann dieser vom Anwender auch direkt eingegeben werden. Wird dieser Parameter des Strahlungsenergieanteiles auf null gesetzt, so erfolgt die Berechnung des Quellterms in der Wärmetransportgleichung dann rein aus der Gastemperatur der Flamme und der chemischen Zusammensetzung.

In den FDS-Voreinstellungen werden die Strahlungsberechnungen für LES- und DNS-Simulationen unterschiedlich behandelt. Bei LES-Simulationen ist der Strahlungsenergieanteil mit einem Wert von 0,35 und bei DNS-Simulationen mit einem Wert von Null definiert, d. h bei Ersteren wird der Anteil der in der Flamme freigesetzten Energie, die als Strahlung frei wird, mit einem fixen Wert vorgegeben und bei Letzteren wird dieser über die Gastemperatur und die chemische Zusammensetzung ermittelt. Alle diese Einstellungen können vom Anwender gegebenenfalls an die Forschungsfrage angepasst werden.

7.1.5 Auswertung von FDS-Simulationen

Bevor eine Simulation gestartet wird, ist zu überdenken, welche Informationen und Ergebnisse dieser numerischen Untersuchungen berechnet und gesichert werden sollen. Alle Ausgabegrößen müssen vor der Kalkulation festgelegt werden, da es keine Möglichkeit gibt, nach der durchgeführten Simulation Informationen zu bekommen, die vor dem Start der Berechnungen nicht festgelegt wurden. Bei der Definition der Ausgabegrößen und der Ausgabeart ist jedoch auch zu bedenken, die Ergebnisse nicht nur als „bunte Bilder" auszuwerten, sondern wesentliche Ergebnisse einer Simulation auch quantitativ zu erfassen. Es ist Aufgabe des Anwenders, eine geeignete Auswahl der Ausgabedarstellung und Ausgabegrößen vor der Simulation zu treffen.

In FDS werden die Temperatur, Dichte, Strömungen und chemischen Verbindungen in jeder Gitterzelle und in jedem Zeitintervall berechnet, weiters können auch die Temperaturen, Strahlungen, Abbrandraten und eine Reihe weiterer Ausgabegrößen für die Feststoffoberflächen ermittelt werden.

Die globalen Ausgabegrößen in FDS beinhalten:

- Gesamt-Brandleistung,
- Aktivierungszeit von Sprinklern oder Detektoren,
- Masse oder Energieverluste durch Öffnungen oder Feststoffe.

Auf den Oberflächen von Feststoffen können folgende Ergebnisse ermittelt werden:

- Oberflächentemperatur,
- Oberflächentemperatur mit Hilfe von Thermoelementen,
- Wärmestrahlung: radiativ und konvektiv,
- Abbrandrate,
- Wassertropfen pro m^2.

Typische Ausgabegrößen für die Gasphase sind:

- Gastemperatur,
- Gasgeschwindigkeiten,
- Konzentration der Gasbestandteile (Wasserdampf, CO_2, CO, N_2),
- Konzentration von Rauch und Sichtbarkeit,
- Druck,
- Brandleistung pro m^3,
- Mischungsbruch (oder Luft/Brennstoffverteilung),
- Gasdichte,
- Wassertropfen pro m^3.

Es gibt auch mehrere Möglichkeiten, diese Ausgabegrößen zu ermitteln und darzustellen. Einige der Ausgabearten werden als binäre Daten gesichert, einige können über das Visualisierungsprogramm von FDS Smokeview betrachtet werden und andere werden als reine Textfiles gesichert. FDS ermöglicht folgende Ausgabe- bzw. Darstellungsarten:

- Device (DEVC): Punktförmige Daten im Raum als Funktion der Zeit,
- Profile (PROF): Punktförmige Ergebnisse in einem Feststoff,
- Slicefile (SLCF): Animierte Auswerteebenen (ebene Schnitte in der Gas-Phase),
- Boundaryfile (BNDF): Darstellung von Oberflächeneigenschaften (Feststoffphase),
- Isosurfacefile (ISOF): Animierte Flächen isotroper Werte,
- Plot3D: Statische Darstellung von Simulationsergebnissen.

Für die detaillierte Beschreibung, welche Auswertegrößen in welcher Darstellungsart ermittelt werden können, sei hier auf das FDS-Handbuch (Mc Grattan 2009c) verwiesen. Im folgenden Abschnitt werden die verwendeten Eingabe- und Ausgabeparameter beschrieben, die für die durchgeführten FDS-Simulationen zur Anwendung kamen.

7.2 Eingabeparameter für die FDS-5-Simulation der Entzündung und Brandausbreitung an Feststoffen

Um die Entzündung und die Brandausbreitung an Feststoffen in FDS simulieren zu können, müssen durch den Anwender eine Reihe von programmspezifischen Entscheidungen getroffen und Eingabeparameter definiert werden. Folgende Entscheidungen bzw. Eingabeparameter sind zu tätigen:
- FDS-Modell:
  - Geometrie
  - Diskretisierung
- Turbulenzmodell: Es besteht die Möglichkeit, die numerischen Untersuchungen als DNS- oder als LES-Simulation durchzuführen.
- Materialdaten: Die für die numerische Untersuchung notwendigen Materialparameter sind aus der Literatur zusammenzustellen, zu kontrollieren oder gegebenenfalls durch eigene Materialuntersuchungen zu ermitteln und/oder zu revidieren.
- Verbrennungsreaktion: Die Voreinstellung ist Propan, d. h. in der Voreinstellung wird in FDS die Verbrennungsreaktion von Propan berechnet. Gegebenenfalls kann aber auch ein anderes Material zur Modellierung der Verbrennung angegeben werden.
- Brandinitiierung/Zündquelle: Eine geeignete Zündquelle bzw. die Brandinitiierung ist durch den Benutzer zu bestimmen.
- Definition der Pyrolysefront: Um die Entzündung und eine Brandausbreitung ermitteln zu können, muss die Lage der Pyrolysefront definiert werden.
- Auswertedaten: Eine Reihe von Auswertegrößen sind vor der Simulation zu bestimmen und festzulegen.

In den folgenden Abschnitten werden diese Eingabeparameter näher beschrieben, jeweils in Bezug auf die vorgenommenen numerischen Untersuchungen. Die Ergebnisse der numerischen Untersuchungen an Zellulose und PMMA finden sich im Kapitel 8 (Zellulose-Untersuchungen) bzw. im Kapitel 9 (PMMA-Untersuchungen). Die detaillierten FDS files für die numerischen Untersuchungen sind im Anhang D aufgelistet.

7.2.1 Geometrie

Bei einer numerischen Untersuchung muss zuerst die zu simulierende Geometrie im kartesischen Koordinatensystem von FDS umgesetzt werden. In der Regel sind daher Anpassungen notwendig. Der Versuchsaufbau der in Kapitel 5 und 6 dargestellten experimentellen Untersuchungen wurde sowohl in einem 3-D-Modell als auch in einem 2-D-Modell umgesetzt. Die Abbildung 7.2 zeigt den Aufbau des 3-D-Modells.

Die Gesamtgröße des Geometriemodells (domain) betrug 12/120/40 cm. Die Materialproben im Ausmaß von 5/55 und 5/30cm wurden im vorderen Bereich platziert. Die Größe der Domain und die Lage der Proben ergeben sich aus den Anforderungen, dass ausreichend und ungehindert Sauerstoff für die Verbrennung zur Verfügung steht und dass der komplette Plume umfasst wird, um die gesamte Energieentwicklung des Brandes ermitteln zu können. Die Neigung der Oberfläche (0 bis 90°) erfolgte über die Änderung der Gravitationsvektoren. Mit Ausnahme der Grundfläche, die als inerter Stoff vorgegeben wurde, wurden alle weiteren Begrenzungsflächen als offen zur Umgebung definiert.

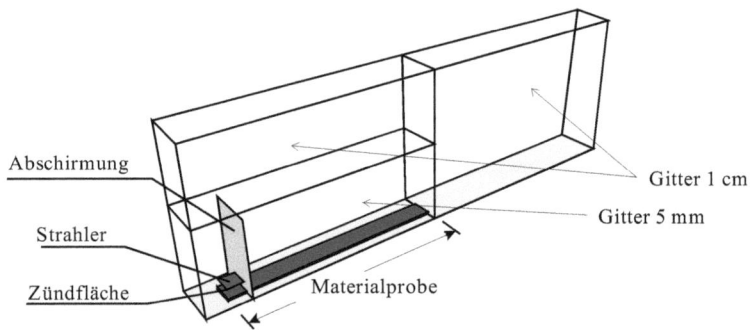

Abbildung 7.2. Aufbau des Geometriemodelles zur Berechnung der Entzündung und Brandausbreitung mit FDS (3-D-Fall)

In den vorliegenden numerischen Untersuchungen wurden auch 2-D-Simulationen durchgeführt (s. Abbildung 7.3). Bei 2-D-Modellen beträgt die Breite des Modells nur eine Zellbreite, somit werden auf Grund der geringeren Gesamtanzahl an Gitterzellen deutlich geringere Rechenzeiten (s. Abschnitt 7.2.2) benötigt.

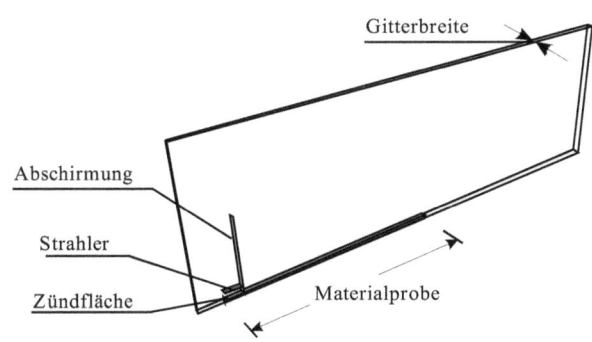

Abbildung 7.3. Aufbau des Geometriemodelles zur Berechnung der Entzündung und Brandausbreitung mit FDS (2-D-Fall)

Die Anwendung von 2-D- oder 3-D-Modellen hat unterschiedliche Auswirkungen auf die Simulation, einige sind in Tabelle 7.1 bewertet.

Tabelle 7.1. Bewertung von 2-D- oder 3-D-Modellen in Bezug auf die Anforderungen und Anwendbarkeit

Kriterien	Modell	
	2-D	3-D
Anforderungen		
Geringer CPU-Bedarf	+	−
Minimale Rechendauer	+	−
Stabilität	+	~
Anwendbarkeit		
Simulation der Zündung	+	+
Simulation der Brandausbreitung	~	+

Der CPU-Bedarf ist bei Simulationen in 2-D-Modellen auf Grund der geringeren Anzahl an Gitterzellen wesentlich niedriger als bei 3-D-Modellen, deshalb benötigten 2-D-Simulationen auch weniger Rechenzeit. 2-D-Modelle erwiesen sich auch in der Regel als sehr stabile Simulationen (kein vorzeitiger Absturz). Die Simulationen von 3-D-Modellen waren in der Regel auch sehr stabil, jedoch in Kombination mit dem Turbulenzmodell DNS erwiesen sie sich als instabil, wahrscheinlich durch die enorme Datenmenge bei Berechnung eines DNS-Modelles. Für die Simulation einer Entzündung lieferten die 2-D-Modelle gute und nachvollziehbare Ergebnisse, eine Brandausbreitung konnte jedoch nicht immer initiiert werden (s. Abbildung 8.7) bzw. lieferte zu schnelle Brandausbreitungsgeschwindigkeiten (s. Abbildung 9.33), d. h. zusammengefasst lieferten die 2-D-Modelle ausreichend genaue Ergebnisse für Zünduntersuchungen und Parameterstudien, für dezidierte Berechnungen vor allem der Brandausbreitung sind jedoch die 3-D-Modelle anzuwenden.

Die Geometriemodelle werden aus einzelnen Teilgebieten mit festgelegten Gitterzellen gebildet. Die Anzahl der Gitterzellen in einem Modell hängt von der Diskretisierung ab, d. h. in wie viele Teilgebiete das Gesamtgebiet (domain) zerlegt wird.

7.2.2 Diskretisierung und Gittergrößen

Die Diskretisierung ist ein wichtiger Eingabeparameter in FDS. Die Wahl der optimalen Diskretisierung hängt sehr von der gewählten Forschungsfrage ab, je feiner sie gewählt wird, desto feiner ist das Gitternetz, in das das Gesamtgebiet zerlegt wird. Skalare (richtungsunabhängige) Größen, wie z. B. die Dichte oder die Temperatur, werden in FDS im Zentrum jeder einzelnen Gitterzelle berechnet, vektorielle (richtungsabhängige) Größen, wie z. B. die Wärmeleitung oder Gasströme, werden im Zentrum der zutreffenden Oberfläche (positive und negative Orientierung) berechnet. Die Dichte des Gitternetzes hat daher einen maßgeblichen Einfluss auf die Genauigkeit der Resultate, aber auch auf den Rechenaufwand, Letzterer steigt erheblich bei kleineren und feineren Rechengittern. Wird etwa die Gittergröße um die Hälfte reduziert, steigt der Rechenaufwand auf die 16-fache Rechenzeit.

Eine Reihe von Studien zeigte, dass viele Ergebnisse in FDS sehr sensibel auf die Diskretisierung (vgl. Hostikka und Mc Grattan, 2001) reagieren, daher ist die Auswahl des Gitternetzes eine entscheidende Größe bei FDS-Simulationen. Üblicherweise beginnt daher die Auswahl des Gitternetzes mit einer Parameterstudie der Gittergrößen, d. h. es werden Simulationen mit unterschiedlichen Gittergrößen durchgeführt. Beginnend bei einer groben Gitterstruktur wird das Netz so lange verfeinert, bis die Ergebnisse keine großen Unterschiede mehr zeigen.

Für Simulationen von Plumes gibt es einen Ansatz über die dimensionslose Größe $D^*/\partial x$, die notwendige Diskretisierung zu ermitteln (Mc Grattan et al., 2009c). Wobei ∂x der Zellgröße entspricht und D^* der charakteristische Branddurchmesser ist. Letzterer ergibt sich aus:

$$D^* = \left[\frac{\dot{Q}}{\rho_\infty c_\infty T_\infty \sqrt{g}} \right]^{2/5}$$

Gl. (7.16)

Darin sind:
- $\dot{Q}$ Brandleistung in kW
- ρ_∞ Dichte bei Raumtemperatur in kg/m³
- c_∞ Wärmekapazität in kJ/kgK
- T_∞ Umgebungstemperatur in K
- g Erdbeschleunigung in m/s²

Die Größe $D^*/\partial x$ kann dabei als Anzahl der Zellen verstanden werden, die den charakteristischen (nicht physischen) Branddurchmesser überspannen. Je mehr Gitterzellen das Feuer übergreifen, desto genauer (besser) wird die Simulation. Nach Kwon (2006) kann eine optimale Gittergröße mit 5 % oder nach Mc Grattan et al. (1998) mit 10 % von D^* angenommen werden. Bei den Validierungsbeispielen in Mc Grattan et al. (2009c) wurden Werte von 4 bis 7 für $D^*/\partial x$ eingesetzt. In der Regel sollten im Bereich der Flammen (Abbrandsimulationen) kleine Gittergrößen (< 10 mm) verwendet werden (s. auch Abschnitt 7.1.4.2).

Die Abbildung 7.4 zeigt beispielhaft die Temperaturverteilung in einer Simulation mit Gittergrößen von 1 oder 10 mm.

a) b)

Abbildung 7.4. Vergleich der Temperaturverteilung bei Gittergrößen von a) 1 mm und b) 10 mm

Es ist zu erkennen, dass bei einer gröberen Gitterstruktur von 10 mm (Abbildung 7.4 b) scheinbar ein größerer Bereich im Modell erwärmt wird als bei Untersuchungen mit 1 mm Gitter (Abbildung 7.4 a). Dabei ist jedoch zu beachten, dass die Temperaturwerte bei 10 mm Gitterweite wesentlich geringer (max. 165 °C) sind als bei den Untersuchungen mit 1 mm Gitterweite (max. 270 °C). Für Untersuchungen zur Entzündung und Brandausbreitung sind jedoch genau diese Temperaturwerte wichtig, denn für eine Brandausbreitung müssen die dem Brand anschließenden Nachbarzellen ausreichend erwärmt werden, um gegebenenfalls dort das Material zu entzünden und somit eine Brandausbreitung zu initiieren.

Nach Mc Grattan et al. (2009a) sollten bei der Berechnung und Simulation der Verbrennung möglichst feine Gitterzellen, etwa im mm-Bereich, angenommen werden. Um die erforderlichen Rechenzeiten im Rahmen zu halten und dennoch annehmbare Ergebnisse zu erzielen, wurden in den vorliegenden numerischen Untersuchungen vor allem eine Gittergröße von maximal 5 mm gewählt. Bei den 3-D-Modellen wurde eine feine Gitterstruktur von 5 mm im Bereich der pyrolysierenden Materialproben angenommen und darüber bzw. daneben eine gröbere Gittergröße von 10 mm gewählt (s. Abbildung 7.2). Einige Simulationen wurden gegebenenfalls mit 1 mm Gittergrößen zur

Kontrolle nachgerechnet. Bei einer Gittergröße von 5 mm ergaben sich Modelle mit 158.400 (3-D) und 19.200 (2-D) Zellen. Die Rechendauer betrug für 1200 s Realzeit in 3-D-Modellen etwa 14 Tage und in 2-D-Modellen 1 bis 2 Tage.

7.2.3 Turbulenzmodell

Wie bereits erwähnt können in FDS die Turbulenzen über das Model der Large Eddy Simulation (LES) oder direkt (DNS) gelöst werden (s. auch Abschnitt 7.1.1). Bei den hier durchgeführten numerischen Untersuchungen wurden sowohl LES- als auch DNS- Simulationen verwendet. In der Regel wurde die Voreinstellung verwendet, d. h. LES. Bei einer Reduktion der Gittergrößen ≤ 1 mm wird von FDS automatisch in den DNS-Modus geschaltet. Es wurden jedoch auch DNS-Simulationen in einem größeren Gitter (5 mm) durchgeführt. Die Tabelle 7.2 fasst alle Varianten zusammen.

Tabelle 7.2. Zusammenfassung der verwendeten Turbulenzmodelle

Variante	Gittergrößen	Turbulenzmodell
Variante 1	2 mm – 10 mm	LES (Voreinstellung FDS)
Variante 2	1 mm	DNS (bei 1 mm schaltet FDS automatisch in DNS-Modus)
Variante 3	5 mm	DNS

Erwartungsgemäß differieren die Ergebnisse je nachdem, welches Turbulenzmodell verwendet wurde. So konnte etwa in den vorliegenden Untersuchungen an PMMA bei 2-D-Modellen mit dem Turbulenzmodell DNS eine Brandausbreitung initiiert werden, während im selben Modell mit dem Turbulenzmodell LES diese nicht gelang (detaillierte Beschreibung Abschnitt 9.3). Bei Verwendung des DNS-Turbulenzmodelles in 3-D-Modellen wurden wiederum derartig viele Daten ermittelt, dass das Programm immer wieder abstürzte und keine auswertbaren Daten erfasst wurden.

Bei der Verwendung von LES kann die Auflösung der Turbulenzen jedoch auch verbessert werden, indem vom Benutzer die Smagorinsky-Konstante C_s verändert wird. In der Voreinstellung ist diese im Programm mit dem Wert 0,2 vorgegeben. Die Abbildung 7.5 zeigt die Entwicklung eines Plumes bei unterschiedlicher Smagorinsky-Konstante C_s.

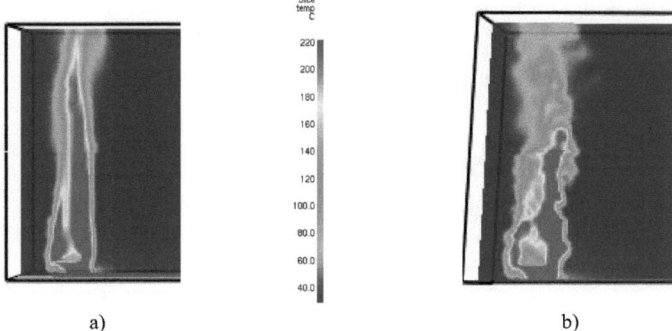

a)   b)

Abbildung 7.5. Temperaturentwicklung bzw. Plume bei Verwendung der Smagorinsky-Konstante von a) $C_s = 0{,}2$ (Voreinstellung) oder b) $C_s = 0{,}1$

Die feinere Auflösung der Turbulenzen bei einer geringeren Smagorinsky-Konstante (hier $C_s = 0{,}1$) führte zu größeren Turbulenzen im Feuerplume (Abbildung 7.5 b) und hatte Auswirkungen auf den Abbrand und vor allem auf die Verteilung der Pyrolysegase. In den vorliegenden numerischen Untersuchungen wurde bei den LES-Simulationen die Voreinstellung, d. h. Smagorinsky-Konstante C_s mit dem Wert 0,2 beibehalten.

7.2.4 Materialien und Materialkennwerte in FDS

Der Anwender bzw. Benutzer von FDS hat jeder Gitterzelle des Modells bestimmte Eigenschaften zuzuordnen, d. h. es muss definiert werden, ob eine Gitterzelle ein Gas, eine Flüssigkeit oder einen Feststoff beinhaltet. Für die Feststoffbereiche sind bei der numerischen Untersuchung von Entzündung und Brandausbreitung folgende Angaben von Bedeutung:

- Aufbauten der Feststoffe: homogen oder mehrschichtig, bestehend aus einem oder mehreren Materialien,
- Abmessungen der Feststoffe: Dicke, Länge, Breite,
- Materialkennwerte.

Die Abmessungen der Feststoffe im Geometriemodell haben Auswirkungen auf die erzielte Brandleistung der Simulation, aber die Dicke kann auch beeinflussen, ob eine Brandausbreitung initiiert werden kann oder nicht. Bei einem dünnen Material kann etwa das Material zu schnell konsumiert und/oder zu wenig Energie freigesetzt werden, sodass sich der Brand nicht weiter selbst erhält und ausbreitet.

Die größten Einflüsse bzw. Auswirkungen aus den Materialangaben ergeben sich aber aus den gewählten Materialkennwerten. Es ist darauf hinzuweisen, dass zwischen den FDS- Versionen 4 und Version 5 im Besonderen bei den Eingabedaten für die Materialien erhebliche Änderungen vorgenommen wurden. Bis zur Version FDS 4 wurden die Materialien über implementierte Materialbibliotheken verwaltet, ab der Version 5 müssen jedoch alle (und erweiterte) Materialdaten durch den Anwender selbst angegeben werden.

Die Pyrolyse, d. h. die Produktion der brennbaren Stoffe, wird in den vorliegenden Untersuchungen von FDS direkt berechnet und nicht durch den Anwender vorgegeben (s. Abschnitt 7.1.2), denn es wurde jenes Pyrolysemodell von FDS verwendet, das die Pyrolyse direkt aus den Materialdaten berechnet (s. Abschnitt 7.1.2.3).

Die für die numerischen Untersuchungen verwendeten Materialdaten wurden aus der Literatur entnommen und mit den Ergebnissen aus den zusätzlich durchgeführten Materialuntersuchungen (s. Abschnitt 3) im Cone Kalorimeter und der STA erweitert und adaptiert. In Tabelle 7.3 sind die für die Simulationen erforderlichen Eingabedaten für die Materialien zusammengefasst.

Tabelle 7.3. Materialeingabedaten in FDS 5 für die numerischen Untersuchungen an Zellulose und PMMA

FDS Eingabezeile	Parameter	Einheit	Material	
			Zellulose	PMMA
&matl ID			'ZELLULOSE'	'PMMA'
Conductivity	Wärmeleitfähigkeit	W/mK	–	0.20
Conductivity ramp	Wärmeleitfähigkeit	W/mK	'k-cell'*	–
Specific heat	Wärmekapazität	kJ/kgK	2.3	1.5
Density	Dichte	kg/m^3	400.	1200.
N reactions	Anzahl der Reaktionen		1.	1.
Nu fuel	Anteil an Brennstoff	kg/kg	0.8	1.
Nu residue	Anteil an Rückständen	kg/kg	0.2	–
Residue	Name des Rückstandes		'ASCHE'	–
Heat of reaction	Reaktionswärme	kJ/kg	3600.	1000.
Absorption coefficient	Absorptions-Koeffizient	1/m	–	1000.
Reference Temperature	Referenztemperatur	°C	300.	250.
Backing	Materialrückseite		'INSULATED'	
Burn away	Materialausbrand		BURN_AWAY=.TRUE.	
*Rampenfunktion der Wärmeleitfähigkeit bei Zellulose, s. Anhang D.1				

Die dem Feuer abgewandte Seite (Materialrückseite) wurde jeweils als gedämmt definiert, um die Wärmeverluste aus dem Material dorthin zu unterbinden. Des Weiteren wurde die Funktion des Ausbrandes ('BURN_AWAY') vorgegeben, um einen ähnlichen Effekt wie durch Ausbrand in den experimentellen Untersuchungen erzielen zu können.

Für bestimmte Materialparameter können auch zeit- oder temperaturabhängige Daten eingegeben werden, hier wurde z. B. die Wärmeleitfähigkeit der Zellulose in Abhängigkeit von der Temperatur über eine eigene Rampenfunktion definiert (s. Eingabefiles in Anhang D). Bei Zellulose wurde weiters eine mehrstufige Pyrolyse berücksichtigt, denn bei der thermischen Umsetzung der Zellulose wurde auch Asche gebildet, die in einem weiteren Schritt verbrannte (s. Abschnitt 3.3.1). Im vorliegenden Fall wurde daher, aus den TG-Untersuchungen an Zellulose (s. Abschnitt 3.3.1) definiert, dass 80 % der Zellulose direkt verbrennen („Anteil Brennstoff") und 20 % in Zelluloseasche umgesetzt werden („Anteil Rückstände"), welche dann im weiteren Verlauf auch verbrennt, d. h. es werden ebenfalls 100 % des Materials umgesetzt. Auch für die Rückstände (hier Asche) wurden die notwendigen Materialdaten eingegeben. Die genaue Auflistung ist in den Eingabefiles in Anhang D.1 zu finden.

Es sei auch noch einmal darauf hingewiesen, dass der Parameter der Referenztemperatur nicht der Zündtemperatur des Materials entspricht, sondern der als Eingabekennwert geforderten Temperatur, bei der die Masse des Materials am schnellsten abnimmt, d. h. die Zersetzungsreaktionen am stärksten sind (vgl. auch Abschnitt 7.1.2.3).

Da nicht alle Eingabeparameter der Materialdaten für die FDS-Eingabefiles immer einfach und/oder eindeutig zu eruieren sind, wurden diese durch Testsimulationen überprüft. Im FDS-Handbuch (Mc Grattan et al., 2009c) werden Testsimulationen zur Kontrolle der Pyrolysereaktion vorgeschlagen ("pyrolysis_1.fds", „pyrolysis_2.fds").

Die Abbildungen 7.6 und 7.7 zeigen die Vergleiche zwischen den ermittelten Masseverlusten der FDS-Simulationen und den TG-Untersuchungen (s. Abschnitt 3.3) an Zellulose und PMMA. Es ist zu erkennen, dass bei beiden Materialien sowohl die Starttemperatur als auch die Neigung des Masseverlustes gut mit den Materialuntersuchungen übereinstimmen.

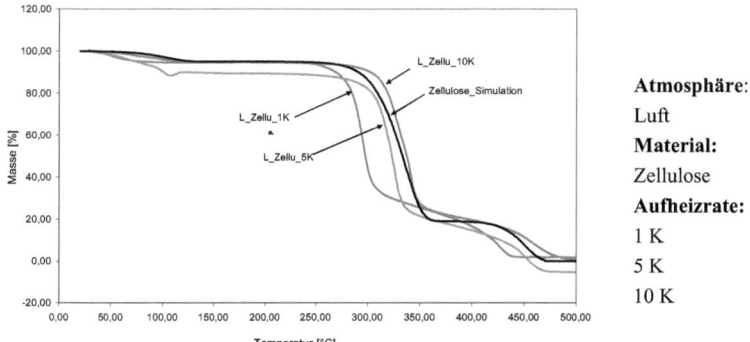

Atmosphäre: Luft
Material: Zellulose
Aufheizrate: 1 K, 5 K, 10 K

Abbildung 7.6. Masseverluste bei den TG-Untersuchungen und der Testsimulation von Zellulose

Für die Zellulose wurde, wie bereits erwähnt, und entsprechend den Ergebnissen aus den Materialuntersuchungen eine mehrphasige Pyrolyse simuliert. Nach der Verdampfung des Wassers (bei 100 °C) verbrennt die Zellulose und bildet eine Ascheschicht. Im letzten Schritt verbrennt auch diese Ascheschicht, bis die komplette Probe umgesetzt ist. Diese drei Schritte lassen sich sowohl in den TG-Untersuchungen als auch in der FDS-Simulation erkennen (s. Abbildung 7.6). Auch beim Material PMMA konnten jene Materialparameter gewählt werden, dass der von FDS ermittelte Masseverlust innerhalb der Ergebnisse der TG-Untersuchungen zu finden ist (s. Abbildung 7.7).

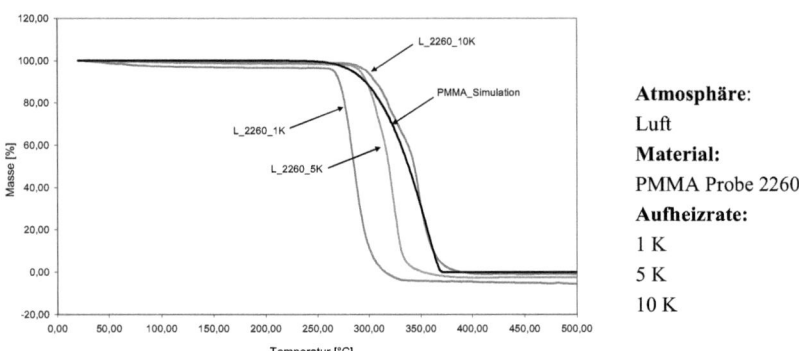

Atmosphäre:
Luft
Material:
PMMA Probe 2260
Aufheizrate:
1 K
5 K
10 K

Abbildung 7.7. Masseverluste bei den TG-Untersuchungen und der Testsimulation von PMMA

Als weitere Möglichkeit, die in FDS gewählten Materialdaten zu überprüfen, wurden die Cone-Kalorimeter-Versuche (Abschnitt 3.5) mit FDS 5 nachgerechnet. Hierbei konnten bei der Berechnung der Heizwerte sowohl für Zellulose als auch für PMMA sehr gute Übereinstimmungen zwischen den Simulationsergebnissen und den Ergebnissen aus dem Cone Kalorimeter erzielt werden.

Trotz der guten Übereinstimmungen mit den TG-Untersuchungen und den ermittelten Heizwerten sind die Materialdaten und die resultierenden Materialeigenschaften immer kritisch zu betrachten, vor allem für die Pyrolyse- und Verbrennungsberechnungen in FDS. Durch die gewählten Parameter und Modellansätze erfolgt immer nur eine Annäherung an die Wirklichkeit, die tatsächlichen Reaktionen in den Materialien, die teils temperaturabhängigen Parameter und alle weiteren Einflüsse auf die Pyrolyse oder Verbrennung können derzeit nicht vollständig in das Modell eingearbeitet werden. Durch die hier überprüften thermischen Eigenschaften der Materialien lässt sich jedoch erkennen, dass ausreichend gute Materialparameter ermittelt und ausgewählt werden konnten, um eine möglichst realistische numerische Untersuchung der Entzündung und Brandausbreitung vornehmen zu können.

7.2.5 Verbrennungsberechnung

In FDS können zwar viele verschiedene Materialien pyrolysieren (Feststoff-Phase), aber die Verbrennung (Gasphase) selbst wird bei FDS nur von einem Material berechnet. Somit ist bei Simulationen mit mehreren Materialien immer zu entscheiden, ob die Verbrennung jenes Materials berechnet werden soll, dessen Anteil überwiegt oder ob die Voreinstellung der Propanreaktion belassen wird. Da in den vorliegenden Untersuchungen jeweils nur ein Material (Zellulose oder PMMA) verbrannte, wurden die notwendigen Angaben an das jeweilige Material angepasst und damit die Verbrennungsreaktionen von Zellulose oder PMMA direkt berechnet. In Tabelle 7.4 sind die Eingabedaten zur Verbrennungsberechnung für die numerischen Untersuchungen an Zellulose und PMMA zusammengefasst.

Tabelle 7.4. Eingabedaten in FDS 5 für die Berechnung der Verbrennung bei den numerischen Untersuchungen von Zellulose und PMMA

FDS Eingabezeile	Material	
	Zellulose	PMMA
&REAC ID=	'ZELLULOSE'	'PMMA'
C=	6	5
H=	10	8
O=	5	2
IDEAL=	.FALSE./	.FALSE./

7.2.6 Zündquelle

Bei der Simulation einer selbstständigen Verbrennung – und in weiterer Folge einer Brandausbreitung – muss zuerst ein Brand initiiert werden, daher ist eine geeignete Zündquelle zu wählen, die das Material entzündet. Ziel dieser Zündquelle ist es, die Materialprobe so weit zu entzünden, dass nach ihrer Entfernung („abschalten") das Material selbstständig weiterbrennt und sich über die Zündfläche hinaus, im besten Fall über die gesamte Probe, ausbreitet.

Für die Wahl einer geeigneten Brandinitiierung bzw. Zündquelle sind folgende Randbedingungen zu beachten:

- Zündverhalten Material,
- Zündquelle (Zündquellenintensität, Einwirkdauer, Zündfläche),
- geometrische Randbedingungen (z. B. Neigung).

Die reinen Materialeigenschaften wie z. B. das Zündverhalten oder die Wärmeleitfähigkeit haben erwartungsgemäß Einfluss auf eine Brandinitiierung und die Initiierung eines selbst erhaltenden Brandes. Die Untersuchungen an PMMA und Zellulose zeigen dies in ihren Ergebnissen zur

Modellierung der Zündung (vgl. Ergebnisse an Zellulose Abschnitt 8.2 und an PMMA Abschnitt 9.2) und der Brandausbreitung (s. Abschnitte 8.3 und 9.3). Neben den reinen Materialeigenschaften hatte jedoch auch die Orientierung an der Materialoberfläche (horizontal, vertikal, geneigt) einen Einfluss auf die Initiierung eines selbst erhaltenden Brandes. Der Einfluss der Neigung auf die Brandinitiierung wird in den Ergebnissen im Kapitel 8 und 9 noch detaillierter beschrieben.

Die Zündquelle selbst wurde definiert durch die Zündfläche, die Zündquellenintensität und die Einwirkdauer der Zündquelle. Die Leistung und die Einwirkdauer haben dabei einen erheblichen Einfluss auf die Initiierung eines selbsterhaltenden Brandes. Wird die Leistung zu hoch oder die Einwirkdauer zu lang angesetzt, dann wird während der Zündphase zu viel vom Material konsumiert, sodass nach dem Abschalten zu wenig Material übrig ist, um den Brand weiter aufrechtzuerhalten. Bei zu geringer Zündleistung oder zu kurzer Einwirkdauer wird entweder kein Brand initiiert oder zu wenig Energie durch den Brand selber frei, um die weitere Verbrennung aufrecht zu erhalten. Die Zündquelle beeinflusst nämlich neben der Entzündung des Materials auch die Pyrolyse des Materials und die Verbrennung der Pyrolysegase. Die beiden Letzteren werden durch die von der Zündquelle aufgebrachte Energie eingeleitet und aufrechterhalten. Je größer die Zündfläche gewählt wird, desto mehr Pyrolysegase und dadurch (Verbrennungs-)Energie kann von der brennenden Fläche freigegeben werden, um gegebenenfalls eine Brandausbreitung zu initiieren. Dasselbe gilt bei höherer Zündquellenintensität und längerer Einwirkdauer der Zündquelle. Gegebenenfalls kann die Zündquelle auch über die gesamte Simulationsdauer beibehalten werden.

In den vorliegenden numerischen Untersuchungen wurde als Zündquelle eine strahlende Oberfläche mit den Abmessungen von 5 cm × 4 cm gewählt. Der Strahler wurde im unteren bzw. vorderen Bereich der Proben im Abstand von 2 bzw. 5 cm über der Oberfläche platziert (s. FDS-Modell Abbildung 7.2). Eine Abschirmung verhinderte, dass die Materialoberfläche außerhalb der definierten Zündfläche während der Zündphase durch die Zündquelle vorgewärmt wurde. Bei den meisten Untersuchungen wurden der Strahler und die Abschirmung gleichzeitig ausgeschaltet bzw. entfernt, damit sich der Brand ungehindert über die Zündfläche hinaus ausbreiten konnte. In einigen Untersuchungen wurde der Strahler jedoch auch über die gesamte Simulationsdauer beibehalten. Die detaillierte Aufstellung der in den jeweiligen Untersuchungen verwendeten verschiedenen Zündquellen (d. h. Intensität, Einwirkdauer) wird in den entsprechenden Abschnitten vorgenommen (s. Tabelle 8.2 und Tabelle 9.2).

7.2.7 Kriterium für die Bestimmung der Pyrolysefront

Wie bereits bei den experimentellen Untersuchungen beschrieben, müssen für die Ermittlung einer Brandausbreitungsgeschwindigkeit zuerst Kriterien für die Bestimmung der Pyrolysefront definiert werden. Dies gilt in gleichem Maße auch für die numerischen Untersuchungen in FDS, denn nur wenn die Bildung einer Pyrolysefront und die Lage dieser Front aus den numerischen

Untersuchungen bestimmt werden kann, können die Zündung und die Bewegung der Pyrolysefront über die Materialoberfläche ermittelt werden.

In FDS gibt es keinen dezidierten Parameter, der eine Entzündung oder die Bildung einer Pyrolysefront beschreibt. Eine Pyrolysefront kann jedoch, unter Einschränkungen, auch in FDS visuell oder über definierte Kriterien bestimmt werden.

Eine rein visuelle Definition der Pyrolysefront kann über Smokeview erfolgen, jedoch ist auf Grund fehlender Anhaltspunkte (z. B. Linien) eine rein optische Ermittlung der Brandausbreitungsgeschwindigkeit schwierig. Die Abbildung 7.8 zeigt z. B. die Entwicklung beim Brand einer vertikalen PMMA-Probe im Darstellungsprogramm Smokeview. Es ist zu erkennen, dass sich der Brand ausbreitet, aber eine genaue zeitliche Einordnung der Lage der Pyrolysefront auf Grund der fehlenden Anhaltspunkte nicht möglich ist.

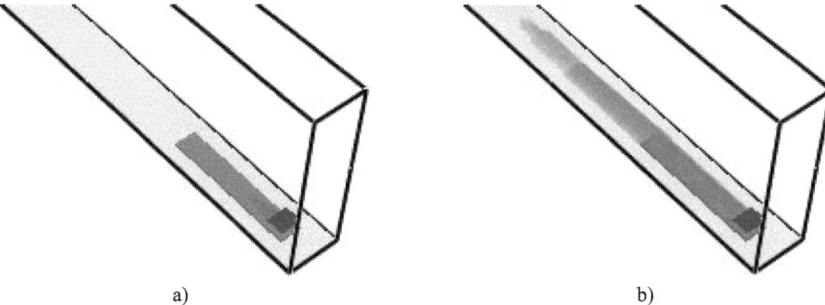

a)   b)

Abbildung 7.8. Brandentwicklung an einer vertikalen PMMA-Probe Zeitpunkt,
a) s = 130 s und b) s = 600 s

Für die Definition der Pyrolysefront aus ermittelten Ergebnissen der Simulationen können z. B. folgende Kriterien herangezogen werden:

- Temperatur: z. B. 200 °C, Maximum,
- Strahlung: z. B. > 20 kW/m^2,
- lokale CO_2-Konzentration,
- Abbrandrate: z. B. > 4 g/m^{2}s.

Für die Definition der Pyrolysefront können, ähnlich wie bei den experimentellen Untersuchungen (s. Abschnitt 5.2.2), ein bestimmter gewählter Temperaturbereich, das Erreichen einer Maximaltemperatur oder eine definierte Strahlungsintensität auf der Materialoberfläche herangezogene werden. Xie und Des Jardin (2009) etwa definierten über eine Strahlenbelastung von > 20 kW/m^2 die Lage der Flammengrenze in ihrer Untersuchung. Eine weitere Möglichkeit besteht auch über die Detektion der CO_2-Konzentration auf der Materialoberfläche, denn nur dort, wo eine Verbrennung stattfindet, wird viel CO_2 freigesetzt.

Die Abbildung 7.9 zeigt z. B. die CO_2-Entwicklung bei einer Simulation. Auch hier ist zwar zu erkennen, dass der Brand sich ausbreitet, aber in der animierten Ausgabeebene (Abbildung 7.9 a) die genaue Lage der Pyrolysefront nicht zu ermitteln ist. Bei den Ergebnissen auf der Oberfläche (Abbildung 7.9, b) ist hingegen eine zeitliche und örtliche Einordnung möglich, doch besteht hier die Gefahr, dass das Kohlendioxid durch Turbulenzen und Konvektion an einem anderen Messpunkt detektiert wurde, wie dort, wo tatsächlich das CO_2 produziert wurde.

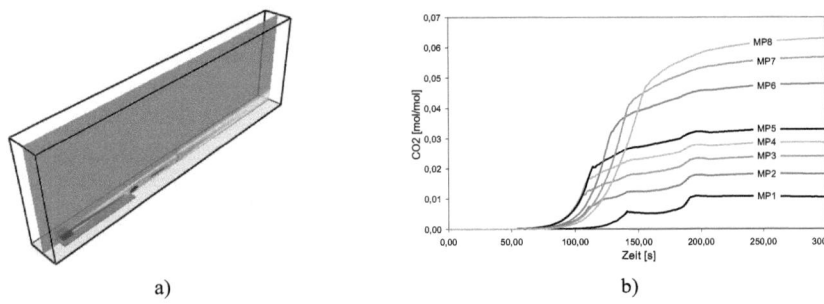

a) b)

Abbildung 7.9. Auswertung der Brandausbreitung an Hand der CO_2-Entwicklung a) im slicefile und b) an Hand von Messpunkten auf der Oberfläche

Eine weitere Möglichkeit ist die Definition der Pyrolysefront über die Abbrandrate des Materials. Hierfür sind verschiedene Grenzen in der Literatur zu finden. Tewarson (1982) erwähnt die kritische Abbrandrate für Thermoplaste unter natürlicher Konvektion mit 1,3 g/m²s $\leq \dot{m}''_{cr} \leq$ 3,9 g/m²s und bei erzwungener Konvektion 2,9 g/m²s $\leq \dot{m}''_{cr} \leq$ 4,5 g/m²s, Drysdale und Thomson (1989) nennen 0,8 g/m²s $\leq \dot{m}''_{cr} \leq$ 2,9 g/m²s und Deepak und Drysdale (1983) nennen $\dot{m}''_{cr} \approx 4 \sim 5$ g/m²s für PMMA als geeignete Werte. In der vorliegenden Untersuchung wurde daher eine Abbrandrate von 4 g/m²s zur Definition der Pyrolysefront bei PMMA gewählt.

Auf Grund der unterschiedlichen Materialeigenschaften wurde für die numerischen Untersuchungen an Zellulose eine geringere kritische Abbrandrate zur Definition der Pyrolysefront gewählt. Bamford et al. (1946) erwähnt die kritische Abbrandrate für Holz mit $\dot{m}''_{cr} \approx 2,5$ g/m²s. In der vorliegenden Untersuchung wurde daher von einer kritischen Abbrandrate von 2,5 g/m²s zur Definition der Pyrolysefront auf Zellulose ausgegangen.

Die Abbildung 7.10 zeigt die Entwicklung der Wärmeströme und der Abbrandrate bei horizontalen Zellulose- (Abbildung 7.10 a.) und PMMA-Proben (Abbildung 7.10 b) an zwei Messpunkten (Mp 2, Mp 3, s. Abbildung 8.2) auf der Zündfläche.

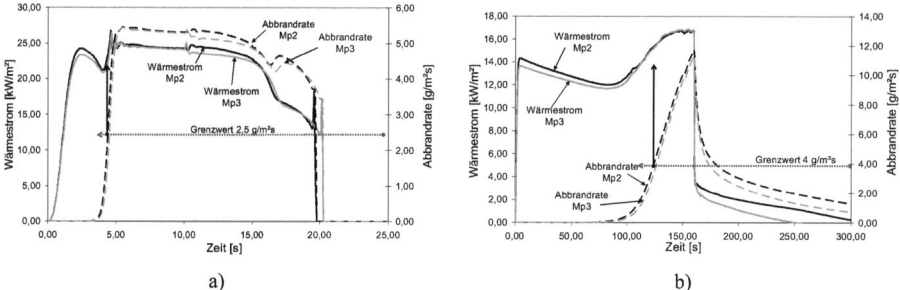

Abbildung 7.10. Entwicklung der Wärmeströme und Ermittlung der Zündzeitpunkte über die Grenzwerte der Abbrandraten bei horizontalen Proben, a) Zellulose und b) PMMA

Es ist zu erkennen, dass zu jenem Zeitpunkt, an dem die gewählten Grenzwerte von 2,5 g/m²s (Zellulose) oder 4 g/m²s (PMMA) überschritten wurden, auch ein Anstieg der Wärmeströme auf der Oberfläche verzeichnet wurde, d. h. es konnte zu diesen Zeitpunkten von einer zusätzlichen Wärmequelle durch eine brennende Oberfläche ausgegangen werden.

7.2.8 Auswertegrößen

Nach der Auswahl einer oder mehrerer Kriterien zur Definition der Pyrolysefront, müssen die geeigneten Auswertegrößen und Auswertearten bestimmt werden, denn wie bereits erwähnt gibt es in FDS hierzu verschiedene Möglichkeiten (s. Abschnitt 7.1.5).

Es ist auch zu beachten, dass die für die Forschungsfrage und die gewünschte Auswertung „richtigen" Auswertegrößen gewählt werden. So gibt es teils erhebliche Unterschiede in den Ergebnissen, ob die Temperatur, die Oberflächentemperatur oder mittels Thermoelementen ermittelte Oberflächentemperatur als Auswertegrößen vorgegeben werden. Erstere ergibt die Umgebungstemperatur, die Zweite die Materialtemperatur an der Oberfläche und Letztere schließt die speziellen Wärmeübergänge bei der Verwendung von Thermoelementen mit in die Berechnung ein.

In der vorliegenden Untersuchung wurden folgende punktförmige Auswertegrößen (DEVC) in regelmäßigen Abständen auf der Materialoberfläche erfasst:

- Temperaturen: Raumtemperatur, Oberflächentemperatur und Thermoelemente,
- Strahlung,
- Abbrandrate,
- Materialdicke,
- Gasbestandteile: O, CO, CO_2, fuel, Mischungsbruch.

Diese Auswertegrößen wurden auch teilweise als animierte Auswerteebene (slicefiles), animierte Flächen isotroper Werte (isosurface) und/oder als Darstellung von Oberflächeneigenschaften (boundary) ermittelt. Die Abbildung 7.11 zeigt die Lage der punktförmigen Auswertegrößen, in weiterer Folge als Messpunkte bezeichnet, und einer animierten Auswerteebene (slicefile) im Zusammenhang mit der Zündfläche, der Abschirmung und der Materialprobe. Im Bereich der Zündfläche betrug der Abstand zwischen den Messpunkten 1 cm, hinter der Abschirmung wurden die Abstände zwischen den Messpunkten je nach Simulationslauf variabel (1–5 cm) angeordnet.

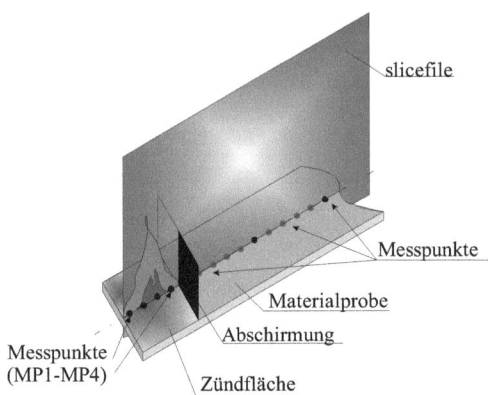

Abbildung 7.11. Lage der animierten Auswerteebene (slicefile) im Geometriemodell und der Messpunkte (punktförmige Auswertegrößen) auf der Oberfläche

Die vollständigen Eingabefiles sind im Anhang D zu finden. Die Auswertung der einzelnen Ergebnisse erfolgt im Kapitel 8 für die Zellulose-Simulationen und im Kapitel 9 für die PMMA-Simulationen.

8 Numerische Untersuchung der Entzündung und Brandausbreitung auf Zellulose

8.1 Eingabeparameter

Die wichtigsten Eingabeparameter für die numerischen Untersuchungen wurden bereits im vorhergehenden Abschnitt 7.2 detailliert beschrieben, für die Zelluloseuntersuchungen sind diese in Tabelle 8.1 noch einmal zusammengefasst. Die kompletten Eingabefiles sind in Anhang D zu finden.

Tabelle 8.1. Eingabeparameter für die numerischen Untersuchungen mit FDS 5 an Zellulose

Geometrie:	3-D und 2-D	s. Abschnitt 7.2.1
Gittergröße:	5 mm und 10 mm	s. Abschnitt 7.2.2
Turbulenzmodell:	DNS und LES	s. Tabelle 7.2
Materialdaten:	Zellulose	s. Tabelle 7.3
Verbrennungsreaktion:	Zellulose	s. Tabelle 7.4
Zündquelle:	Strahler	s. Abschnitt 7.2.6 und Tabelle 8.2
Definition Pyrolysefront:	Abbrand 2,5 g/m²s	s. Abschnitt 7.2.7
Auswertegrößen:		s. Abschnitt 7.2.8 und Anhang D
Probengröße	50/0,2/550 mm	

Die Abbildung 8.1 zeigt am Beispiel eines 3-D-Modells die Anordnung des Strahlers, die Abschirmung und die Zündfläche in Bezug zur Materialprobe. In der Simulation betrug die Größe der Zelluloseprobe 50/550 mm und die Probendicke wurde mit 0,2 mm angenommen. Die Neigung der Probenoberfläche erfolgte über die Änderung der Gravitationsvektoren. Die Unterlage unterhalb der Probe wurde als adiabat definiert.

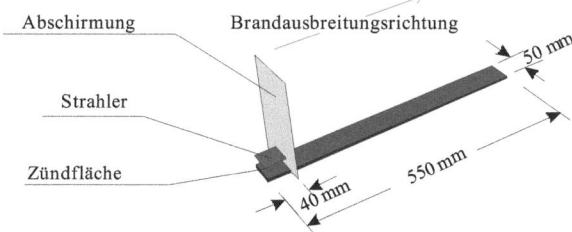

Abbildung 8.1. Aufbau FDS-Modell

Die Abbildung 8.2 zeigt im Detail den Probenanfang mit der Lage und den Abmaßen des Strahlers und der Zündfläche, sowie, im Auszug, die Bezeichnung der Messpunkte ebendort.

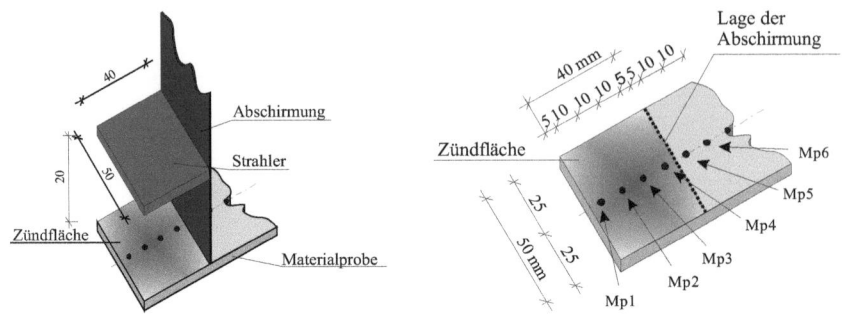

Abbildung 8.2. Lage von Strahler, Abschirmung und Messpunkten am Probenanfang (Maße in mm)

Es sei an dieser Stelle noch einmal gesondert hervorgehoben, dass in der vorliegenden Untersuchung sowohl die Materialdaten als auch die Verbrennungsreaktion von Zellulose eingegeben wurden, d. h. es wurden sowohl die Pyrolyse als auch die Verbrennung der Zellulose durch FDS berechnet.

8.2 Modellierung der Zündung

In den Versuchen zur Brandausbreitung an Zellulose (s. Kapitel 5) wurden die Materialproben an der unteren bzw. vorderen Kante mit einem Isopropanolbrenner über 5 Sekunden entzündet. Nun ist die Simulation genau dieser Zündungsart in FDS nicht sehr einfach und auch nicht unbedingt zielführend, denn das Ziel jeglicher, wie auch immer gearteter, Zündquelle ist lediglich, die Probe zu entzünden, d. h. einen Brand zu initiieren. Daher wurden in weiterer Folge andere Zündquellen verwendet. Diese Zündquellen sollten die Zelluloseprobe entzünden und nach deren Entfernung („abschalten") sollte sich der Brand selbst erhalten und weiter über die Probe ausbreiten.

Die Zelluloseproben wurden in den Simulationen daher mittels eines, 2 cm über der Oberfläche angebrachten, Strahlers entzündet, wobei die mit der Strahlung beaufschlagte Zündfläche 20 cm² betrug (s. Abbildung 8.2). Es wurden Untersuchungen mit unterschiedlichen resultierenden Strahlenintensitäten auf der Oberfläche (14–40 kW/m²) durchgeführt. Dabei wurden zwei Zeitvarianten der Entzündung untersucht, eine mit einer zeitlich begrenzten Beaufschlagung durch die Zündquelle und eine mit verbleibender Zündquelle. Im ersten Fall wurde die Erwärmung der Oberfläche außerhalb der Zündfläche durch eine Abschirmung verhindert (s. Abbildung 8.1 und Abbildung 8.2), die Zündquelle (Strahler) und die Abschirmung wurden je nach Zündquellenintensität nach 5–20 s abgeschaltet bzw. entfernt. In Tabelle 8.2 sind alle verwendeten

Zündquellen, deren Leistungen, die Einwirkdauer und der auf der Oberfläche resultierende Wärmestrom zusammengestellt.

Tabelle 8.2. Zündquellen für die Entzündung der Zellulose in den numerischen Untersuchungen

Zündquelle	Oberflächentemperatur des Strahlers [°C]	Einwirkdauer [s]	Resultierender Wärmestrom auf der Oberfläche [kW/m^2]
Zq.1	550	20	14
Zq.2.1	600	10	17–18
Zq.2.2	600	bleibt	17–18
Zq.3	700	10	23–28
Zq.4	800	5	38–42

Mit den verwendeten Zündquellen konnte die Zellulose entzündet werden, mit Ausnahme jedoch der Zq.1. Eine Strahlungsintensität von 14 kW/m^2 war in den vorliegenden numerischen Untersuchungen nicht ausreichend, um eine Entzündung zu erreichen.

Die Entwicklung des Wärmestroms auf der Oberfläche der Zündfläche gibt bereits einige Hinweise auf eine eventuelle Entzündung der Zellulose. Bei der Belastung einer horizontalen Oberfläche mit Zq.3 konnte die in Abbildung 8.3 dargestellte Entwicklung verzeichnet werden. Während der Zündphase (< 10 s) war auf der Zündfläche zu erkennen, dass an den Messpunkten in Randlage (Mp 1, Mp 4) eine etwas geringere Strahlenintensität zu verzeichnen ist als an den mittleren Messpunkten (Mp 2, Mp 3). Eine der Ursachen liegt darin, dass der Strahler und die Zündfläche, wie bereits erwähnt, die gleichen Abmaße hatten und parallel zueinander (s. Abbildung 8.2) lagen, daher traf auf die Randmesspunkte weniger Strahlung auf als auf die mittleren Messpunkte. Im Fall vom Mp 4 verringerte die Nähe der Abschirmung den resultierenden Wärmestrom auch noch weiter. Da die Differenzen jedoch sehr gering waren und sich durch die Abschirmung bei Mp 4 auch nicht verhindern ließen, wurde diese Anordnung für alle weiteren Untersuchungen beibehalten.

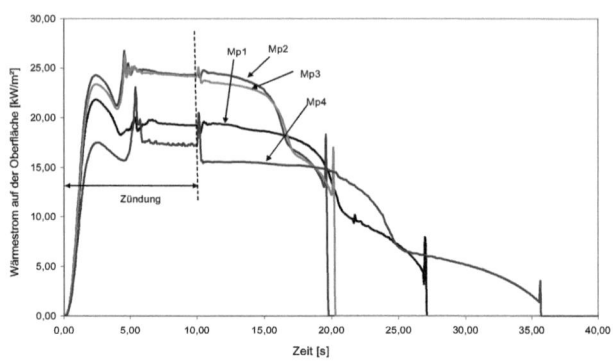

Abbildung 8.3. Wärmeströme auf der Zündfläche bei einer Belastung mit Zündquelle Zq.3 (700 °C/10 s)

In Bezug auf die Entwicklung der Wärmeströme auf der Oberfläche ist zu erkennen, dass diese, nach einem Anstieg, ca. zwischen der 3. und 4. Sekunde abnahmen und danach wieder anstiegen. Ab 3,7 s dürfte die Pyrolyse auf der Oberfläche begonnen und sich die Zellulose entzündet haben. Der Anstieg im Wärmestromverlauf kann als Hinweis auf eine zusätzliche Wärmezufuhr durch eine brennende Oberfläche interpretiert werden. Zwischen 4,6–5,2 s waren bei allen Messpunkten Spitzen zu erkennen, danach stellte sich eine annähernd stationäre Strahlenbelastung ein, wobei in Bezug zur Anfangsbelastung bei Mp 4 ähnliche, bei Mp 1 geringere und bei Mp 2 und Mp 3 höhere Werte ermittelt wurden.

Die Abbildung 8.4 zeigt die Entwicklung der Abbrandraten auf der Zündfläche und auf der restlichen Oberfläche derselben Simulation. Bei Strahlenbelastung von etwa 23–24 kW/m² auf der Zündfläche wurde nach frühestens 4,5 s das gewählte Zündkriterium von 2,5 g/m²s überschritten. Dieser Zeitpunkt wird in weiterer Folge als Zündzeitpunkt (t_{ig}) bezeichnet. Die geringeren Werte bei den Messpunkten Mp 1 und Mp 4 ergaben sich, wie bereits bei der Strahlung, aus der Randlage dieser Punkte (s. Abbildung 8.2). Außerhalb der Zündfläche wurde nur bei einem Messpunkt (Mp 5) eine Abbrandrate ermittelt, die Werte waren mit 0,3 g/m²s jedoch sehr gering und lagen weit unter dem Zündkriterium von 2,5 g/m²s.

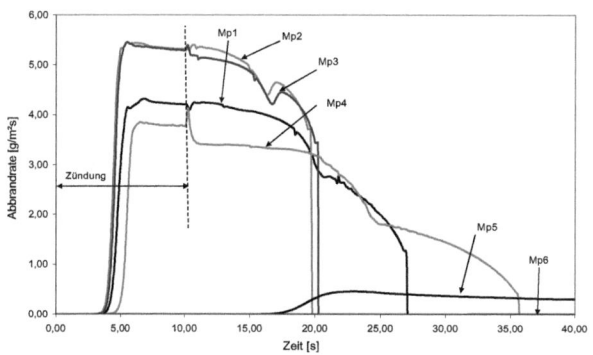

Abbildung 8.4 Entwicklung der Abbrandrate bei einer Belastung mit Zq.3

Die Abbildung 8.4 zeigt eine gute Übereinstimmung mit Abbildung 8.3: Je geringer die Strahlenintensität, desto geringer waren auch die Abbrandraten und vice versa. Die Zeitpunkte, bei denen das gewählte Kriterium von 2,5 g/m²s überschritten wurde (hier 4,5–5,6 s), lagen im Zeitbereich des Anstiegs bzw. der Spitze der Wärmeströme auf der Oberfläche, d. h. es musste eine zusätzliche Strahlungsquelle, z. B. durch die brennende Oberfläche, vorliegen. Somit kann bestätigt werden, dass das Zündkriterium von 2,5 g/m²s hinreichend genaue Ergebnisse in Bezug auf die Ermittlung eines Zündzeitpunktes für Zellulose ergibt. Im vorliegenden Beispiel der Entzündung mit Zq.3, konnte somit ein Zündzeitpunkt von 4,5 s ermittelt werden.

Je nach Zündquelle sind jedoch unterschiedliche Zündzeitpunkte zu erwarten, da die resultierende Strahlungsintensität einen Einfluss auf den Zeitpunkt der Entzündung hat. Die Abbildung 8.5. fasst die Zündzeitpunkte (t_{ig}) bei unterschiedlicher Strahlenbelastung auf der Oberfläche zusammen, d. h. es werden jene Zeitpunkte dargestellt, an denen jeweils die Abbrandrate von 2,5 g/m²s überschritten wurde. Unterschieden wurde hierbei auch zwischen Untersuchungen mit unterschiedlichen Oberflächenorientierungen (horizontal, vertikal, geneigt), zwischen 2-D- oder 3-D-Simulationen und bei den geneigten Proben, mit welcher Zündquelle nach Tabelle 8.2 sie beansprucht wurden (Zq.2.1, Zq.2.2, Zq.3).

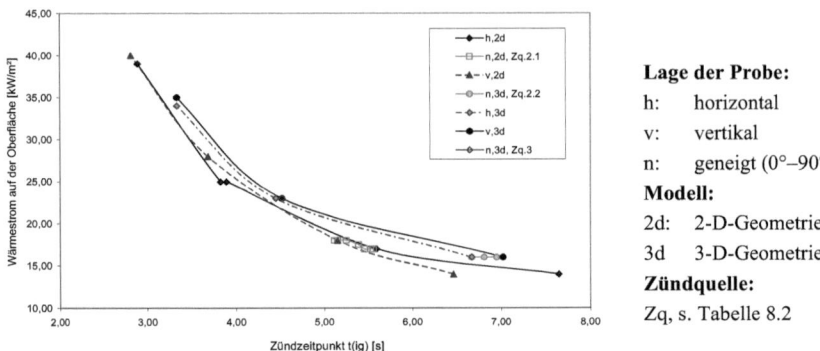

Abbildung 8.5. Zusammenhang von Wärmestrom auf der Oberfläche und dem Zündzeitpunkt (t_{ig})

Bei einer Wärmebelastung von 35–39 kW/m² entzündete sich die Zellulose nach 2,8–3,3 s. Dabei war es ohne großen Einfluss, ob die Probenoberfläche vertikal, horizontal oder geneigt angeordnet war. In den 3-D-Simulationen wurde das Entzündungskriterium in der Regel 0,5–1 s später erreicht. Je geringer die Wärmebelastung durch den Strahler auf der Oberfläche war, desto später wurde die Zellulose, erwartungsgemäß, entzündet, wobei sich jedoch die Unterschiede zwischen vertikal und horizontal angeordneter Probe etwas vergrößerten. Dies war auch bei den Simulationen mit unterschiedlicher Probenneigung und gleichbleibender Zündquelle zu erkennen. Die Abbildung 8.6 zeigt detaillierter die Zündzeitpunkte in Abhängigkeit von der Probenneigung.

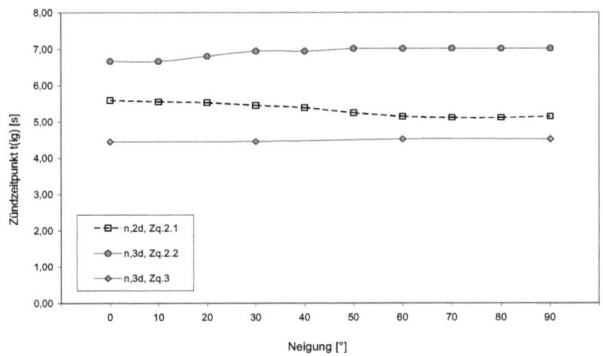

Abbildung 8.6. Zündzeitpunkte bei unterschiedlich geneigten Oberflächen und Zündquellen

Es lässt sich erkennen, dass die Probenneigung nur einen geringen Einfluss auf den Zündzeitpunkt der Zellulose hatte, jedoch der Zündzeitpunkt vor allem vom aufgebrachten Wärmestrom abhing.

8.3 Modellierung der Brandausbreitung

Zur Untersuchung der Brandausbreitung ist es nicht sinnvoll, einen beliebigen Brand zu initiieren, sondern vielmehr einen Brand, der sich, ähnlich wie bei den experimentellen Untersuchungen, nach dem Wegfall bzw. Abschalten der Zündquelle selbst erhält und dann nur durch die eigene produzierte und freiwerdende Energie weiter ausbreitet. Eine Entzündung der Zellulose war, wie im vorherigen Abschnitt beschrieben, in fast allen Fällen (ausgenommen Zq.1) möglich, dies hatte jedoch nicht automatisch zur Folge, dass sich der Brand auch noch nach dem Wegfall der Zündquelle selbst erhielt und ausbreitete.

So konnte in den vorliegenden Zellulose-Untersuchungen nach der Entzündung und dem Abschalten der Zündquellen bei Simulationen in der 2-D-Geometrie kein selbsterhaltender Brand und bei 3-D-Simulationen keine Brandausbreitung initiiert werden. Alle Brände verloschen nach einer kurzen Zeitspanne. Die Abbildung 8.7 zeigt die Dauer bis zum Verlöschen bei unterschiedlichen Zündquellen und unterschiedlichen Probenneigungen. Der Zeitpunkt des Verlöschens $t_{lö}$ wurde dabei wie folgt definiert:

$$t_{lö} = t_{gr} - t_{zd} \qquad \text{Gl. (8.1)}$$

Darin sind:

$t_{lö}$ Zeitpunkt des Verlöschens nach dem Abschalten der Zündquelle

t_{gr} Zeitpunkt in der Simulation, an dem die Abbrandrate < 2,5 g/m²s erreicht

t_{zd} Zünddauer, d. h. Einwirkdauer der Zündquelle

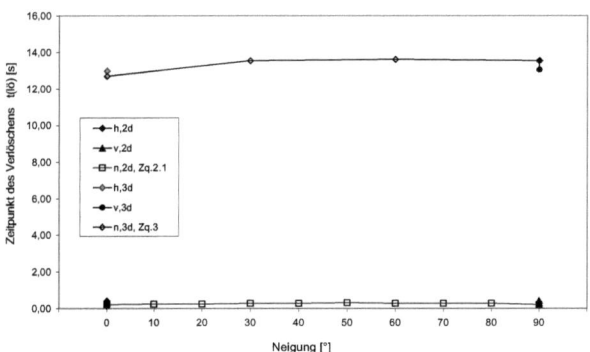

Abbildung 8.7. Zusammenhang zwischen dem Verlöschen und der Probenneigung

Nach dem Abschalten der Zündquelle konnte sich in den 2-D-Simulationen nicht einmal für 1 s ein Brand selbst erhalten. Bei den 3-D-Simulationen verlosch der initiierte Brand innerhalb von 13–14 s nach dem Wegfall der Zündquelle. Die längere Dauer ergab sich daraus, dass bei den 3-D-

Simulationen mehr Material für die Pyrolyse und die Verbrennung zur Verfügung stand, da die gesamte Breite von 5 cm in die Berechnung mit einging. Wohingegen bei den 2-D-Simulationen nur die Breite einer Gitterzelle (hier 5 mm) an Material zur Verfügung stand und in die Berechnung einging.

Die nachfolgenden Abbildungen 8.8 bis 8.13 beziehen sich auf die numerischen Untersuchungen an einer horizontalen Probe, in einer 3-D-Geometrie und mit Zq.3 (s. Tabelle 8.2). Die Kurzbeschriftung erfolgt mit „h,3d,Zq.3" (s. a. Abbildung 8.5). Die Entwicklungen waren bei allen Simulationen ähnlich, nur die zeitlichen Abläufe und die einzelnen Werte unterschieden sich in Abhängigkeit von der verwendeten Zündquelle (Tabelle 8.2) und der Lage (vertikal, horizontal, geneigt).

Der Zeitpunkt des Verlöschens und damit ein selbsterhaltender Brand ist somit unter anderem auch von der vorhandenen Probenmasse abhängig, d. h. der Probenbreite und -dicke. Im vorliegenden Fall wurden die Zellulosestreifen der experimentellen Untersuchungen als $d = 0,2$ mm dicke Zelluloseschicht in der numerischen Untersuchung dargestellt. Die Abbildung 8.8 zeigt die Entwicklung der Probendicke über die Zeit der Entzündung und nach Wegfall der Zündquelle bei einer 3-D-Simulation.

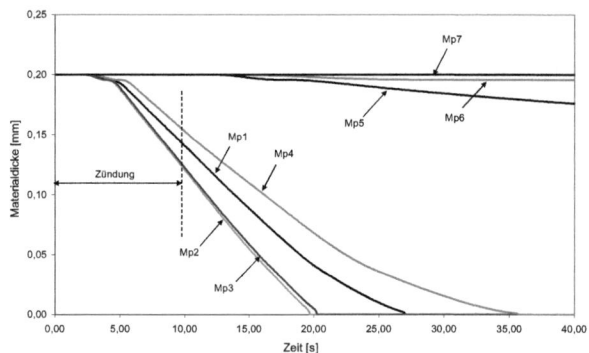

Abbildung 8.8. Entwicklung der Materialdicke über die Zeit (Simulation: h,3d,Zq.3)

Nach der Erwärmung begann ab etwa 3 s der Abbau des Materials, zwischen 4,5 und 5,5 s (entspricht dem Zeitfenster der ermittelten Zündzeitpunkte, s. auch Abbildung 8.5) steigerte sich der Abbau. Nach 20 bis 36 s war bereits das gesamte Material im Bereich der Zündfläche weggebrannt. Der Ausbrand der Proben im Bereich der Zündfläche (Mp 1–Mp 4, s. Abbildung 8.2) erfolgte bei allen 3-D-Zellulosesimulationen in der Regel zwischen 13 und 25 s nach dem Wegfall der Zündquelle, d. h. es war kein Material übrig, um einen weiteren Brand aufrechtzuerhalten. Außerhalb der Zündfläche (d. h. ≥ Mp 5) konnte bei der in Abbildung 8.8 dargestellten Simulation nur ein geringfügiger Materialabbau verzeichnet werden. Auf der Zündfläche konnte jedoch bei allen Simulationen eindeutig ein Abbrand, d. h. die Pyrolyse und Verbrennung des Materials, ermittelt werden.

Bei der Pyrolyse werden gasförmige Brennstoffe produziert, diese vermischen sich an der Oberfläche mit der Umgebungsluft und können gegebenenfalls brennen. Die Abbildung 8.9 zeigt die Produktion der Pyrolyseprodukte auf der Oberfläche der Zellulose. Es ist zu erkennen, dass nach etwa 4–4,5 s erste messbare Pyrolysegase frei wurden, dabei wurde die größte Menge an brennbaren Gasen bei den hinteren Messpunkten (d. h. nahe bei der Abschirmung) gemessen, obwohl bei Mp 4 der niedrigste Wärmestrom durch den Strahler einwirkte (vgl. Abbildung 8.3). Bei Mp 2 und Mp 1 wurden geringere Mengen an brennbaren Gasen ermittelt.

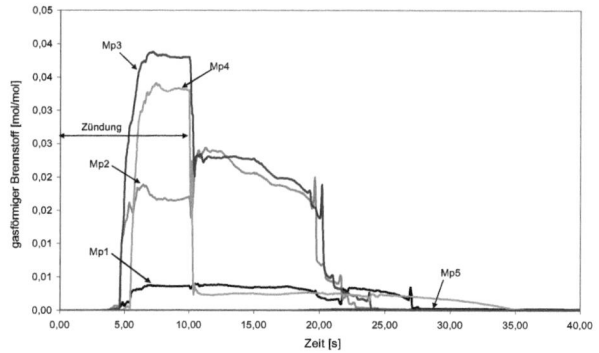

Abbildung 8.9. Produktion von gasförmigem Brennstoff (Simulation: h,3d,Zq.3)

Nach dem Entfernen von Strahler und Abschirmung wurden die größten Mengen an Pyrolysegasen bei den Messpunkten Mp 2 und Mp 3 detektiert. An den Messpunkten in Randlage (Mp 1, Mp 4) wurden deutlich geringere Mengen an brennbaren Gasen verzeichnet, d. h. die anfänglich hohen Werte bei Mp 4 lassen sich auf einen „Stau" das Gase vor der Abschirmung zurückführen. Außerhalb der Zündfläche (z. B. Mp 5) wurde nur eine sehr geringe Menge an brennbaren Gasen ermittelt.

Ein weiter Hinweis darauf, ob eine Pyrolyse stattfand und wie viel brennbare Gase erzeugt wurden, kann in FDS über den Mischungsbruch Z dargestellt werden. Ein Mischungsbruch von $Z = 0$ entspricht dabei reiner Luft, und ein Mischungsbruch von $Z = 1$ reinem Brennstoff. Die Abbildung 8.10 zeigt den Zusammenhang der Massenanteile einzelner Bestandteile der Zellulose, dem Sauerstoff und der Produktion von brennbaren Gasen bei unterschiedlichen Mischungsbrüchen. Dargestellt sind die verbrannten Zustände der Zellulose, d. h. nach der Verbrennung.

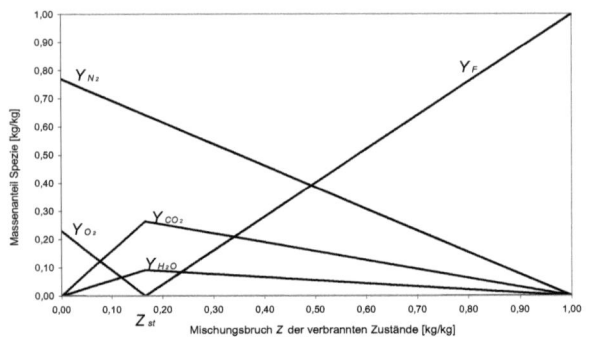

Abbildung 8.10. Zusammenhang von Mischungsbruch und Massenanteilen verschiedener Bestandteile der Zellulose sowie der Luft, im verbrannten Zustand

Der Grenzwert Z_{st} bezeichnet hierbei die Lage der stöchiometrischen Konzentration von Sauerstoff und brennbaren Gasen, d. h. bei Z_{st} ist ausreichend Sauerstoff vorhanden, um alle brennbaren Gase stöchiometrisch zu verbrennen. Im Falle von Zellulose liegt der Grenzwert Z_{st} bei 0,17 kg/kg. Dabei gilt:

$Z \leq Z_{st}$ Sauerstoffüberschuss   Gl. (8.2)

und

$Z \geq Z_{st}$ Brennstoffüberschuss   Gl. (8.3)

Bei einem Mischungsbruch $< Z_{st}$ ist nach der Verbrennung noch Sauerstoff in der Umgebungsluft vorhanden (s. Abbildung 8.10). Bei einem Mischungsbruch $> Z_{st}$ sind nach der Verbrennung noch brennbare Gase in der Umgebung übrig, es ist jedoch für die Verbrennung kein Sauerstoff mehr vorhanden. Letzterer Zustand wird oft auch als ventilationsgesteuerter Brand bezeichnet.

Die Abbildung 8.11 zeigt die Entwicklung der lokalen Mischungsbrüche während und nach der Zündung (> 10 s) der bereits vorab dargestellten Simulation. Für die Mischungsbrüche und die Produktion brennbarer Gase war dabei eine identische Entwicklung zu verzeichnen, so konnte z. B. ein erster messbarer Wert für einen Mischungsbruch etwa bei 4–4,5 s berechnet werden. Weiters wurden während der Zündphase ebenfalls bei den hinteren Messpunkten (MP 3, Mp 4) höhere Werte verzeichnet als im vorderen Bereich der Zündfläche. Bei Mp 1 etwa wurde hierbei ein Mischungsbruch von ca. $Z = 0,03$ kg/kg und bei MP 2 von $Z = 0,11$ kg/kg ermittelt, d. h. es gab eine ausreichende Einmischung von Sauerstoff an diesen Punkten und es kam zur vollständigen Verbrennung aller dort durch Pyrolyse entstandenen brennbaren Gase. Bei Mp 3 und Mp 4 wurden Mischungsbrüche von 0,22 kg/kg erreicht, d. h. nach der Verbrennung betrug der Massenanteil der brennbaren Gase noch 0,06 kg/kg (s. Abbildung 8.10). Es waren also 6 % brennbare Gase im Rauchgas vorhanden, der gesamte Sauerstoff war jedoch bei der Verbrennung aufgebraucht worden. Die brennbaren Gase steigen üblicherweise auf und können sich mit dem Sauerstoff der Umgebung vermischen, d. h. die Verbrennung findet nicht direkt an diesem Messpunkt auf der Oberfläche statt, sondern eventuell an einem anderen Punkt im Volumen der Geometrie, sofern dort entsprechende Entzündungsbedingungen vorliegen.

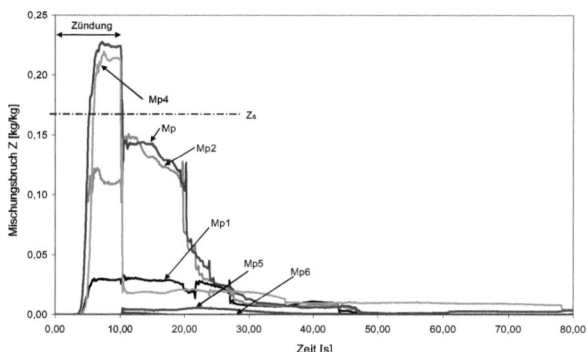

Abbildung 8.11. Lokaler Mischungsbruch Z (Simulation: h,3d,Zq.3)

Nach der Entfernung von Strahler und Abschirmung kam es zu einer stärkeren Vermischung der brennbaren Gase mit der Umgebungsluft und damit zu einer Verringerung des Mischungsbruches (Abbildung 8.11). In weiterer Folge wurden an allen Messpunkten Werte unter dem Grenzwert Z_{st} von 0,17 kg/kg ermittelt. Auch an Messpunkten außerhalb der Zündfläche wurde ein Mischungsbruch detektiert, da jedoch nur sehr wenig, wenn überhaupt, brennbare Gase in diesem Bereich produziert wurden (vgl. Abbildung 8.9), kann davon ausgegangen werden, dass dies auf die Einmischung der brennbaren Gase aus der Pyrolyse auf der Zündfläche zurückzuführen war. Bei der beschriebenen Simulation dürfte nach Entfernung des Strahlers und der Abschirmung eine zu geringe Temperatur vorhanden gewesen sein, um die Pyrolyse im Material aufrechtzuerhalten und eine Pyrolyse außerhalb der Zündfläche zu initiieren.

Die Abbildung 8.12 zeigt die Entwicklung der Oberflächentemperaturen während der Zündphase und nach Entfernung von Strahler und Abschirmung. Das Material erwärmte sich innerhalb von etwa 4,8–6 s allmählich, bis ca. 370 °C auf der Oberfläche erreicht wurden. Danach kam es beinahe zu einer Stagnation der Oberflächentemperatur (vgl. Stagnation Abbrand, Abbildung 8.4, oder Mischungsbruch, Abbildung 8.11) bis zum Wegfall der Abschirmung. Anschließend kam es zu einem Temperaturanstieg an allen Messpunkten der Zündfläche bis zum allmählichen Ausbrand des Materials in diesem Bereich. Der Brand auf der Zündfläche erwärmte nach der Entfernung des Strahlers und der Abschirmung auch die Oberflächen neben der Zündfläche. Es konnten hierbei Oberflächentemperaturen von max. 300 °C ermittelt werden. Dennoch ist diese Temperatur nicht ausreichend gewesen, um eine Pyrolyse auch in diesem Bereich dauerhaft zu initiieren.

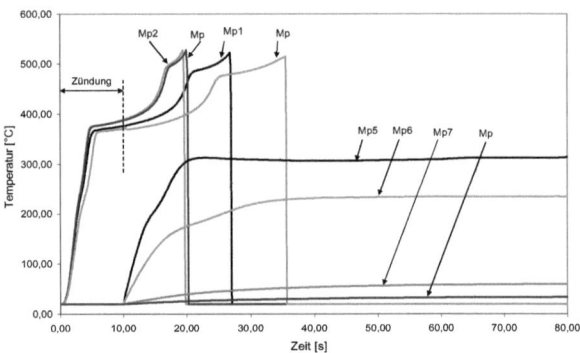

Abbildung 8.12. Entwicklung der Oberflächentemperatur (Simulation: h,3d,Zq.3)

Die Abbildung 8.13 a bis c zeigt diese Entwicklung noch einmal an Hand der berechneten Temperaturen in der Gasphase oberhalb der Materialoberfläche, d. h. der Raumtemperatur während der Zündphase und nach dem Abschalten der Zündquelle. Die Zeitangaben (z. B. 9 s) entsprechen dem zeitlichen Verlauf in Abbildung 8.12.

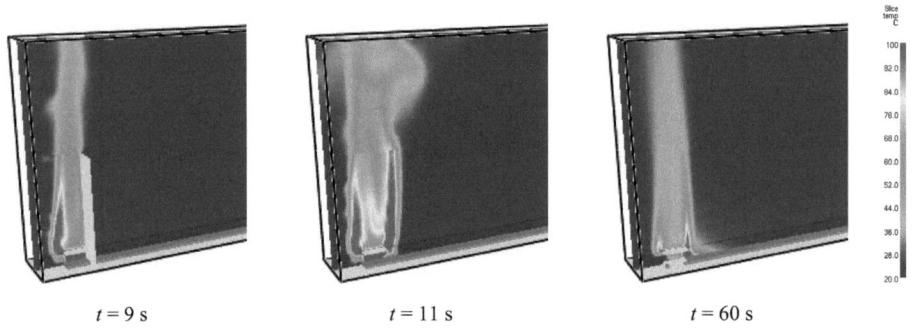

$t = 9$ s $\qquad t = 11$ s $\qquad t = 60$ s

Abbildung 8.13. Entwicklung der Temperatur a) während der Zündung, b) kurz nach Entfernen der Zündquelle und der Abschirmung und c) beim Ausbrand der Zündfläche

Während der Zündphase und kurz nach dem Wegfall der Zündquelle und der Abschirmung erreichten die Temperaturen in der Umgebung einen Maximalwert von 100 °C. Bereits 20 s später sanken die Temperaturen jedoch merklich auf Grund des Ausbrandes der Zündfläche. Es konnten somit keine ausreichend hohen Temperaturen erreicht werden, um auch die Materialoberfläche außerhalb der Zündfläche dauerhaft zu entzünden und damit eine Brandausbreitung zu erreichen.

Die nachfolgenden Abbildungen 8.14 und 8.15 beziehen sich auf die numerischen Untersuchungen an einer vertikalen Probe in einer 3-D-Geometrie und mit Zq.3 (s. Tabelle 8.2), d. h. mit derselben Zündquelle (Zq.3), die bei den vorab dargestellten Abbildungen verwendet wurde. Die Kurzbeschriftung erfolgt mit „v,3d,Zq.3" (s. a. Abbildung 8.5).

Die Abbildung 8.14 zeigt die Entwicklung des lokalen Mischungsbruches bei einer vertikalen Probe. Es ist zu erkennen, dass die Werte bei gleicher Zündquelle ähnlich verliefen (vgl. Abbildung 8.11). Die geringen Differenzen ergaben sich aus der vertikalen Lage, denn die heißen brennbaren Gase stiegen auf und stauten sich bei der Abschirmung (s. Abbildung 8.2). Nach dem Entfernen der Abschirmung kam es jedoch, wie bei den horizontalen Proben, zu einer Verteilung und Vermischung mit der Umgebungsluft und einer Veränderung der Mischungsbrüche an den einzelnen Messpunkten.

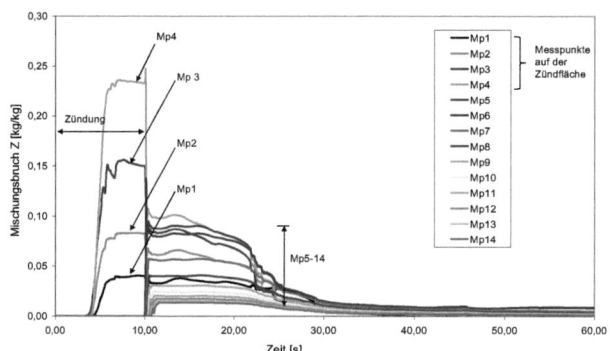

Abbildung 8.14. Lokaler Mischungsbruch Z bei einer vertikalen Probe (v,3d, Zq.3)

Die Abbildung 8.15 zeigt die Entwicklung der Oberflächentemperaturen bei der vorab dargestellten Simulation einer vertikal angeordneten Probe. Der Verlauf während der Zündphase entsprach jenem bei horizontalen Proben (vgl. Abbildung 8.12). Nach Entfernung der Abschirmung wurden jedoch erwartungsgemäß die Messpunkte außerhalb, hier oberhalb, der Zündfläche stärker erwärmt. In weiterer Folge konnten Temperaturen von max. 330 °C außerhalb der Zündfläche ermittelt werden. Obwohl höhere Temperaturen (> 300 °C) auf der Oberfläche außerhalb der Zündquelle ermittelt wurden, konnte dennoch keine weitere Entzündung in diesem Bereich initiiert werden.

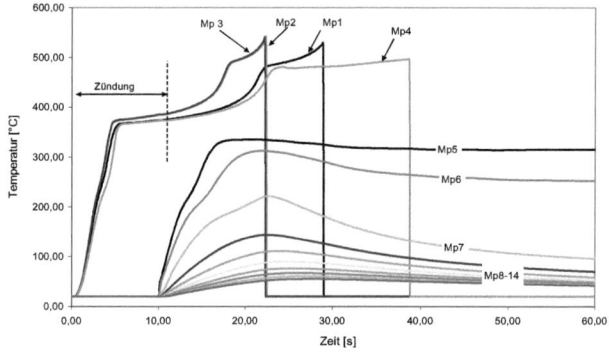

Abbildung 8.15. Oberflächentemperatur bei einer vertikalen Probe (Simulation: v,3d,Zq.3)

Es konnte in keiner der durchgeführten numerischen Untersuchungen eine Entzündung außerhalb der Zündfläche erreicht werden, d. h. keine Brandausbreitung auf Zellulose initiiert werden. Somit ließen sich nicht dieselben Ergebnisse wie bei den experimentellen Untersuchungen erzielen, nämlich, dass sich der Brand auch außerhalb der Zündfläche und über die gesamte Probenlänge ausbreitete.

8.4 Zusammenfassung der numerischen Untersuchungen an Zellulose

Zusammenfassend lassen sich folgende Erkenntnisse aus den numerischen Untersuchungen der Entzündung und Brandausbreitung an Zellulose gewinnen:

- Bei der Ermittlung und Beschreibung der entsprechenden Materialdaten von Zellulose konnte die Pyrolyse und Verbrennung mit FDS berechnet werden.

- Eine Entzündung der Zellulose konnte initiiert werden. Die Zündzeitpunkte waren abhängig von der Zündquellenintensität, jedoch kaum von der Probenlage (vertikal, horizontal, geneigt) oder dem verwendeten Modell (2-D-, 3-D-Geometrie).

- Das Kriterium einer Abbrandrate von $\geq 2{,}5$ g/m^{2}s konnte für die Definition der Zündung von Zellulose hinreichend genau bestätigt werden.

- 2-D-Geometriemodelle waren nicht geeignet, einen selbsterhaltenden Brand und damit die Brandausbreitung an Zellulose zu untersuchen.

- Die Initiierung eines selbsterhaltenden Brandes an thermisch dünnen Proben ist kritisch, und stark abhängig von der vorhandenen Masse des schon brennenden Materials (Breite/Dicke).

- Es konnte keine Brandausbreitung auf der Oberfläche von 0,2 mm dicken und 50 mm breiten Zelluloseproben initiiert werden.

- Bei Materialien mit geringer Dicke (hier 0,2 mm) kommt es zu einem raschen Ausbrand der Zündfläche, und es wird nicht genug Energie freigesetzt, um eine kontinuierliche Entzündung außerhalb der Zündfläche zu erreichen.

Mit der (unrealistischen) Annahme einer 5 mm dicken Zelluloseprobe konnte unter bestimmten Bedingungen eine Brandausbreitung außerhalb der Zündfläche initiiert werden. Dies deutet darauf hin, dass die Annahme eines „dickeren" Materials für die Simulation einer Brandausbreitung günstiger ist. Die gewonnenen Erkenntnisse werden im folgenden Kapitel 9 an Hand eines thermisch dicken Materials, wie PMMA untersucht und überprüft.

9 Numerische Untersuchung der Entzündung und Brandausbreitung von PMMA

9.1 Eingabeparameter

In Tabelle 9.1 sind die wichtigsten Eingabeparameter für die numerischen Untersuchungen an PMMA zusammengefasst, detailliertere Angaben wurden bereits in Abschnitt 7.2 beschrieben. Die kompletten Eingabefiles sind in Anhang D zu finden.

Tabelle 9.1. Eingabeparameter für die numerischen Untersuchungen mit FDS 5 an PMMA

Geometrie	3-D und 2-D	s. Abschnitt 7.2.1
Gittergröße	5 mm und 10 mm	s. Abschnitt 7.2.2
Turbulenzmodell	DNS und LES	s. Tabelle 7.2
Materialdaten	PMMA	s. Tabelle 7.3
Verbrennungsreaktion	PMMA	s. Tabelle 7.4
Zündquelle	Strahler	s. Abschnitt 7.2.6 und 8.2
Pyrolysefront (Zündzeitpunkt)	Abbrand ≥ 4 g/m^{2}s	s. Abschnitt 7.2.7
Auswertegrößen		s. Abschnitt 7.2.8 und Anhang D
Probengröße	50/5/550 mm, 50/5/300 mm	

Der Aufbau der verwendeten Modelle, d. h. die Anordnung des Strahlers, der Abschirmung und der Zündfläche, entsprach jenen, die auch bei den Zellulosesimulationen verwendet wurden (s. Abbildung 8.1). Die Breite der PMMA-Probe betrug ebenfalls 50 mm, jedoch wurden zwei verschiedene Probenlängen (550 u. 300 mm) untersucht und die Probendicke mit 5 mm angenommen (in Anlehnung an die in den experimentellen Untersuchungen verwendeten Materialproben, s. Kapitel 5).

Ein weiterer Unterschied war, dass zusätzlich zu dem in den vorab beschriebenen Zellulose-Untersuchungen verwendeten Strahler 20 mm über der Oberfläche weitere Untersuchungen mit einem Strahler im Abstand von 50 mm zur Oberfläche durchgeführt wurden (s. auch Tabelle 9.2).

Es wurden alle erforderlichen Materialdaten und Reaktionsparameter von PMMA eingegeben, damit sowohl die Pyrolyse als auch die Verbrennung von PMMA in FDS berechnet werden konnten. Somit sollten die PMMA-Entzündungs- und Brandausbreitungsberechnungen von FDS 5 untersucht werden können.

9.2 Modellierung der Zündung

In den experimentellen Untersuchungen an PMMA wurden die Proben im unteren bzw. vorderen Bereich mittels Bunsenbrenner entzündet (Einwirkdauer 60 s). Dabei wurde während der Zündphase die restliche Oberfläche mittels einer Dämmplatte abgedeckt, um das Erwärmen außerhalb der Zündfläche durch die Zündquelle zu verhindern. Die Zündfläche betrug in den Versuchen 20 cm^2 (s. Abbildung 9.1 b).

In den numerischen Untersuchungen wurde ein Strahler als Zündquelle verwendet, der auf eine adäquate Zündfläche einwirkte (s. Abbildungen 8.1 und 8.2). Dabei wurden sowohl der Abstand zur Oberfläche als auch die Strahlungsintensität und die Einwirkdauer variiert. In Tabelle 9.2 sind alle verwendeten Zündquellen, deren Leistungen, die Einwirkdauern und die auf der Oberfläche resultierenden Wärmeströme zusammengefasst. Während der Zündphase wurde die Erwärmung außerhalb der Zündfläche mittels einer Abschirmung verhindert.

Tabelle 9.2. Zündquellen für die numerischen Untersuchungen an PMMA

Zündquelle	Oberflächentemperatur des Strahlers [°C]	Einwirkdauer [s]	Resultierender Wärmestrom auf der Oberfläche [kW/m^2]
A. Abstand Strahler zur Oberfläche 20 mm			
Zq.A.1.1	500	100	12–14
Zq.A.1.2	500	120	12–14
Zq.A.2.1	550	160	16–18
Zq.A.2.2	550	dauerhaft*	16–18
Zq.A.3.1	600	100	19–24
Zq.A.3.2	600	120	19–24
Zq.A.3.3	600	180	19–24
Zq.A.4.1	700	80	32–35
Zq.A.4.2	700	100	32–35
Zq.A.4.3	700	120	32–35
Zq.A.5.1	800	80	46–51
Zq.A.5.2	800	100	46–51
B. Abstand Strahler zur Oberfläche 50 mm			
Zq.B.1.1	5,5	160	12–13
Zq.B.1.2	5,5	120	17–20
Zq.B.2.1	5,5	160	17–20
Zq.B.3.1	5,5	120	27–29
Zq.B.3.2	5,5	100	38–42
Zq.B.3.3	5,5	120	38–42

* Die Zündquelle wurde nicht entfernt, sondern verblieb dort während der gesamten Simulationsdauer.

Die Abbildung 9.1 zeigt die Entwicklung des Wärmestroms auf der Zündfläche am Beispiel eine Simulation mit der Zq.A.3.2, d. h. die Zündfläche wurde für 120 s einer Strahlenintensität von 19–21 kW/m² ausgesetzt. Wie bereits bei den Zellulose-Simulationen beschrieben, wurden dabei an den Messpunkten in Randlage (Mp 1, Mp 4) geringere Werte ermittelt als bei jenen in Mittellage (Mp 2, Mp 3), wobei die geringsten Werte bei Mp 4 zu finden waren.

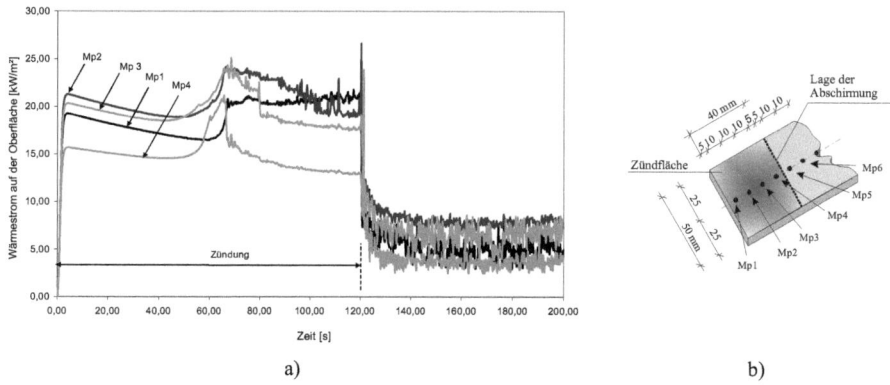

a) b)

Abbildung 9.1. a) Wärmestrom auf der Zündfläche (Zq.A.3.2), b) Lage der Zündfläche, Abschirmung und Messpunkte

Nach einem raschen Anstieg der Wärmeströme auf der Oberfläche sanken diese zwischen 15 bis 22 kW/m² wieder langsam herab. Etwa 50–60 s nach dem Start des Strahlers begann an allen Messpunkten der Wärmestrom jedoch wieder anzusteigen. Die höchsten Werte wurden zwischen 64–70 s ermittelt. Dieser Anstieg des Wärmestroms auf der Oberfläche lässt auf eine beginnende Pyrolyse des Materials, die großteils höheren Werte danach lassen auf eine zusätzliche Wärmequelle etwa durch brennende Oberflächenbereiche schließen, d. h. bei 64–70 s kann davon ausgegangen werden, dass eine Zündung erfolgt war. Nach dem Abschalten der Zündquelle und dem Entfernen der Abschirmung sanken die Wärmeströme an allen Messpunkten sofort ab. Der verbleibende Wärmestrom von 4–9 kW/m² zeigte, dass auch nach dem Abschalten des Strahlers, hier weiter ein Umsatz (Pyrolyse und Verbrennung) auf der Oberfläche stattfand.

Betrachtet man die Abbrandraten auf der Oberfläche (Abbildung 9.2), so erkennt man, dass zum Zeitpunkt des Anstiegs der Wärmeströme auf der Oberfläche (ca. 50 s) der Abbrand auf der Oberfläche begann. Zum Zeitpunkt der Spitzen bei der Wärmestromentwicklung (64–70 s) war bereits bei den meisten Messpunkten eine Abbrandrate von 4 g/m²s überschritten worden, d. h. zu einem Zeitpunkt, an dem (scheinbar) eine zusätzliche Wärmequelle einwirkte, kann von einer Zündung des PMMA ausgegangen werden. Dies zeigt, dass das gewählte Pyrolysefrontkriterium von 4 g/m²s für die Ermittlung eines Zündzeitpunktes (t_{ig}) herangezogen werden kann und annehmbare Ergebnisse liefert. In der dargestellten Simulation konnte so ein Zündzeitpunkt von 68 s ermittelt werden. Außerhalb der Zündfläche ($\geq$ Mp 5) wurde kein Abbrand beobachtet.

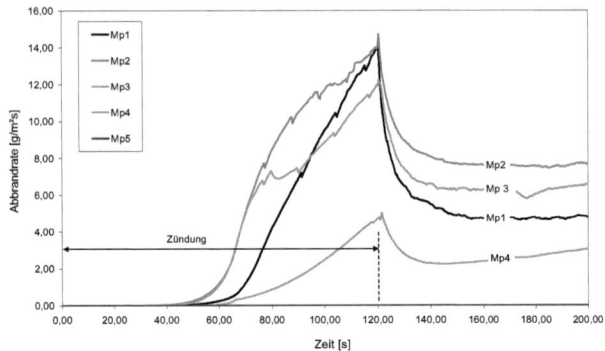

Abbildung 9.2. Entwicklung der Abbrandraten bei einer Zündbelastung mit Zq.A.3.2 (s. Tabelle 9.2)

Je nachdem wie viel Wärmestrom von der Zündquelle auf die Oberflächen einwirkte, wurden erwartungsgemäß unterschiedliche Zündzeitpunkte ermittelt (s. Abbildung 9.3). Bei einem Wärmestrom von z. B. 50 kW/m² auf der Oberfläche konnte nach 17 s und bei 12 kW/m² nach 56 s eine Entzündung ermittelt werden. Die Lage (vertikal, horizontal, geneigt) oder der Abstand der Zündquelle zur Oberfläche (Zq.A 20 mm, Zq.B 50 mm) hatten dabei offenbar keinerlei Einfluss.

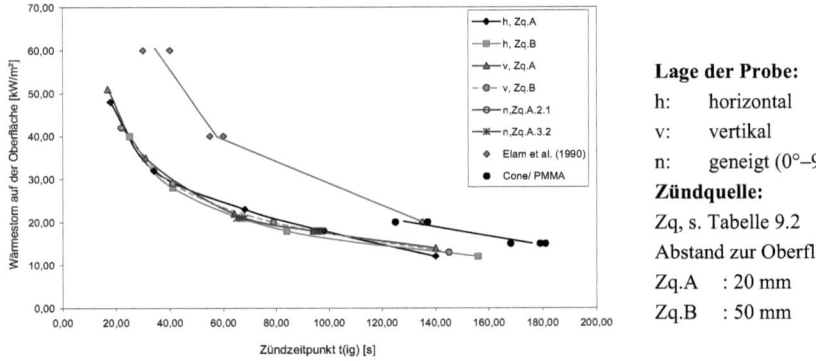

Abbildung 9.3. Zündzeitpunkt (t_{ig}) von PMMA in Abhängigkeit vom Wärmestrom auf der Oberfläche

Die Abbildung 9.3 zeigt zum Vergleich auch die Ergebnisse von experimentellen Zünduntersuchungen an horizontalen PMMA-Proben. Dabei liegen die in den Simulationen ermittelten Zündzeitpunkte in der Regel 20 s vor jenen aus den experimentellen Untersuchungen

(Cone Kalorimeter, s. Abschnitt 3.5.2) und 20–40 s vor jenen, die bei Elam et al. (1990) ermittelt wurden. In der Entwicklung ergeben die Zündzeitpunkte der Simulationen daher eine Kurve, die um 20–40 s versetzt ist zu jener aus experimentellen Untersuchen.

In Anbetracht der unterschiedlichen Möglichkeiten bei Simulationen und Experimenten, eine gute Übereinstimmung. In einer Simulation kann z. B. das zu zündende Material nur durch eine begrenzte Anzahl von Materialparametern beschrieben werden und das Zündkriterium, d. h. der Zeitpunkt, an dem eine Zündung angenommen wird, muss vom Anwender frei gewählt werden. Bei den experimentellen Untersuchungen wiederum kann z. B. die Versuchsanordnung frei gewählt werden. Neben der Art und Lage der Wärme- und Zündquelle können auch die Messung des Wärmestroms auf der Oberfläche und die Definition des Zündzeitpunkts unterschiedlich gewählt sein. In der Regel wird eine Entzündung bei experimentellen Untersuchungen mit den ersten sichtbaren Flammen gleichgesetzt, d. h. auf Grund einer subjektiven Ermittlung durch eine handelnde Person.

Die Unterschiede bei der Ermittlung und Bestimmung der Zündzeitpunkte lassen dennoch die Ableitung von einigen allgemeinen Erkenntnissen aus den experimentellen und numerischen Untersuchungen zu, wie etwa, dass bei einem Wärmestrom auf der Oberfläche ≥ 50 kW/m^2 PMMA nach weniger als 40 s stets zündet und dass unter 10 kW/m^2 keine Zündung eingeleitet werden kann. Des Weiteren hatten sowohl die Lage des Strahlers, eine gleichmäßige Bestrahlung (vgl. Cone und Simulation) oder die Lage der Probe (vertikal, horizontal oder geneigt) nur geringfügigen Einfluss auf die Zündzeitpunkte. Primär beeinflusste vor allem der einwirkende Wärmestrom auf die Oberfläche den Zeitpunkt, an dem eine Entzündung von PMMA stattfand.

9.3 Modellierung der Brandausbreitung

Bei den experimentellen Untersuchungen wurden nach erfolgreicher Zündung die Zündquelle (Bunsenbrenner) sowie die Abdeckung entfernt. Das initiierte Feuer brannte in der Regel weiter und breitete sich in weiterer Folge selbstständig über die gesamte Probenlänge aus (s. Kapitel 5). Dabei konnte beobachtet werden, dass bei zu kurzer Einwirkdauer des Bunsenbrenners das PMMA zwar entzündet wurde, aber danach der Brand dann doch wieder verlosch. Eine Einwirkdauer von 60 s hatte sich jedoch als ausreichend erwiesen, damit das Feuer weiterbrannte und sich anschließend eigenständig ausbreitete. Für eine Untersuchung der Brandausbreitung ist entscheidend, dass 1. der entfachte Feuer weiterbrennt (sich also selbst erhält) und 2. dann über die Zündfläche hinaus, im besten Fall über die gesamte Probenlänge, weiter ausbreitet.

Bei den numerischen Untersuchungen zeigte sich, dass die Initiierung eines selbsterhaltenden Brandes noch viel kritischer war als bei den Versuchen und der Brand oft nach erfolgreicher Entzündung wieder verlosch.
Der Zeitpunkt des Verlöschens wird im Weiteren wie folgt definiert:

$t_{l\ddot{o}} = t_{gr} - t_{zd}$ Gl. (9.1)

Darin sind:

$t_{l\ddot{o}}$ Zeitpunkt des Verlöschen nach dem Abschalten der Zündquelle

t_{gr} Zeitpunkt in der Simulation, an dem eine Abbrandrate < 4 g/m²s erreicht wird

t_{zd} Zünddauer, d. h. Einwirkdauer der Zündquelle

Einfluss darauf, ob ein Brand in der Simulation auch nach dem Entfernen der Zündquelle weiterbrannte oder verlosch, hatte unter anderem die Zündquelle, d. h. sowohl die Zündquellenintensität als auch die Einwirkdauer. Wenn eine zu hohe Zündquellenintensität oder eine zu lange Einwirkdauer gewählt wurde, dann verbrannte während der Zündphase zu viel Material auf der Zündfläche. Nach dem Entfernen von Zündquelle und Abschirmung war somit zu wenig Material übrig, um den weiteren Brand aufrechtzuerhalten bzw. eine ausreichende Energie freizusetzten für die Entzündung der angrenzenden Flächen außerhalb der Zündfläche. Bei einer zu niedrigen Zündquellenintensität oder bei einer zu kurzen Einwirkdauer wurde ein zu geringer Umsatz auf der Zündfläche erreicht und es konnte ebenfalls kein selbsterhaltender Brand numerisch initiiert werden.

Als weiteren Einfluss auf die Initiierung eines selbsterhaltenden Brandes bzw. das Verlöschen des entzündeten Brandes wurde die Lage der Materialoberfläche (d. h. Neigung) ermittelt. Die Abbildung 9.4 zeigt den Zeitpunkt des Verlöschens $t_{l\ddot{o}}$ bei unterschiedlichen Probenneigungen, am Beispiel von zwei verschiedenen Zündquellen. Bei einer Probenneigung ≥ 20° verlosch der initiierte Brand innerhalb von 12–24 s und bei 10° geneigten Proben nach 16–56 s. Nur bei den horizontalen Proben war es möglich, einen länger andauernden Brand zu initiieren.

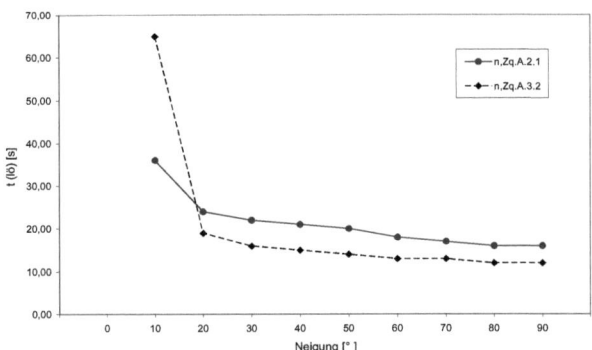

Abbildung 9.4. Zusammenhang zwischen dem Verlöschen und der Probenneigung

Bei den Zellulosesimulationen im vorherigen Abschnitt war eine Ursache für das Verlöschen, dass es auf Grund der zu geringen Dicke der Proben zu einem Ausbrand der Zündfläche kam und somit zu wenig Zellulose für ein eventuelles Weiterbrennen vorhanden war. Bei den PMMA-Simulationen wurde zwar während der Zündphase viel Material umgesetzt, es war jedoch, sowohl bei horizontalen wie auch bei geneigten und vertikalen Proben, noch ausreichend Material vorhanden.

Die Abbildung 9.5 zeigt die Veränderung der Probendicke, während und nach der Zündphase, bei Proben in horizontaler (Abbildung 9.5 a) und vertikaler (Abbildung 9.5 b) Orientierung und bei jeweils gleicher Zündquelle (hier Zq.A.2.1). Die Entwicklung während der Zündphase war, ähnlich wie bei den Zündzeitpunkten (s. Abbildung 9.3), nahezu unabhängig von der Probenneigung, erst nach dem Entfernen der Zündquelle und der Abschirmung wurden die Unterschiede deutlicher. Der Materialabbau war bei den horizontalen Proben im Bereich der Zündfläche (Mp 1–Mp 4, s. Abbildung 9.1 b.) größer als bei den vertikalen Proben. Bei Letzteren stoppte der Materialabbau bereits kurze Zeit nach dem Entfernen der Zündquelle und der Abschirmung, d. h. der Brand verlosch wesentlich schneller als bei den horizontalen Proben.

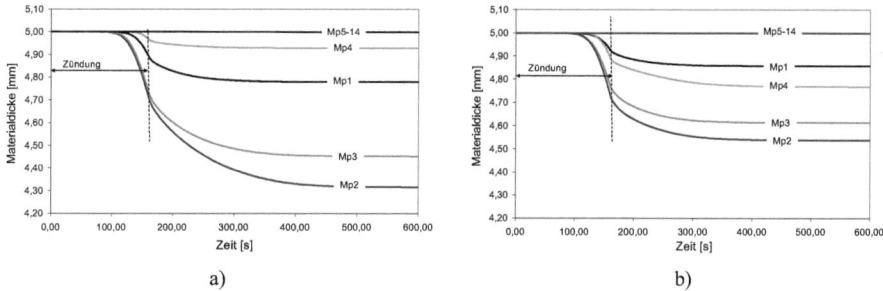

a)   b)

Abbildung 9.5. Entwicklung der Probendicke (Zq.A.2.1); a) horizontale und b) vertikale Probe

Eine weitere Ursache für das rasche Verlöschen könnte in einer unzureichenden Pyrolyse liegen, d. h. dass kein oder nicht ausreichend gasförmiger Brennstoff aus dem PMMA erzeugt wurde. Abbildung 9.6 zeigt die Produktion von gasförmigem Brennstoff auf der Oberfläche von horizontalen und vertikalen Proben, dabei verlief die Entwicklung recht ähnlich, nur dass bei den vertikalen Proben auf Grund des Auftriebes die Pyrolysegase nach Entfernung der Abschirmung aufstiegen und damit auch an den Messpunkten außerhalb der Zündfläche detektiert wurden. Sowohl bei horizontaler als auch bei vertikaler Probenlage sank die Gasproduktion nach dem Abschalten der externen Wärmezufuhr (Zündquelle) rasch ab, bei Ersterer jedoch deutlich langsamer. Somit stand bei den horizontalen Proben auch etwas länger Brennstoff für weitere Verbrennungen zur Verfügung.

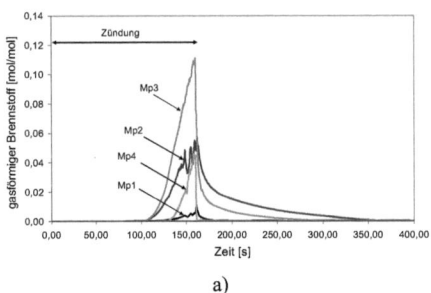
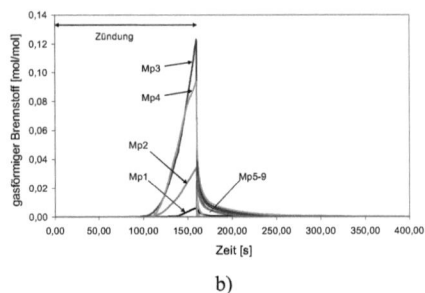

a) b)

Abbildung 9.6. Produktion von gasförmigen Brennstoffen (Zq.A.2.1); a) horizontale und b) vertikale Probe

Dargestellt als Mischungsbruch Z (Abbildung 9.7) erkennt man die Unterschiede zwischen horizontaler und vertikaler Orientierung der Probenoberfläche noch etwas besser. Bei Ersterer wurde am Mp 3 ein maximaler Mischungsbruch von 0,32 kg/kg erreicht, bei Letzterer wurden Mischungsbrüche von max. 0,31–0,35 kg/kg (Mp 3, Mp 4) ermittelt. Nach dem Entfernen der Zündquelle und der Abschirmung waren auch hier die Auswirkungen des Auftriebes zu erkennen, da die gasförmigen Brennstoffe aus der Pyrolyse aufstiegen und somit bei den vertikalen Proben ein Mischungsbruch auch außerhalb der Zündquelle ermittelt werden konnte. Dass weder ein Abbrand noch eine Reduktion der Materialdicke (s. Abbildung 9.5) in diesem Bereich detektiert werden konnte, zeigt, dass das Material dort nicht selbst pyrolysierte oder brannte, sondern nur brennbare Gase von der Zündfläche eingemischt wurden.

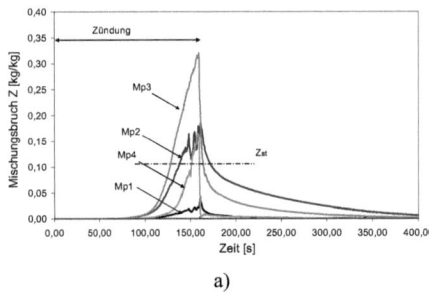
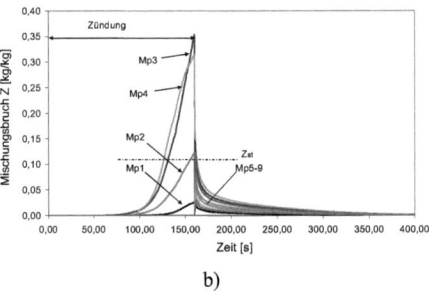

a) b)

Abbildung 9.7. Mischungsbruch Z auf einer a) horizontalen oder b) vertikalen Probe (Zq.A.2.1)

Der Grenzwert Z_{st} in Abbildung 9.7 bezeichnet die stöchiometrische Konzentration von brennbaren Gasen und der Luft, d. h. es steht ausreichend Sauerstoff zur Verfügung, um sämtliche brennbaren Gase verbrennen zu können und es sind nur so viel brennbare Gase vorhanden, wie sich maximal mit dem verfügbaren Sauerstoff verbrennen lassen. Im vorliegenden Fall von PMMA wurde von FDS ein Grenzwert Z_{st} von 0,11 kg/kg ermittelt (s. Abbildung 9.8). Bei $Z_{st} > 0,11$ blieben nach der Verbrennung noch brennbare Gase übrig, während der gesamte Sauerstoff für diese Verbrennung bereits aufgebraucht wurde, bei $Z_{st} < 0{,}11$ hingegen wurden sämtliche brennbaren Gase verbrannt und es war noch Sauerstoff in der Umgebungsluft vorhanden.

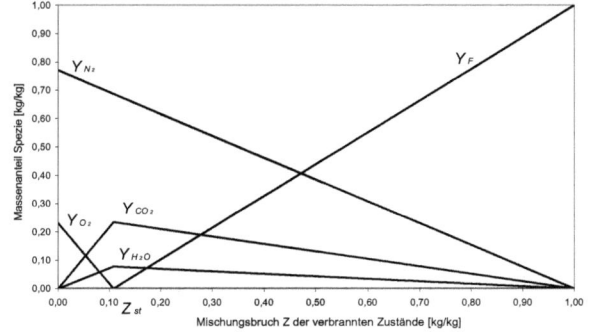

Abbildung 9.8. Zusammenhang von Mischungsbruch und Massenanteilen verschiedener Bestandteile von PMMA sowie der Luft, im verbrannten Zustand

Aus den vorab dargestellten Ergebnissen ist ersichtlich, dass bei horizontalen Proben die Pyrolyse (Gasproduktion) länger erhalten blieb als bei vertikalen Proben. Es kam dadurch zu einem längeren Umsatz vom Material (vgl. Materialdicke, Abbildung 9.5) und somit zu einem sich selbsterhaltenden Brand.

Doch auch wenn sich der Brand auf der horizontalen Zündfläche selbsthielt, so bedeutete dies nicht, dass er sich auch über die Zündfläche hinaus ausbreitete. Bei unterschiedlichen Simulationen an horizontalen Proben mit verschiedenen Zündquellen sowie Geometrie- und Turbulenzmodellen wurden widersprüchliche Ergebnisse in Bezug auf die Brandausbreitung ermittelt. Bei Simulationen mit dem Turbulenzmodell LES (2-D und 3-D) konnte in der Regel keine Brandausbreitung über die Zündfläche hinaus erreicht werden, bei DNS-Simulationen wiederum nur bei 2-D-Modellen, denn die 3-D-Modelle neigten zur Instabilität, d. h. auf Grund der großen Datenmenge bei DNS-Simulationen stürzten die Simulationen ab und es konnten in den Simulationen keine brauchbaren Ergebnisse über längere Zeiträume ermittelt werden.

Bei den Simulationen mit geneigten und vertikalen Proben konnte nie eine Brandausbreitung über die Zündfläche hinaus initiiert werden, da allein schon die Verbrennung auf der Zündfläche nicht aufrechterhalten werden konnte. Wenn jedoch schon die Verbrennung nicht aufrechterhalten bleibt, dann breitet sich auch kein Brand aus.

Die Problematik, einen selbsterhaltenden Brand zu initiieren, wurde bereits bei Untersuchungen mit FDS 4 erkannt (Lautenbacher, 2009). Daher wurden bei Untersuchungen zur Brandausbreitung an vertikalen Wänden mit FDS4 (Kwon, 2006; Kwon et al., 2007) die Zündquellen nicht ausgeschaltet, d. h. während der gesamten Simulation wurde ein Strahler am unteren Ende der Wand beibehalten.

Darauf aufbauend wurden in der vorliegenden Untersuchung auch Simulationen durchgeführt, bei denen die Zündquelle nicht abgeschaltet wurde. Die Abbildung 9.10 zeigt die Entwicklung der Abbrandrate bei beibehaltener Zündquelle (Zq.A.2.2, s. Tabelle 9.2). Die Zündquellenintensität entspricht einem Strahler von 20 cm² Grundfläche und einem resultierenden Wärmestrom von 16–18 kW/m² gemäß den vorab gezeigten Simulationen mit dem Unterschied, dass keine Abschirmung verwendet wurde und der Strahler während der gesamten Simulation erhalten blieb.

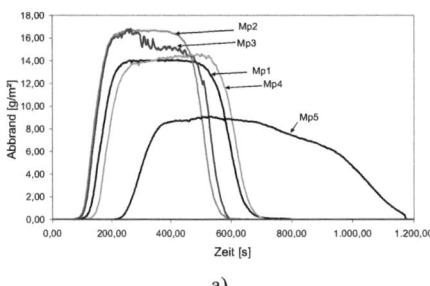 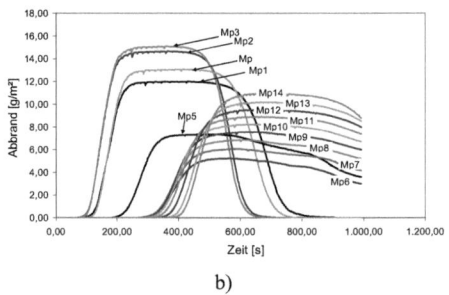

a)   b)

Abbildung 9.9. Entwicklung der Abbrandrate bei einer a) horizontalen und b) vertikalen Probe, bei verbleibender Zündquelle (Zq.A.2.2)

Bei der horizontalen Probe (Abbildung 9.9 a) wurde eine Abbrandrate von max. 16,8 g/m²s erreicht und auch am ersten Messpunkt außerhalb der Zündfläche (Mp 5) konnte eine Zündung initiiert werden. Bei den Simulationen an vertikalen Proben (Abbildung 9.9 b) wurde auf der Zündfläche ein etwas geringerer Abbrand von max. 15 g/m²s festgestellt, aber auch dort begann nach etwa 200 s der Abbrand außerhalb der Zündfläche, das Zündkriterium (d. h. eine Abbrandrate ≥ 4 g/m²s) an Mp 5 wurde nach 283 s erreicht (vgl. 295 s horizontale Probe). In den ersten 300 s der Simulationen waren sowohl bei den horizontalen wie bei den vertikalen Proben ähnliche Entwicklungen zu erkennen, danach jedoch kam es zu einem unterschiedlichen weiteren Verlauf der Abbrandrate. Während bei der horizontalen Probe nur die Zündfläche und Mp 5 entzündet wurden und danach allmählich (bis zum Ausbrand) wegbrannten, entzündete sich hingegen bei der vertikalen Probe die gesamte restliche Oberfläche, aber nur die Zündfläche brannte während der Simulationsdauer aus. Bei den Messpunkten auf der vertikalen Probe ist zu erkennen, dass die Abbrandrate mit steigender Höhe der Messpunkte größer wurde, wobei bei den am weitesten oben liegenden Messpunkten (z. B. Mp 14) die höchsten Abbrandraten ermittelt werden konnten. Die Probe schien sich von beiden Enden aus zur Mitte hin abzubauen, d. h. die Probe schien an beiden Enden am stärksten zu brennen.

Die Abbildung 9.10 b zeigt, dass nach etwa 850 s die Probe im oberen Bereich (Mp 14) bereits dünner war als an allen anderen Messpunkten außerhalb der Zündfläche ($\geq$ Mp 5). Die Entwicklungen der Probendicke verdeutlichen im Allgemeinen ebenfalls die unterschiedliche Brandentwicklung zwischen einer horizontalen (Abbildung 9.10 a) und einer vertikalen Probenorientierung (Abbildung 9.10 b). Während es bei einer horizontalen Probe zu einem allmählichen Ausbrand der Zündfläche ($\leq$ 610 s) und an Messpunkt Mp 5 (1.100 s) kam, brannte die Zündfläche zwar bei der vertikalen Probe ebenfalls aus ($\leq$ 750 s), jedoch nicht an Mp 5, dafür brannte aber die gesamte Probenoberfläche auf einmal.

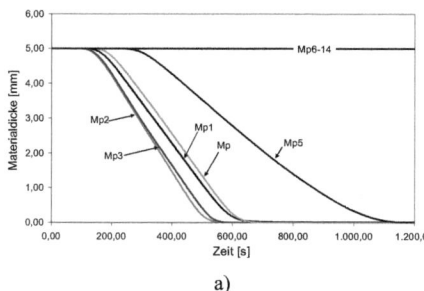
a)

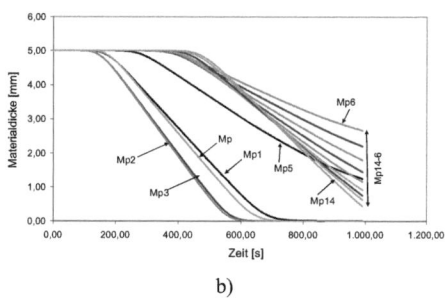
b)

Abbildung 9.10. Entwicklung der Probendicke bei einer a) horizontalen und b) vertikalen Probe, bei verbleibender Zündquelle (Zq.A.2.2)

Zusammenfassend ist festzuhalten, dass beim Einsatz einer bleibenden Zündquelle an vertikalen Proben eine Brandausbreitung initiiert werden konnte, an horizontalen Proben hingegen nicht. Dort konnte nur ein Messpunkt außerhalb der Zündfläche entzündet werden, die freigesetzten Wärmeströme von 12–51 kW/m^2 (s. Zündquellen, Tabelle 9.2) waren nicht hinreichend, um eine Brandausbreitung zu bewirken. Die weiteren Simulationen an geneigten Proben (10–90°) wurden daher stets mit verbleibender Zündquelle durchgeführt.

9.4 Ergebnisse der Simulationen zur Brandausbreitung

Für die Berechnung der Brandausbreitungsgeschwindigkeit in FDS 5 wurden verschiedene Simulationen durchgeführt. In Tabelle 9.3 sind die verwendeten Simulationsmodelle (Zündquelle s. Tabelle 9.2) und die numerisch ermittelten Brandausbreitungsgeschwindigkeiten zusammengestellt.

Tabelle 9.3. Verwendete FDS-Simulationen (Geometrie-Turbulenzmodell) und in FDS 5 ermittelte Brandausbreitungsgeschwindigkeiten, bei unterschiedlicher Probenneigung

Probenlage /Neigung	V_p [mm/s]	Geometriemodell	Turbulenzmodell	Zündquelle
0°	2,65	2-D	DNS	Zq.A.2.1.
10°	–			
20°	–			
30°	0,13			
40°	0,17			
50°	0,29	3-D	LES	Zq.A.2.2 (dauerhaft)
60°	0,37			
70°	0,47			
80°	0,85			
90°	2,56			

Bei den horizontalen Proben konnte, wie bereits erwähnt, nur in der Kombination eines 2-D-Geometriemodells und dem Turbulenzmodell DNS eine Brandausbreitung erreicht werden. Die angewandte Zündquelle wirkte dabei für 160 s auf die Oberfläche. Die derart ermittelte Brandausbreitungsgeschwindigkeit war jedoch um das 38-Fache schneller als jene in den experimentellen Untersuchungen.

An geneigten Oberflächen konnten Brandausbreitungen nur bei verbleibenden Zündquellen erreicht werden, jedoch nicht bei Probenneigungen zwischen 0–20°. Dort wurde offenbar nicht genug Energie auf die Bereiche außerhalb der Zündquelle eingebracht, sodass zumindest an zwei Messpunkten Abbrandraten von > 4 g/m²s erreicht und eine Brandausbreitungsgeschwindigkeit errechnet werden konnte.

Erst ab einer Probeneigung > 30° konnten an mehreren Messpunkten eine Zündung initiiert und somit Brandausbreitungsgeschwindigkeiten ermittelt werden. Doch selbst wenn bei > 30° Geschwindigkeiten der Brandausbreitung ermittelt werden konnten, war zu beobachten, dass sich der Brand nicht bei allen Neigungen bis zum Probenende ausbreitete. Nur bei Neigungen > 80° wanderte die Pyrolysefront über die gesamte Probenlänge.

9.4.1 Brandentwicklung

Im Folgenden werden die Brandentwicklungen der numerischen (s. Tabelle 9.3) und experimentellen Untersuchungen (Kapitel 5) bei Neigungen von 0°, 30°, 60° und 90° detaillierter verglichen. In Bezug auf die zeitliche Vergleichbarkeit wurde der Zeitpunkt $t = 0$ als Startzeitpunkt der Beaufschlagung mit der Zündquellenenergie (Beginn der Zündung) definiert, bei den Simulationen entspricht dies dem Startzeitpunkt der Berechnung.

9.4.1.1 Brandentwicklung bei einer Neigung von 0°

Die Abbildungen 9.11 bis 9.14 zeigen die Brandentwicklung bei horizontalen Proben, sowohl bei den numerischen wie auch bei den experimentellen Untersuchungen. Die Entwicklung in der Simulation erfolgt in Ermangelung einer Smokeview-Darstellung der Flammen in den 2-D-Geometriemodellen über die Temperaturentwicklung.

In der Simulation brannte nach der Entfernung von Zündquelle und Abschirmung vorerst nur die Zündfläche (Abbildung 9.11 a).

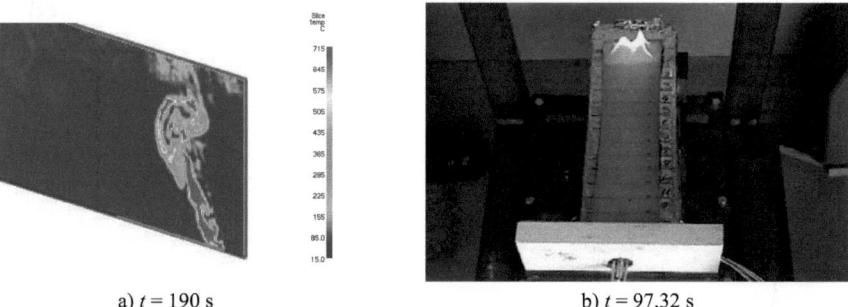

a) $t = 190$ s	b) $t = 97{,}32$ s

Abbildung 9.11. Brandentwicklung kurz nach der erfolgreichen Entzündung bei 0° Neigung der Probe; a) in der FDS-Simulation (Sim: 2D, DNS, 0°) und b) bei den Brandausbreitungsversuchen

Danach breitete sich der Brand allmählich aus, bis nach etwa 300 s bereits die gesamte Oberfläche auf einmal brannte (Abbildung 9.12 a).

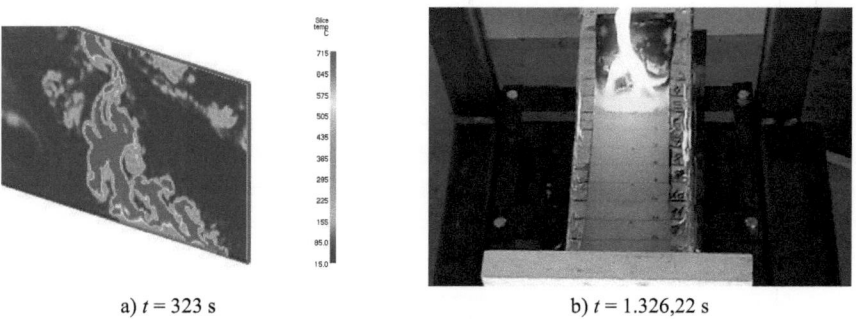

a) $t = 323$ s	b) $t = 1.326{,}22$ s

Abbildung 9.12. Brandentwicklung bei 0° Neigung; a) in der FDS-Simulation (Sim: 2D, DNS, 0°) und b) bei den Experimenten

Im weiteren Verlauf der Simulation begann dann der allmähliche Ausbrand der Probe (Abbildung 9.13 a), aus der Richtung der Zündfläche, bis nach etwa 470 s bereits fast die gesamte Probe weggebrannt war (Abbildung 9.14 a).

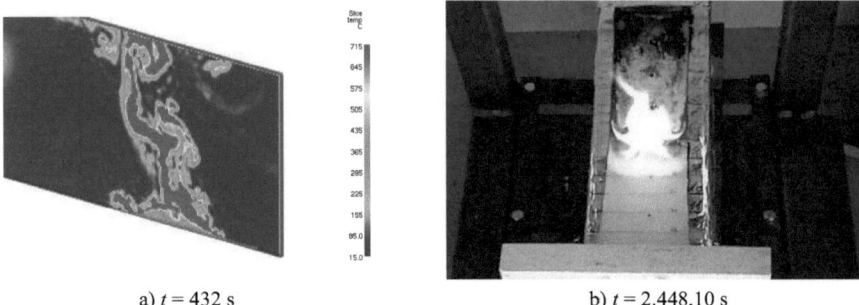

a) $t = 432$ s b) $t = 2.448,10$ s

Abbildung 9.13. Brandentwicklung bei 0° Neigung; a) in der FDS-Simulation (Sim: 2D, DNS, 0°) und b) bei den Experimenten

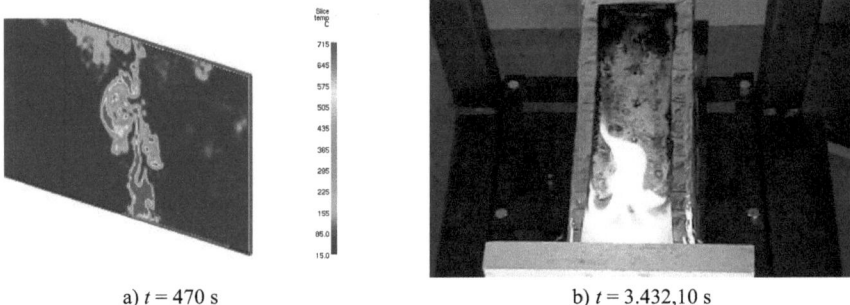

a) $t = 470$ s b) $t = 3.432,10$ s

Abbildung 9.14. Brandentwicklung bei 0° Neigung; a) in der FDS-Simulation (Sim: 2D, DNS, 0°) und b) bei den Experimenten

Die in der 2-D-DNS-Simulation berechnete Brandausbreitung war um einiges schneller (38-fach) als die bei den Experimenten ermittelte Brandausbreitungsgeschwindigkeit, aber auch die Brandentwicklungen unterschieden sich stark voneinander. Bei den Brandversuchen „wanderte" die Brandfläche allmählich und gleichmäßig über die gesamte Oberfläche. Bei der Brandausbreitung und dem Ausbrand konnte sogar eine ähnliche Geschwindigkeit beobachtet werden, sodass die Brandfläche immer die annähernd gleiche Ausdehnung besaß, bei der Simulation jedoch brannte teilweise die gesamte Oberfläche auf einmal.

Zwischen der Simulation und den Experimenten sind somit sowohl vom zeitlichen (Geschwindigkeit) als auch phänomenologischen Ablauf deutliche Unterschiede zu erkennen, d. h. in der Simulation kann die experimentell ermittelte Brandausbreitung nicht nachvollzogen werden.

9.4.1.2 Brandentwicklung bei einer Neigung von 30°

Die Abbildungen 9.15 bis 9.18 zeigen einen direkten Vergleich der Brandentwicklung zwischen den Simulationen und den Brandversuchen, jeweils an 30° geneigten Proben.

a) $t = 129$ s   b) $t = 60{,}87$ s

Abbildung 9.15. Brandentwicklung bei 30° Neigung der Probe kurz nach der erfolgreichen Entzündung; a) in der FDS-Simulation und b) bei den Brandausbreitungsversuchen

Die ersten Flammen waren in der 30°-Simulation ab etwa 120 s ersichtlich (Abbildung 9.15 a), danach breitete sich der Brand aus (Abbildung 9.16 a) bis gleichmäßige Flammen auf etwa der Hälfte der Oberfläche zu erkennen waren (Abbildung 9.17 a).

a) $t = 501$ s   b) $t = 603{,}18$ s

Abbildung 9.16. Brandentwicklung bei 30° Neigung; a) in der FDS-Simulation und b) bei den Experimenten ($t = 500–600$ s)

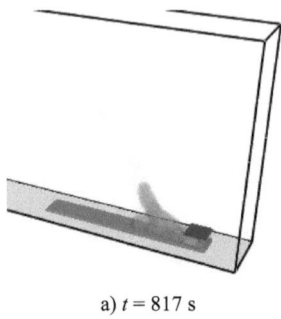 

a) $t = 817$ s   b) $t = 818{,}07$ s

Abbildung 9.17. Brandentwicklung bei 30° Neigung; a) in der FDS-Simulation und b) bei den Experimenten ($t \approx 820$ s)

Nach 1.200 s kam es zum Ausbrand der Zündfläche und zu einem allmählichen Verlöschen auf der restlichen Oberfläche (Abbildung 9.18 a).

a) $t = 1.132$ s   b) $t = 1.139{,}02$ s

Abbildung 9.18 Brandentwicklung bei 30° Neigung; a) in der FDS-Simulation und b) bei den Experimenten ($t = 1130\text{--}1140$ s)

In den ersten 600 s entwickelte sich der Brand in der Simulation und den Versuchen recht ähnlich, Unterschiede waren beim Flammenbild und beim Ausbrand zu erkennen. Während bei den Versuchen die Flammen bereits großflächig auf der Oberfläche anlagen und die Flammenhöhe über den gesamten Verlauf in etwa gleich blieb, waren bei der Simulation sehr unterschiedliche Flammenformen und -ausmaße zu erkennen. Auch der Ausbrand der Probe zeigte deutliche Unterschiede zwischen der Simulation und den Versuchen. In Ersterer verbrannte das Material nur unter dem Strahler vollständig, während bei den Versuchen ein allmählicher Ausbrand über die gesamte Länge der Proben zu verzeichnen war.

Der weitere, große Unterschied zwischen den Versuchen und der Simulation bestand jedoch darin, dass sich der Brand in der Simulation nur bis zur Hälfte der Probe ausbreitete (und dann verlosch) und sich nicht, wie bei den Versuchen, über die gesamte Länge der Probe ausbreitete und allmählich das gesamte Material wegbrannte.

9.4.1.3 Brandentwicklung bei einer Neigung von 60°

Die Abbildungen 9.29 bis 9.22 zeigen die zeitlichen Brandentwicklungen im Vergleich zu den Brandversuchen mit 60° geneigten Proben.

 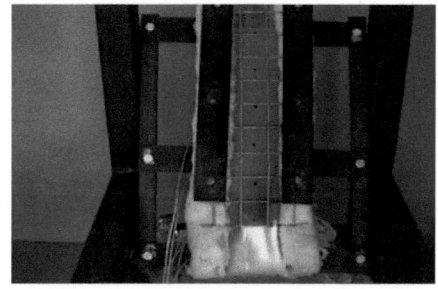

a) $t = 129$ s   b) $t = 81$ s

Abbildung 9.19. Brandentwicklung bei 60°Neigung der Probe kurz nach der erfolgreichen Entzündung; a) in der FDS-Simulation und b) bei den Brandausbreitungsversuchen

Ähnlich wie bei den 30°-Versuchen waren auch bei den 60°-Simulationen ab etwa 120 s die ersten Flammen im Smokeview zu erkennen (Abbildung 9.19 a), danach breitet sich der Brand über die Oberfläche aus (Abbildung 9.20 a), bis fast die gesamte Oberfläche brannte (Abbildung 9.21 a).

 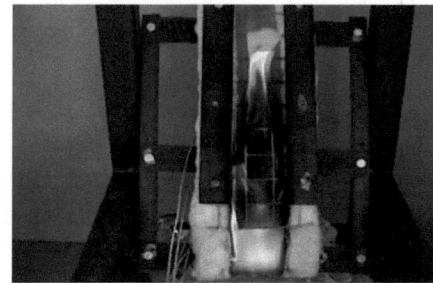

a) $t = 276$ s   b) $t = 279{,}23$ s

Abbildung 9.20. Brandentwicklung bei 60° Neigung; a) in der FDS-Simulation und b) bei den Experimenten ($t \approx 280$ s)

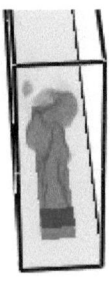 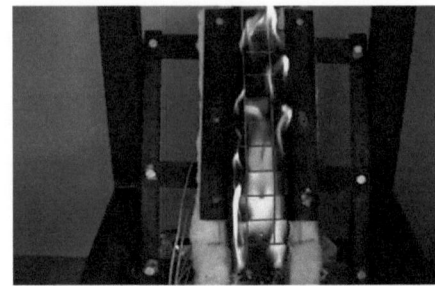

a) $t = 752$ s 　　　　　　　　　　　b) $t = 751{,}50$ s

Abbildung 9.21. Brandentwicklung bei 60° Neigung; a) in der FDS-Simulation und
b) bei den Experimenten ($t \approx 750$ s)

Bis etwa 700 s verliefen die Simulation und die Experimente sowohl vom zeitlichen als auch vom phänomenologischen Verlauf (Flammenbild, Brandflächenausdehnung) ähnlich, so waren z. B. bei beiden gut die an der Oberfläche anliegenden Flammen zu erkennen.

a) $t = 1.344$ s 　　　　　　　　　　　b) $t = 1.431{,}23$ s

Abbildung 9.22. Brandentwicklung bei 60° Neigung; a) in der FDS-Simulation und
b) bei den Experimenten ($t = 1.330$–1400 s)

Gegen Ende der Untersuchung waren jedoch wieder deutliche Unterschiede zu erkennen, denn bei der Simulation teilte sich die Flammenfront in eine in Strahlernähe und eine am Ende der Probe (Abbildung 9.22 a), während in den Experimenten die Flammenfront allmählich über die Oberfläche wanderte. Auch die Entwicklung des Ausbrandes zeigte Unterschiede. So brannte etwa in der Simulation nur der Bereich der Probe direkt unter dem Strahler (nach etwa 15 min) aus, während in den Versuchen die gesamte Probe gleichmäßig verbrannte.

9.4.1.4 Brandentwicklung bei einer Neigung von 90°

Abbildung 9.23 bis Abbildung 9.26 zeigen die Brandentwicklung bei den numerischen und experimentellen Untersuchungen auf den vertikalen (90°) Proben. Nach der Entzündung

(Abbildung 9.23 a) breitete sich in der Simulation der Brand sehr rasch aus (Abbildung 9.24 a), bis die gesamte Oberfläche gleichmäßig brannte (Abbildung 9.25 a).

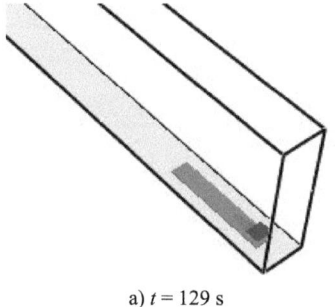

a) $t = 129$ s   b) $t = 86{,}47$ s

Abbildung 9.23. Brandentwicklung bei 90° Neigung der Probe kurz nach der erfolgreichen Entzündung; a) in der FDS-Simulation und b) bei den Brandausbreitungsversuchen

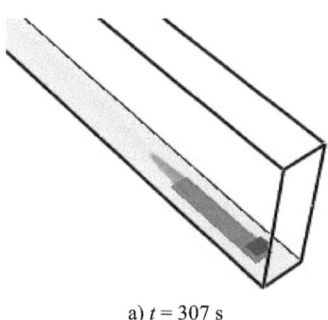

a) $t = 307$ s   b) $t = 301{,}22$ s

Abbildung 9.24. Brandentwicklung bei 90° Neigung; a) in der FDS-Simulation und b) bei den Experimenten ($t \approx 310$ s)

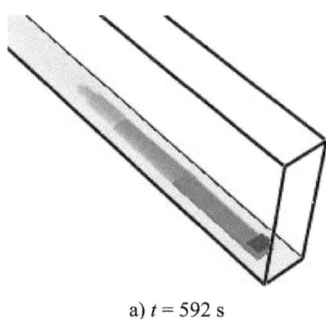
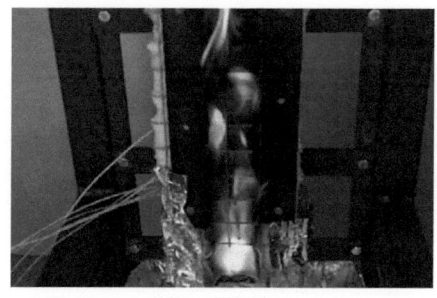

a) $t = 592$ s   b) $t = 598{,}22$ s

Abbildung 9.25. Brandentwicklung bei 90° Neigung; a) in der FDS-Simulation und b) bei den Experimenten ($t \approx 600$ s)

Im weiteren Verlauf war ein Ausbrand sowohl unter dem Strahler als auch am oberen Ende der Probe (Abbildung 9.26 a) zu erkennen.

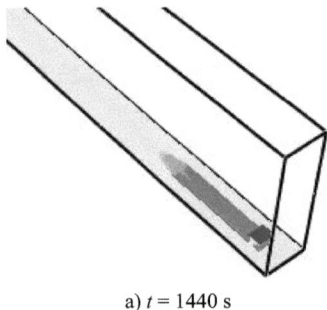
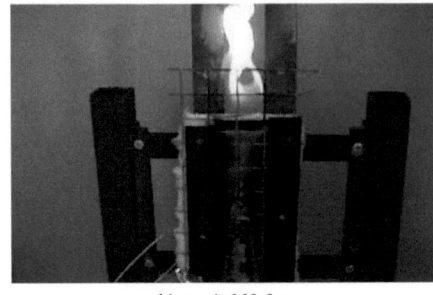

a) $t = 1440$ s b) $t = 1.660,0$ s

Abbildung 9.26. Brandentwicklung bei 90° Neigung; a) in der FDS-Simulation und b) bei den Experimenten ($t = 1.400$–1.700s)

Der Brand in den Versuchen breitete sich um das 38-Fache langsamer aus als in der Simulation und die Probe brannte vom unteren bis zum oberen Ende der Probe komplett aus (Abbildung 9.23 b bis Abbildung 9.26 b), wobei die Ausbreitungsfront „nur" von unten nach oben wanderte. In der Simulation hingegen breitete sich der Brand von der oberen und der unteren Probenkante Richtung Mitte hin aus. In den oberen Bereichen der Probe kam es im Laufe der Simulation zu einem raschen Anstieg der Abbrandrate (vgl. auch Abbildung 9.9 b), wobei diese höchsten Werte außerhalb der Zündfläche (d. h. Mp 1 bis Mp 4) bei den obersten Messpunkten (z. B. Mp 14) ermittelt wurden.

Das Flammenbild unterschied sich grundsätzlich zwischen der Simulation und den Versuchen. In Ersterer waren eher laminare Flammen zu beobachten, während bei den Versuchen deutlich turbulentere Flammen zu erkennen waren.

9.4.2 Entwicklungen der oberflächennahen Temperaturen

Im Folgenden werden die Temperaturentwicklung auf der Oberfläche aus den numerischen und experimentellen Untersuchungen bei Neigungen von 0°, 30°, 60° und 90° verglichen.

Wie in Kapitel 5 über die experimentellen Untersuchungen an PMMA beschrieben, wurde bei den Brandversuchen an PMMA an sechs Positionen auf der Oberfläche die Temperaturentwicklung in Oberflächennähe mittels Thermoelementen aufgezeichnet. Die Abbildung 9.27 zeigt die Lage der Thermoelemente (TC1–TC6) auf der Probenoberfläche bei den experimentellen Untersuchungen. Die Thermoelemente wurden in 40 mm Abständen angeordnet, wobei das erste Thermoelement 10 mm neben der Zündfläche platziert wurde.

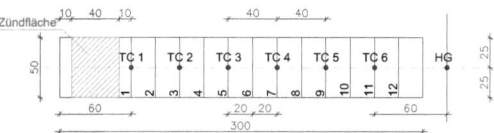

Abbildung 9.27. Positionen der Thermoelemente bei den experimentellen Untersuchungen

Bei den Simulationen wurden an genau den gleichen Positionen (im Raum, x/y/z) die Temperaturentwicklungen erfasst. In FDS gibt es folgende Möglichkeiten der Auswertegrößen für Temperaturen (s. auch Abschnitte 7.1.5 und 7.2.8):

- „Thermoelemente": Dabei werden die speziellen Temperaturübergänge bei der Verwendung von Thermoelementen in die Temperaturermittlung mit einbezogen.
- „Temperatur" ≈ Gasphasentemperatur, d. h. die Temperatur in der örtlich vorhandenen Gasphase bzw. die Umgebungstemperatur an der Oberfläche.
- „Oberflächentemperatur" ≈ Feststofftemperatur, d. h., in diesem Fall, die Materialtemperatur des PMMA an der Oberfläche.

Bei der Darstellung der oberflächennahen Temperaturen bei einer Neigung von 0° werden alle drei der vorab erwähnten Temperaturauswertegrößen verwendet, um zu verdeutlichen, wie wichtig die Anwendung der „richtigen" Auswertegrößen durch den Anwender sind. Bei den weiteren Neigungen (30°, 60°, 90°) erfolgen die Vergleiche zwischen numerischen und experimentellen Temperaturergebnissen nur mehr mit der FDS-Auswertegröße „Thermoelemente", da diese am ehesten den Temperaturen der Experimente entsprechen.

Für eine leichtere Vergleichbarkeit wurden die Temperaturbereiche in den Abbildungen normalisiert. Es ist jedoch zu beachten, dass die Skalierung der zugehörigen Zeiten (max. Versuchs- oder Simulationsdauer) teilweise voneinander abweichen.

9.4.2.1 Oberflächennahe Temperaturen bei einer Neigung von 0°

Die Abbildung 9.28 zeigt die numerisch ermittelten Temperaturen auf und an der Oberfläche, in der Simulation (Abbildung 9.28 a–c) und die experimentell ermittelten Temperaturen am Beispiel eines Versuchs (Abbildung 9.28 d).

Bei den Brandversuchen benötigte die Pyrolysefront über 1 Stunde, bis sie das letzte Thermoelement am Ende der Probe erreicht hatte (Abbildung 9.28 d). Das „Wandern" der Pyrolysefront über die Oberfläche war dabei eindeutig über die Ergebnisse der Thermoelemente zu erkennen und auch die einzelnen Phasen der Zersetzung und Verbrennung von PMMA waren deutlich zu unterscheiden (vgl. Abschnitt 5.2.1). An den Thermoelementen wurden dabei maximale Temperaturen von 580–700 °C gemessen.

In der Simulation verlief die Brandausbreitung deutlich rascher (38-fach) und die einzelnen Phasen der Aufbereitung und Verbrennung des PMMA waren (daher) nicht mehr eindeutig zu unterscheiden. Dennoch zeigten die Temperaturen in der Simulation (Abbildung 9.28 a–b) und bei den Brandversuchen vergleichbare Entwicklungen, denn nach einem raschen Anstieg folgte in beiden Fällen eine Phase, in der die Temperaturen kaum bis gar nicht weiter anstiegen, um dann rasch ein kurzes Maximum zu erreichen und danach sofort wieder abzufallen. Die höchsten Temperaturen wurden bei der Simulation kurz vor jenen Zeitpunkten ermittelt, an denen die jeweilige Gitterzelle (Oberfläche) mit dem jeweiligen Messpunkt wegbrannte, deshalb konnte zu diesem Zeitpunkt auch keine Oberflächentemperatur mehr erfasst werden.

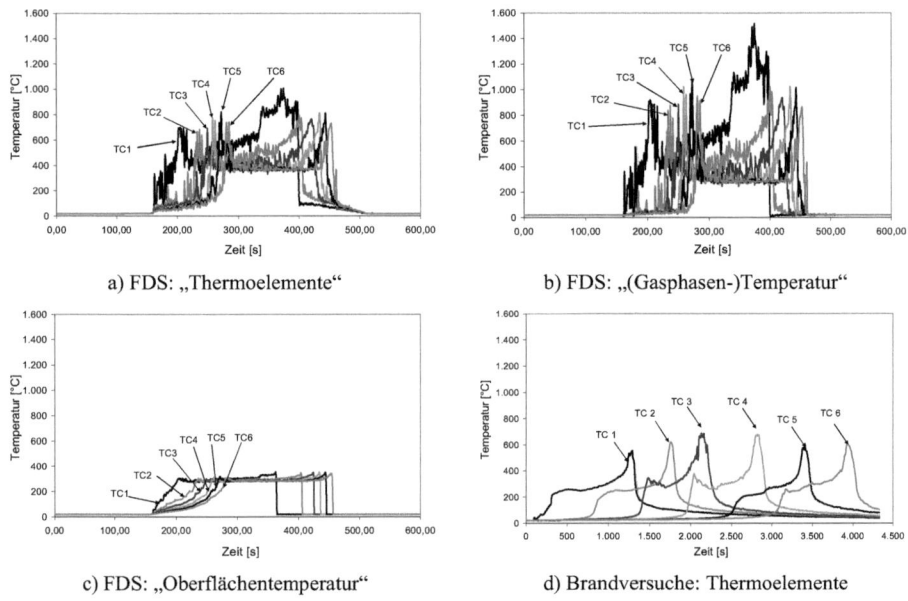

Abbildung 9.28. Temperaturentwicklung auf und nahe der Oberfläche bei 0° Neigung der Probe.
Datenermittlung: a)–c) mittels FDS und d) mittels Thermoelementen bei den Experimenten

Bei den Temperaturwerten aus FDS wurden die geringsten Werte mit 280 °C bei den Feststofftemperaturen (Abbildung 9.28 c) und die höchsten Werte (1.500 °C) in der Gasphase oberhalb der Oberfläche ermittelt (Abbildung 9.28 b). Letztere dürften in etwa der theoretischen Flammentemperaturen entsprechen und sind für einen Naturbrand bei weitem zu hoch. Ähnlichkeiten zwischen den Temperaturergebnissen aus den Brandversuchen sind bei den

Ergebnissen der FDS-„Thermoelemente" (Abbildung 9.28 a) und FDS-„Gasphasentemperatur" zu erkennen. So wurde bei allen z. B. ein Plateau mit 350–380 °C abgebildet, der zeitliche Verlauf unterscheidet sich jedoch merklich.

Zusammenfassend waren somit sowohl bei den ermittelten Temperaturwerten (mit Ausnahme der Oberflächentemperaturen) wie auch beim Temperaturverlauf vergleichsweise gute Übereinstimmungen zu erkennen, dennoch war die phänomenologische Entwicklung des Brandes in der Simulation und in den Experimenten sehr unterschiedlich. In der Simulation stieg nach dem Wegfall des Strahlers und der Abschirmung (180 s) die Temperatur an allen Thermoelementen rasch an und 100 s später (280 s) brannte bereits die gesamte Oberfläche auf einmal, während in den Brandversuchen nie die gesamte Oberfläche auf einmal brannte, sondern eine annähernd gleichbleibende Brandfläche (ca. 20–30 cm^2) über die Oberfläche „wanderte". Des Weiteren sind die zeitlichen Abläufe sehr unterschiedlich, da, wie oben erwähnt, die Brandausbreitung in der Simulation um Vieles schneller ablief als bei den Versuchen. Es wurde z. B. zum Zeitpunkt des kompletten Ausbrandes in der Simulation (ca. nach 500 s) bei den Versuchen gerade erst ein Temperaturanstieg an der 2. Position (TC2) verzeichnet. Zwischen der zu Grunde liegenden Theorie und den vorliegenden experimentellen Ergebnissen sind offensichtlich noch Wissenslücken vorhanden.

9.4.2.2 Oberflächennahe Temperaturen bei einer Neigung von 30°

Bei den weiteren Simulationen von 30°, 60° und 90° wurden 3-D-Simulationen für die numerischen Untersuchungen verwendet und der Strahler nicht nach 160 s entfernt (s. auch Tabelle 9.3), d. h. dieser wirkte während der gesamten Branddauer als zusätzliche externe Wärmequelle.

Wie bereits in Bezug auf die Brandentwicklung erwähnt, breitete sich der Brand in der Simulation bei 30° geneigten Proben nicht über die gesamte Probenlänge aus, demzufolge wurden bei den numerischen Untersuchungen keine (verwertbaren) Temperaturergebnisse bei TC4–TC6 ermittelt (s. Abbildung 9.29 a).

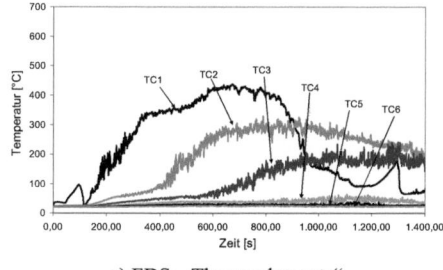
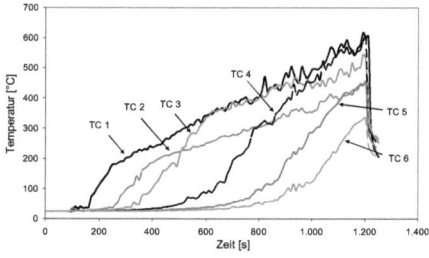

a) FDS: „Thermoelemente" b) Brandversuche, Thermoelemente

Abbildung 9.29. Temperaturentwicklung nahe der Oberfläche bei 30° Neigung der Probe. Datenermittlung: a) mittels FDS und b) mittels Thermoelementen bei den Experimenten

Die Ergebnisse der experimentellen Untersuchungen (Abbildung 9.29 d) zeigten an allen Thermoelementen in Oberflächennähe gleichmäßig steigende Temperaturen, wohingegen es bei der Simulation an den Thermoelementen TC1–TC3 zu unterschiedlich schnellen Anstiegen der Temperaturen kam, bis diese annähernd gleich blieben (Abbildung 9.29 a).

Die Ergebnisse der Simulation zeigten auch die Auswirkungen des verbliebenen Strahlers, denn mit größerer Entfernung zum Strahler stiegen die Temperaturen langsamer an und erreichten geringere Maximalwerte. Die höchsten Temperaturen mit 450 °C konnten in der Simulation am Thermoelement TC1 verzeichnet werden (Abbildung 9.29 a). Bei den Brandversuchen (Abbildung 9.29 b) stiegen die Temperaturen hingegen an allen Positionen an; bei TC1 und TC2 bis auf maximal 600 °C. Der anschließende Temperaturabfall wurde durch das manuelle Löschen bei Versuchsende hervorgerufen.

An den Ergebnissen der Simulation ist auch der Ausbrand der Zündfläche unterhalb des Strahlers zu erkennen. Da das Thermoelement TC1 knapp daneben angeordnet war, konnte an dieser Messstelle durch die verringerte Energieproduktion ein Abfall in der Temperatur nach etwa 1.000 s verzeichnet werden. Dagegen wurde bei den Brandversuchen im gleichen Zeitraum noch immer eine Steigerung der Temperaturen festgestellt, obwohl es nach den Ergebnissen der Brandentwicklung (Abbildung 9.18 b) auch zu einem Ausbrand der Thermoelemente kam.

Im Allgemeinen wurden bei den Ergebnissen der Simulation niedrigere Temperaturen ermittelt als bei den Brandversuchen und die phänomenologische Brandentwicklung entsprach nicht jenen der Versuche.

9.4.2.3 Oberflächennahe Temperaturen bei einer Neigung von 60°

Die Abbildung 9.30 zeigt die Temperaturentwicklungen nahe der Oberfläche in der Simulation (Abbildung 9.30 a) und in den Brandausbreitungsversuchen (Abbildung 9.30 b), bei Probenneigungen von 60°.

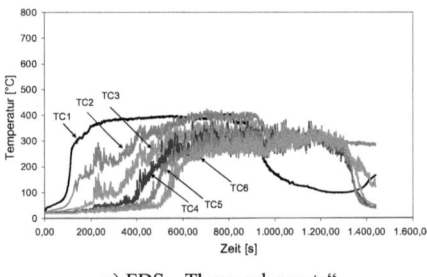
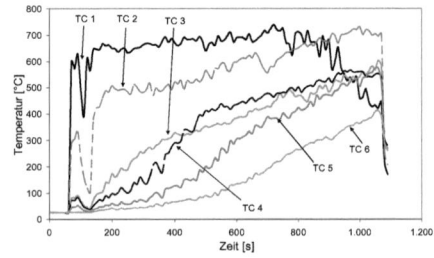

a) FDS, „Thermoelemente"   b) Brandversuche, Thermoelemente

Abbildung 9.30. Temperaturentwicklung nahe der Oberfläche bei 60° Neigung der Probe. Datenermittlung: a) mittels FDS und b) mittels Thermoelementen bei den Experimenten

Die Entwicklung der Temperaturen in Oberflächennähe zeigten bei den Experimenten an 60° geneigten Proben bei allen Thermoelementen einen mehr oder weniger raschen Temperaturanstieg (Abbildung 9.30 b.), wobei bei den Thermoelementen TC1 und TC2 die Temperaturen besonders rasch anstiegen, bis dort ein annähernd stagnierender Bereich von 550–680 °C erreicht wurde.

Auch bei der Simulation stiegen die Temperaturen an allen Positionen sehr schnell an (Abbildung 9.30 a), danach wurden bei allen Positionen annähernd gleichbleibende Temperaturen ermittelt. Die Temperaturwerte erreichten in der Simulation maximal 420 °C, während bei den Versuchen wesentlich höhere Temperaturwerte mit bis zu 720 °C verzeichnet wurden.

Im Unterschied zu den vorab gezeigten Ergebnissen bei 30° Neigung war zu erkennen, dass sich bei 60° der Brand auch in der Simulation über alle Thermoelemente ausbreitete und vergleichbare Brandausbreitungsgeschwindigkeiten ermittelt werden konnten wie in den Experimenten. Dennoch zeigten die Auswertungen der Brandentwicklungen (Abschnitt 9.4.1.3) und der Temperaturen, dass die Simulation und die Brandversuche sich sowohl in der phänomenologischen Entwicklung als auch bei den Temperaturwerten merklich unterschieden.

9.4.2.4 Oberflächennahe Temperaturen bei einer Neigung von 90°

Die Entwicklung der oberflächennahen Temperatur bei einer Neigung von 90° in der Simulation und den Brandversuchen ist in Abbildung 9.31 dargestellt. Zu beachten ist, dass bei den Versuchen (< 1.800 s) über einen längeren Zeitraum Daten aufgezeichnet wurden wie bei der Simulation (< 1.000 s).

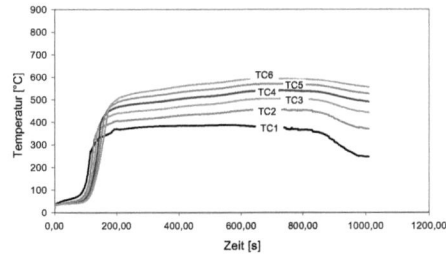
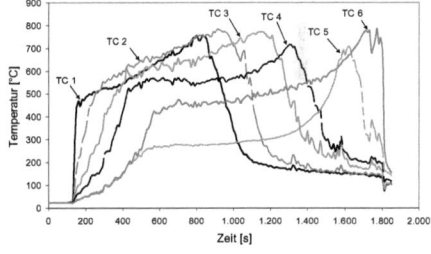

a) FDS, „Thermoelemente" b) Brandversuche, Thermoelemente

Abbildung 9.31. Temperaturentwicklung nahe der Oberfläche bei 90° Neigung der Probe. Datenermittlung: a) mittels FDS und d) mittels Thermoelementen bei den Experimenten

Bei den Brandversuchen (Abbildung 9.31 b) konnte nach einem unterschiedlich raschen Temperaturanstieg auf etwa 450 °C (mit Ausnahme von TC5) ein langsamer Temperaturanstieg bzw. an einigen Positionen annähernd gleichbleibende Temperaturbereiche verzeichnet werden.

Nach dem Erreichen von Maximalwerten von etwa 780 °C kam es zum Ausbrand und zum Absinken der Temperaturen an den Thermoelementen.

Bei der Simulation wurde eine wesentlich schnellere Brandausbreitungsgeschwindigkeit als bei den Versuchen festgestellt, dementsprechend stiegen auch die Temperaturen an allen Thermoelementen schneller als bei den Versuchen. In der Simulation wurden maximale Temperaturen von 600 °C ermittelt, wobei die Temperaturen mit zunehmender Höhe der Auswerteposition anstiegen.

9.4.3 Brandleistungen

Die vorliegenden Untersuchungen wurden an verhältnismäßig kleinen Querschnitten (0,5 bzw. 5 cm Breite, 5 mm Dicke) durchgeführt, daher waren die Leistungen der simulierten Brände auch mit 1–1,9 kW/m^2 dementsprechend gering. Derartige kleine Brandflächen und Brandleistungen finden sich im Brandverlauf eines Schadensfeuers nur in der Anfangsphase des Entwicklungsbrandes, wo sich das Feuer gerade entzündet hat.

Bei den experimentellen Untersuchungen konnten keine direkten Messungen der Brandleistungen vorgenommen werden, daher werden im Folgenden nur die numerisch ermittelten Brandleistungen dargestellt. Die Abbildung 9.32 a zeigt die in einer 2-D-Simulation erzielte Brandleistung, bei einer Brandausbreitung auf einer horizontalen PMMA-Probe. In Abbildung 9.32 b wiederum sind die Ergebnisse aus den 3-D-Simulationen bei unterschiedlicher Neigung der Proben dargestellt. Es ist zu erkennen, dass sich mit steilerer Neigung auch die Brandleistung erhöht. Der Grund lag hierbei in den größeren Brandflächen, da mit unterschiedlicher Neigung die Flammen mehr oder weniger an der Oberfläche anlagen und daher in der Regel bei größerer Neigung mehr Oberfläche in den Brand involviert war, d. h. brannte.

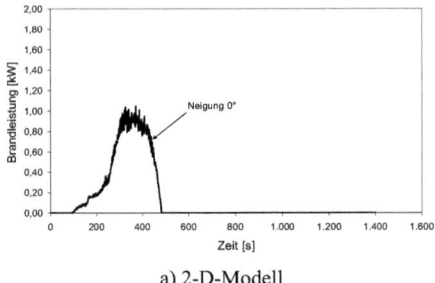
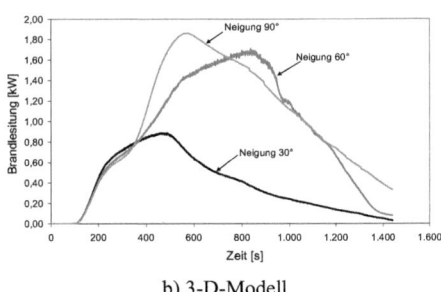

a) 2-D-Modell　　　　　　　　　　　　　b) 3-D-Modell

Abbildung 9.32. Ermittelte Brandleistung im a) 2-D-Modell und einer Probenneigung von 0° und b) im 3-D-Modell bei 30°, 60° und 90° geneigten Proben

9.4.4 Entwicklung der Brandausbreitungsgeschwindigkeit auf geneigten Oberflächen

Die Abbildung 9.33 fasst alle ermittelten Brandausbreitungsgeschwindigkeiten aus den numerischen Untersuchungen (Tabelle 9.3) zusammen und stellt diese im Vergleich den Ergebnissen der experimentellen Untersuchungen (Abschnitt 5.2.5) und numerischen Untersuchungen von Xie und Des Jardin (2009) gegenüber. Letztere wurden mit dem CFD-Modell Safir ermittelt.

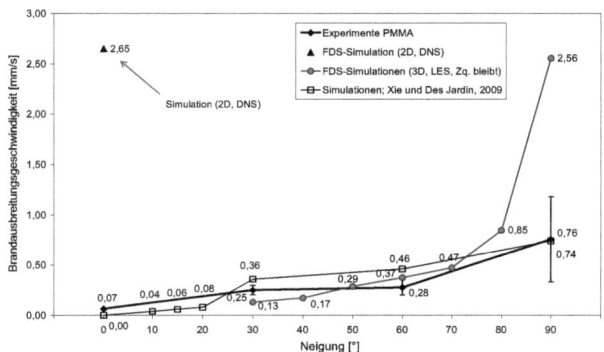

Abbildung 9.33. Vergleich von numerisch und experimentell ermittelten Brandausbreitungsgeschwindigkeiten an PMMA

Bei horizontaler Probenlage konnte, wie bereits erwähnt, nur in einer 2-D-DNS-Simulation eine Brandausbreitung initiiert werden, jedoch war die ermittelte Geschwindigkeit um etwa das 38-Fache höher als bei den experimentellen Untersuchungen. Bei den Simulationen an geneigten Flächen wurden 3-D-Simulationen mit verbleibender Zündquelle angewandt. Die Ergebnisse der in diesen Simulationen (3D, LES, Zq. bleibt) ermittelten Brandausbreitungsgeschwindigkeiten zeigten eine gute Übereinstimmung zu den experimentellen Untersuchungen der Brandausbreitungsgeschwindigkeiten an PMMA (s. Abschnitt 5.2.5), jedoch nur bei Neigungen von 50–70°. Für Neigungen 0° < α < 30° konnten, wie bereits erwähnt, bei den numerischen Untersuchungen keine Brandausbreitungsgeschwindigkeiten ermittelt werden (s. auch Tabelle 9.3) und in den vertikalen FDS-Simulationen wurden wiederum etwa um das 3-Fache schnellere Brandausbreitungsgeschwindigkeiten als bei den Versuchen simuliert.

Die Entwicklungen der Brandausbreitungsgeschwindigkeiten zwischen den verschiedenen Neigungen verliefen bei den experimentellen und numerischen Untersuchungen etwas unterschiedlich. Xie und Des Jardin (2009) berechneten mit dem CFD-Programm Safir einen starken Anstieg der Geschwindigkeit zwischen Neigung von 20° bis 30°. Bei den hier durchgeführten FDS-Simulationen nahmen die Brandausbreitungsgeschwindigkeit mit steilerer Neigung ≥ 30° allmählich zu, bis eine rapide Steigerung bei 80–90° Neigung verzeichnet wurde.

Bei den experimentellen Untersuchungen wurden wiederum große Anstiege der Brandausbreitungsgeschwindigkeiten zwischen 0 und 30° und zwischen 60 und 90° ermittelt.

Obwohl also in einigen Neigungsbereichen gute Übereinstimmungen der FDS-Ergebnisse mit den experimentellen Untersuchungen an PMMA erzielt werden konnten, sind vor allem die horizontalen und vertikalen Brandausbreitungsgeschwindigkeiten in den Simulationen viel zu hoch.

9.5 Einflussgrößen für Simulationen mit FDS 5

In den vorhergehenden Abschnitten konnten bereits eine Reihe von Kennwerten und Randbedingungen (z. B. Materialdicke, Neigung, Zündquelle, etc.) dargestellt werden, die Einfluss auf die Entzündung und Brandausbreitung in FDS-5-Simulationen hatten. Diese Einflussgrößen können die Ergebnisse der FDS-Simulationen erheblich und grundlegend beeinflussen. Sie können im Allgemeinen 2 Gruppen zugeordnet werden: Eine Gruppe an Einflussgrößen ergibt sich aus dem Simulationsprogramm selbst, d. h. aus den implementierten Modellen und Lösungen in FDS 5 (s. Abschnitt 7.1). Die zweite Gruppe der Kennwerte und Randbedingungen ist durch den Benutzer (Anwender) vorzugeben bzw. beinflussbar. Diese Eingabeparameter und deren Auswirkungen wurden bereits in Abschnitt 7.2 zur Erstellung des Simulationsmodelles behandelt.

Alle diese Einflussgrößen können sowohl einzeln als auch in Interaktion miteinander wirken und können sowohl direkte wie auch indirekte Auswirkungen auf die Ergebnisse der Entzündung und Brandausbreitung haben. Die Abbildung 9.34 zeigt die verschiedenen Einflussgrößen für die Simulation der Entzündung und Brandausbreitung in FDS 5 und deren Interaktion untereinander.

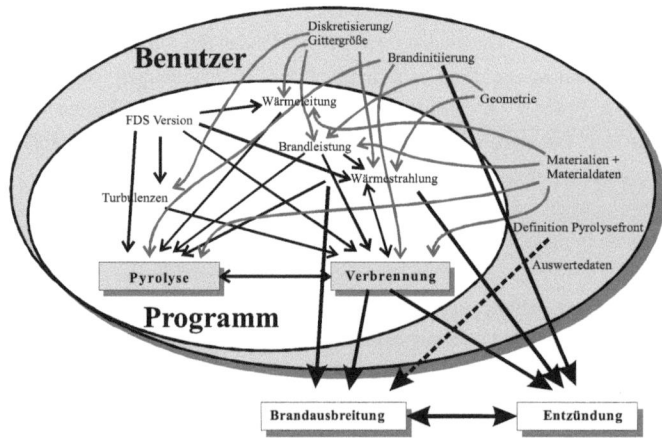

Abbildung 9.34. Einflussgrößen in numerischen Untersuchungen zur Entzündung und Brandausbreitung mit dem CFD-Modell FDS 5 und deren Interaktion

Zur besseren Verständlichkeit wurden in Abbildung 9.34 nur die direkten Interaktionen der verschiedenen Einflussgrößen untereinander dargestellt. Die Auswirkungen auf die Simulation von Entzündung und Brandausbreitung ergeben sich durch deren Verkettungen und Zusammenhänge. So beeinflusst z. B. eine Änderung in der Diskretisierung sowohl die Ergebnisse der Wärmeleitung und der Wärmestrahlung als auch die Behandlung der Turbulenzen und die Ergebnisse der Brandleistungen. Dadurch wirkt sich die Diskretisierung letztlich auf die Pyrolyse und die Verbrennung aus und in weiterer Folge auch auf die Entzündung und Brandausbreitung.

Auch die FDS-Version kann Auswirkungen auf die Simulationsergebnisse haben. FDS wird laufend von der Entwicklergruppe um NIST und VTT überarbeitet und weiterentwickelt, diese Änderungen im Programm können alle implementierten Modelle betreffen. In der vorliegenden Arbeit wurden die ersten Simulationen mit der Version FDS 5.3 durchgeführt und danach auf die aktuellere Version FDS 5.4 gewechselt. Dieser Wechsel der Programmversion hatte jedoch grundlegende Änderungen der Ergebnisse zur Folge. Bei der älteren Version konnte z. B. eine Brandausbreitung auf horizontalen PMMA auch in einem 3-D-Modell (mit LES) initiiert werden, bei der neueren Version hingegen nicht. Besonders bei der Berechnung der Entzündung und Brandausbreitung können also auch kleine Änderungen zwischen den Programmversionen „große" Auswirkungen auf die Ergebnisse haben und gegebenenfalls wochenlange Simulationen obsolet machen (Torero, 2010).

Eine weitere wichtige Einflussgröße ist die Brandleistung. Bei dünnen Materialien (hier Zellulose) konnte etwa keine Brandausbreitung initiiert werden, da die Zündfläche zu rasch ausbrannte und zu wenig Energie frei wurde für den weiteren Umsatz des Materials und/oder eine Zündung außerhalb der Zündfläche. Auch bei dem „dickeren" Material PMMA war die Modellierung einer Brandausbreitung schwierig, aber unter bestimmten Bedingungen bereits möglich. Erste Simulationen mit größeren Brandleistungen (z. B. größeren Zündflächen und Probenausmaßen) zeigen eine deutliche „Verbesserung" für die Initiierung einer Brandausbreitung. Dies deutet darauf hin, dass mit Steigerung der Brandleistung, d. h. mit größeren Proben und/oder bei einem Brandszenarium wie in einer späteren Phase des Schadensfeuers, realitätsnähere Ergebnisse zu erzielen sind.

9.6 Zusammenfassung der numerischen Untersuchungen an PMMA

Zusammenfassend lassen sich folgende Erkenntnisse aus den numerischen Untersuchungen der Entzündung und Brandausbreitung an PMMA gewinnen:

- Bei Ermittlung und Beschreibung der entsprechenden Materialdaten von PMMA konnte die Pyrolyse und Verbrennung mit FDS berechnet werden.
- PMMA konnte in FDS entzündet werden. Die Zündzeitpunkte waren abhängig von der Zündquellenintensität, jedoch kaum von der Probenlage oder dem verwendeten Modell.

- Das Kriterium einer Abbrandrate von $\geq 4,0$ g/m^2 konnte für die Definition der Zündung von PMMA hinreichend genau bestätigt werden.

- Die Initiierung eines selbsterhaltenden Brandes auf der Zündfläche war abhängig von der Zündquelle (Zündquellenintensität, Einwirkdauer) sowie von der Probenneigung.

- Ein selbsterhaltender Brand konnte nur bei horizontal orientierten Proben erreicht werden. Ein selbsterhaltender Brand ist die Voraussetzung für eine eigenständige Brandausbreitung über eine Oberfläche.

- Eine selbstständige Brandausbreitung auf der Oberfläche von PMMA konnte nur bei horizontalen Proben und dabei nur im 2-D-Modell mit dem Turbulenzmodell DNS initiiert werden. Die dabei ermittelten Brandausbreitungsgeschwindigkeiten waren um das 38-Fache höher als bei den experimentellen Untersuchungen.

- Eine Brandausbreitung an $\geq 30°$ geneigten Proben konnte nur erreicht werden, indem die Zündquelle im unteren Bereich der Probe während der gesamten Dauer der Simulation als externe Wärmequelle auf die Oberfläche einwirkte. Nur bei 60° bis 90° geneigten Oberflächen breitete sich der Brand auch über die gesamte Probenlänge hinaus aus.

- Die Brandausbreitungsergebnisse bei Neigungen zwischen 50° und 70° zeigten eine gute Übereinstimmung mit den Ergebnissen der experimentellen Brandversuche, doch konnten die Ergebnisse der Simulationen nur mit einer bleibenden externen Wärmequelle (Zündquelle) ermittelt werden, dies entspricht jedoch nicht genau dem Versuchsaufbau der experimentellen Untersuchungen, denn dort wurde die Zündquelle nach erfolgter Zündung entfernt.

- Die phänomenologischen Auswertungen (Brandentwicklung) und die Entwicklungen der oberflächennahen Temperaturen zeigten nur teilweise Übereinstimmungen zwischen den Brandversuchen und den Simulationen mit FDS 5. Im Allgemeinen wurden bei den Simulationen niedrigere Temperaturen ermittelt als bei den Brandversuchen.

Zusammenfassend ist festzustellen, dass es nur eingeschränkt möglich war, eine Entzündung und Brandausbreitung auf PMMA-Proben mittels FDS 5 zu simulieren. Die Ergebnisse waren abhängig von einer Reihe von Einflussgrößen, die durch den Anwender beinflussbar sind (Eingabeparameter) oder sich aus dem Brandsimulationsmodell (implementierte Modelle) ergeben. Vor allem bei geringer Energiefreisetzung (z. B. geringe Materialdicke, s. Zelluloseversuche oder in der Brandanfangsphase) sind die Ergebnisse aus den Simulationen besonders kritisch und genau zu überprüfen.

10 Zusammenfassung

In der vorliegenden Arbeit wurden die Entzündung und Brandausbreitung in der Anfangsphase eines Brandes (Brandentwicklungsphase) untersucht. Im Speziellen wurde die Brandausbreitung bei unterschiedlicher Oberflächenneigung an dicken und dünnen Materialien mittels experimenteller und numerischer Untersuchungen bestimmt.

Eine der Forschungsfragen bestand darin zu untersuchen, welche phänomenologischen Auswirkungen die Lage bzw. Neigung auf die Brandausbreitung auf thermisch dünnen und dicken Materialien hat. Des Weiteren sollte überprüft werden, inwieweit die Brandausbreitung auch unter Einbeziehung der Lage (Neigung) näherungsweis berechnet und inwieweit die Entzündung und Brandausbreitung auch in der Brandentwicklungsphase und auf geneigten Flächen mit dem CFD-Modell FDS 5 simuliert werden kann.

10.1 Experimentelle Untersuchungen

Zur Lösung der Forschungsfragen wurde eine Reihe an experimentellen Untersuchungen zur Entwicklung der Brandausbreitungsgeschwindigkeit an dünnen und dicken Materialien bei unterschiedlichen Neigungen der Oberfläche durchgeführt. Dabei wurden die Brandausbreitungen an Filterpapier aus Zellulose und an 5 mm dickem PMMA untersucht. Die Abmessungen betrugen 100/300 mm bei den Zelluloseproben und 50/300 mm bei den PMMA-Proben.

Insgesamt wurden 95 Brandausbreitungsversuche mit horizontal (0°) bis vertikal (90°) geneigten Proben durchgeführt, wobei bei den Zelluloseuntersuchungen die Neigung in 10°-Schritten und bei den PMMA-Untersuchungen in 30°-Schritten erhöht wurde.

Zur Bestimmung der Zündzeitpunkte bzw. der Lage der Pyrolysefront und damit in weiterer Folge zur Bestimmung der Brandausbreitungsgeschwindigkeit wurden verschiedene Methoden und Pyrolysefrontkriterien angewandt. Sowohl bei den Zellulose- wie auch bei den PMMA-Untersuchungen wurde mittels definierter Messlinien auf der Oberfläche und Videoaufzeichnungen der Versuche visuell der Zeitpunkt ermittelt, an dem die Pyrolysefront die einzelnen Messlinien erreichte. Ab einer Probenneigung von 30° kam es jedoch immer mehr zu einer Verdeckung der Pyrolysefront und der Messlinien durch die Flammen, somit wurde die Auswertung nur an Hand der visuellen Wahrnehmung mit steilerer Neigung immer schwieriger.

Bei den Zelluloseversuchen konnten neben der visuellen Auswertung erstmals auch Ergebnisse zu Brandausbreitungsgeschwindigkeiten mit einer zur Ermittlung des Zündzeitpunktes bzw. der Lage der Pyrolysefront neu entwickelten „Leitfadenmethode" instrumentell erfasst werden.

Bei den Untersuchungen an PMMA wurden neben der visuellen Beobachtung auch oberflächennahe Temperaturen zur Auswertung der Brandausbreitungsgeschwindigkeit herangezogen. Die Thermoelemente bei den PMMA-Untersuchungen mussten > 3 mm über der Oberfläche angeordnet werden, damit ein Einschmelzen sicher ausgeschlossen werden konnte, ansonsten wurde nur die Schmelztemperatur des PMMA gemessen. Durch die Temperaturentwicklung der oberflächennahen Temperaturen konnten bei den horizontalen PMMA-Versuchen die einzelnen Verbrennungsprozesse von PMMA (erwärmen, schmelzen, verbrennen) unterschieden werden. Bei Neigungen > 30° war dies allerdings nicht mehr möglich, weil die einzelnen Prozesse durch die immer raschere Brandausbreitung nahezu zeitgleich abliefen und daher nicht mehr eindeutig zu unterscheiden waren.

Bei den experimentellen Untersuchungen war zu beobachten, dass eine Reihe an Randbedingungen der Versuche Einfluss auf die Ermittlung und auf die Ergebnisse der Brandausbreitungsgeschwindigkeiten hatte. In Tabelle 10.1 sind diese Einflussfaktoren zusammengefasst und bewertet.

Tabelle 10.1. Bewertung von Randbedingungen die Einfluss auf experimentelle Untersuchungen zur Brandausbreitung haben

Kennwerte und Randbedingungen	Einfluss auf die Brandausbreitung
Versuchsaufbau	o
Externe Einflüsse wie z. B. Strömungen	++
Erfassung von Daten/Messtechnik,	++
Kriterien zur Bestimmung der Pyrolysefront	+
o geringer Einfluss + Einfluss ++ großer Einfluss	

Der Versuchsaufbau selbst, z. B. die Anordnung Probe (vgl. Ergebnisse Abbildung 5.9) hatte in Relation nur geringen Einfluss auf die Ergebnisse. Die gewählten Pyrolysefrontkriterien, d. h. wie die Pyrolysefront definiert wurde, können dagegen größere Auswirkungen auf die Ergebnisse haben. Bei einer Ermittlung der Brandausbreitungsgeschwindigkeit aus verschiedenen Pyrolysefront- bzw. Auswertekriterien (visuell, oberflächennahe Temperaturen, Leitfadenmethode) ist zu beachten, dass aus den Ergebnissen eine geeignete Kombination der verschiedenen möglichen Zeit-Auswerte-Kriterien zu wählen waren. So wurden z. B. nicht bei allen PMMA-Versuchen jeweils die Temperaturkriterien oder Auswertekriterien an allen Messpunkten, wenn überhaupt, in ausreichender Qualität erreicht.

Die größten Auswirkungen hatten jedoch externe Einflüsse, wie etwa vorherrschende Strömungen und die Messtechnik, d. h. bei Letzterer die Art und Weise der jeweiligen Datenerfassung. Wenn

z. B. Messlinien durch die Flammenfront verdeckt oder Temperaturkriterien nicht oder nur ungenau erfasst wurden, sind die Ergebnisse bezüglich ihrer Aussagekraft besonders zu überprüfen. Strömungen wiederum können die Interaktion zwischen Flamme und Oberfläche beeinflussen und können daher erhebliche Auswirkungen auf die Brandausbreitung haben.

Abbildung 10.1 zeigt Ergebnisse der experimentellen Brandausbreitungsgeschwindigkeiten an Zellulose und PMMA in Abhängigkeit von der Neigung. Dargestellt wurden die Mittelwerte und die Standardabweichungen unter der Annahme von Normalverteilungen.

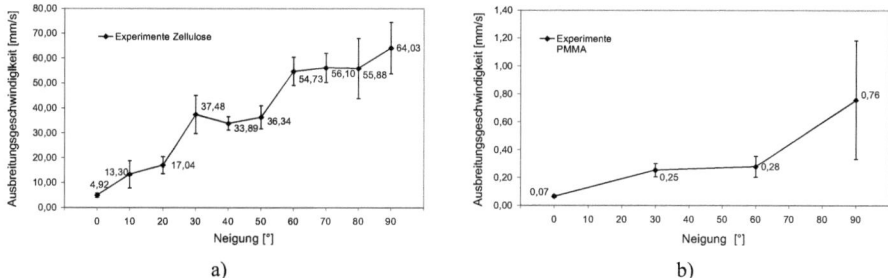

Abbildung 10.1. Experimentell ermittelte Brandausbreitungsgeschwindigkeiten an a) Zellulose und b) PMMA, in Abhängigkeit von der Neigung

Bei den Zelluloseversuchen wurde eine fast lineare Steigerung der Brandausbreitungsgeschwindigkeiten ermittelt, jedoch mit punktuell starken Anstiegen der Geschwindigkeiten im Bereich von 30° und 60°. Bei den PMMA-Versuchen wurde ebenfalls ein starker Anstieg der Brandausbreitungsgeschwindigkeit im Bereich von 30° geneigten Proben und ein noch stärkerer Anstieg bei > 60° Neigungen verzeichnet.

Die Versuche mit einer Neigung von 30° und 60° können im Hinblick auf das Brennen als kritisch bewertet werden. Im Bereich von 24–30° beginnen die Flammen teilweise an der Oberfläche anzuliegen und im Bereich von 60° liegt die Flamme bereits so nahe an der Oberfläche, dass die Auswirkungen de facto der einer komplett anliegenden Flamme entsprechen. Die Ergebnisse sind in diesen beiden Neigungsbereichen daher sehr sensibel in Bezug auf eventuelle Fluktuationen der Flamme und vor allem auf äußere Strömungseinflüsse (Längs-, Querströmungen).

10.2 Näherungsweise Berechnung der Brandausbreitung

Ausgehend von bekannten Modellansätzen wurden näherungsweise Berechnungen der Brandausbreitungen an Zellulose und PMMA bei unterschiedlich geneigten Oberflächen erstellt. Die Problematik hierbei bestand darin, dass neben einer Reihe von Materialkennwerten vor allem die Flammenlänge und der Wärmestrom von der Flamme inklusive deren Veränderung mit der Neigung bestimmt werden mussten. Sowohl die Flammenlänge wie auch der Wärmestrom auf der Oberfläche vor der Flamme sind mit der Neigung veränderlich, deren Zuwachs mit steilerer Oberflächenneigung ausschlaggebend ist für den Zuwachs der Brandausbreitungsgeschwindigkeit. In Tabelle 10.2 wird eine Bewertung über den Einfluss der einzelnen Kennwerte und Randbedingungen für eine näherungsweise Berechnung vorgenommen.

Tabelle 10.2. Einfluss verschiedener Kennwerte und Randbedingungen auf die näherungsweise Berechnung der Brandausbreitung

Kennwerte und Randbedingungen	Einfluss auf die Brandausbreitung
Materialkennwerte	+
Ermittlung der Flammenlänge	+
Ermittlung des Wärmestroms vor der Flamme	++
externe Einflüssen wie z. B. Turbulenzen	o

o	geringer Einfluss	
+	Einfluss	
++	großer Einfluss	

Die erforderlichen Materialkennwerte wurden aus der Literatur und aus eigenen Materialuntersuchungen zusammengestellt. Zur Bestimmung der Flammenlänge bei unterschiedlichen Neigungen wurde ein quantitativer Modellansatz aufgestellt. Dieser Modellansatz ermöglicht, dass nach der Messung der Flammenläge bei horizontaler Brandausbreitung die Flammenlänge bei allen weiteren Neigungen näherungsweise berechnet werden kann.

Der für eine näherungsweise Berechnung erforderliche und mit der Neigung veränderliche Wärmestrom wurde sowohl aus experimentellen Strahlungsuntersuchungen als auch mittels einer näherungsweisen Berechnung ermittelt. Die Wärmeströme aus den Versuchen wurden mit PMMA durchgeführt, deren Ergebnisse sind daher nur für PMMA zu verwenden. Da die Ergebnisse aus diesen Strahlungsuntersuchungen auch nur auf jene Neigungen beschränkt waren, für die Versuche durchgeführt wurden (0°, 30°, 60°, 90°) und direkt an der Pyrolysefront keine Werte erfasst werden konnten, wurden in weiterer Folge für die Berechnung der Brandausbreitungsgeschwindigkeit die näherungsweise berechneten Wärmeströme verwendet.

Die Abbildung 10.2 zeigt die Brandausbreitungsgeschwindigkeiten auf Zellulose und PMMA aus den näherungsweisen Berechnungen in Abhängigkeit von der Neigung. Bei Zellulose konnten

Brandausbreitungsgeschwindigkeiten von 15,43 mm/s (horizontal) bis 61,79 mm/s (vertikal) und bei PMMA von 0,10 bis 0,79 mm/s bestimmt werden. Die Steigerung der Brandausbreitungsgeschwindigkeiten mit steilerer Oberfläche konnte mit dem hier aufgestellten Ansatz gut erfasst werden. Ein Vergleich mit den Ergebnissen aus experimentellen Untersuchungen und gegebenenfalls auch den Simulationen wird in Abschnitt 10.4 vorgenommen.

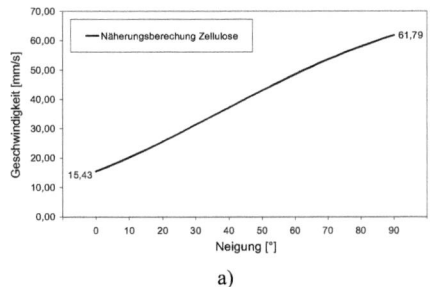
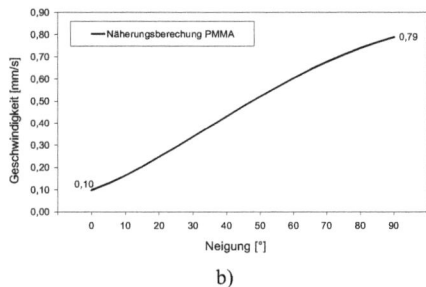

a)   b)

Abbildung 10.2. Näherungsweise berechnete Brandausbreitungsgeschwindigkeiten an a) Zellulose und b) PMMA, in Abhängigkeit von der Neigung

10.3 Numerische Untersuchungen – FDS-Simulationen

Neben den vorab dargestellten Versuchen und Berechnungen wurde untersucht, wie weit und wie realistisch die Entzündung und Brandausbreitung von bzw. auf Zellulose und PMMA mittels dem CFD-Simulationsprogramm FDS (Version 5.4) bestimmt werden kann. Ausgehend von der Annahme einer Brandentstehungsphase, d. h. geringer Brandfläche und geringer Brandleistungen, wurde die Möglichkeit der Simulation der Entzündung und Brandausbreitung an Zellulose und PMMA bei unterschiedlicher Neigung untersucht.

Bei den Simulationen gab es eine Reihe von Kennwerten und Randbedingungen, die Einfluss auf die Simulation der Entzündung und Brandausbreitung hatten. Diese Einflussparameter können im Allgemeinen in zwei Gruppen unterteilt werden: 1. jene die durch den Benutzer beeinflussbar sind (Benutzerangaben) und 2. jene die sich aus dem Simulationsprogramm selbst ergeben (Programmspezifika). In Tabelle 10.3 sind diese Kennwerte und Randbedingungen zusammengefasst und ihr Einfluss auf die Simulation von Entzündungen und Brandausbreitungen bewertet.

Tabelle 10.3. Einfluss verschiedener Kennwerte und Randbedingungen auf die Ergebnisse und/oder die Ermittlung der Entzündung und Brandausbreitung in FDS-5-Simulationen

Kennwerte und Randbedingungen	Einfluss auf die	
	Zündung	Brandausbreitung
Benutzerangaben/Eingabeparameter		
Geometrie: 2-D/3.D, Probenlage, maximale Brandfläche	o	+
Diskretisierung / Gittergrößen	+	++
Brandinitiierung / Zündung: Zündfläche, Intensität, Dauer	++	+
Material: Aufbauten, Ausmaße, Materialkennwerte	+	++
Definition Pyrolysefront	–	o
Auswertedaten	–	–
Programmspezifika		
FDS-Version	o	+
Turbulenzmodell	–	o
Strahlungsmodell	o	++
Wärmeleitungsmodell	o	o
Berechnung der Pyrolyse	o	+
Verbrennung	+	+
Brandleistung	o	++
– kein Einfluss		
o geringer Einfluss		
+ Einfluss		
++ großer Einfluss		

Alle vorab dargestellten Kennwerte und Randbedingungen können sowohl einzeln als auch in Interaktion miteinander wirken und sowohl direkte wie auch indirekte Auswirkungen auf die Ergebnisse der Entzündung und Brandausbreitung der Simulation haben (s. auch Abbildung 9.34). Bei einer geeigneten Anwendung des Benutzers kann, mit Einschränkungen, die Entzündung und Brandausbreitung in FDS berechnet werden.

Bei den hier durchgeführten numerischen Untersuchungen wurden die Randbedingungen im Simulationsmodell soweit wie möglich den experimentellen Untersuchungen angepasst, sodass ein direkter Vergleich möglich war. So wurde z. B. nicht die Pyrolyserate für die Materialien direkt vorgegeben, sondern diese wurde durch FDS über thermodynamische und reaktionskinetische Ansätze selbst errechnet, dementsprechend musste eine ganze Reihe an Materialkennwerten als Eingabeparameter des Modells angegeben werden.

Es wurden Simulationen in 2-D- und 3-D-Geometriemodellen sowie in DNS- und LES-Turbulenzmodellen ausgeführt und die Gitterweite der Modelle betrugen in der Regel 5 mm. Ähnlich den experimentellen Untersuchungen musste auch bei den numerischen Untersuchungen mit FDS 5 ein geeignetes Pyrolysefrontkriterium definiert werden, damit eine Entzündung und/oder Brandausbreitung festgestellt werden konnte. Für die Definition der Pyrolysefront, und damit dem Zündzeitpunkt, wurde für Zellulose das Kriterium einer kritischen Abbrandrate von $\geq 2,5$ g/m^{2}s und für PMMA von $\geq 4,0$ g/m^{2}s herangezogen. Die Entzündung der Materialien konnte damit hinreichend genau ermittelt werden

Bei der Untersuchung der Entzündung und Brandausbreitung mit FDS muss das Material zuerst durch eine geeignete Zündquelle entzündet werden. Danach sollte sich der Brand nach dem Wegfall der Zündquelle selbst erhalten und in weiterer Folge über die Zündfläche hinaus, im Idealfall über die gesamte Probenlänge, ausbreiten.

In den vorliegenden Untersuchungen wurde ein Strahler als Zündquelle verwendet, dabei wurden Simulationen mit verschiedener Zündquellenintensität und Dauer der Beaufschlagung durchgeführt und damit die verschiedenen Zündzeitpunkte ermittelt. Die Entzündung von Zellulose und PMMA konnte mit verschiedenen geeigneten Zündquellen initiiert werden. Die Zündzeitpunkte waren abhängig vom Material und von der Zündquellenintensität, jedoch kaum von der Probenlage (horizontal, vertikal, geneigt) oder dem verwendeten Raummodell (2-D, 3-D) (vgl. Abbildung 8.6 und Abbildung 9.3).

Die Initiierung eines sich selbsterhaltenden Brandes nach dem Wegfall der Zündquelle erwies sich als schwierig. Sie war abhängig von der Zündquelle (Zündquellenintensität, Einwirkdauer), von der Probenneigung und vom Material, aber auch von der vorhandenen Masse des Materials (Breite/Dicke). Bei Materialien mit geringer Dicke (hier z. B. Zellulose mit 0,2 mm) kam es nur zu einem raschen Ausbrand der Zündfläche, aber es konnte kein sich selbsterhaltender Brand und auch keine Brandausbreitung initiiert werden.

Bei den PMMA-Simulationen konnte eine selbstständige Brandausbreitung wiederum nur bei horizontalen Proben und hier nur im 2-D-Modell mit dem Turbulenzmodell DNS initiiert werden. Die Abbildung 10.3 zeigt die ermittelten Brandausbreitungsgeschwindigkeiten in den Simulationen an PMMA.

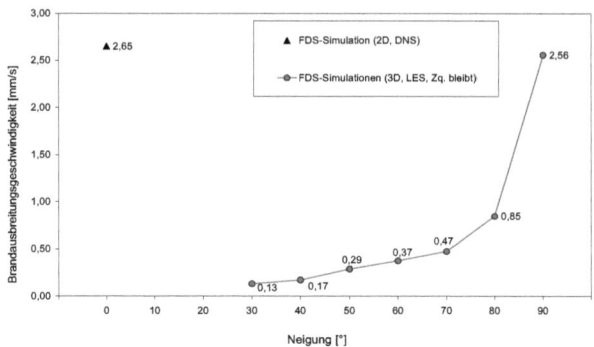

Abbildung 10.3. FDS-Simulationen zur Brandausbreitungsgeschwindigkeit an PMMA, in Abhängigkeit von der Neigung

An geneigten Proben konnte ebenfalls nur bei den PMMA-Simulationen eine Brandausbreitung erreicht werden und auch nur, indem die Zündquelle im unteren Bereich der Probe während der gesamten Dauer der Simulation als externe Wärmequelle auf die Oberfläche einwirkte. Bei Neigungen von 0–20° konnte dennoch eine Brandausbreitung initiiert werden (s. Abbildung 10.3), doch nur bei 60–90° geneigten Oberflächen breitete sich der Brand über die gesamte Probenlänge aus, bei geringeren Neigungen verlosch er vor dem Probenende. Die Brandausbreitungsgeschwindigkeiten stiegen in den Simulationen mit steilerer Neigung an, wobei besonders bei 80–90° geneigten Proben ein deutlicher Anstieg der Geschwindigkeiten zu verzeichnen war.

Im Folgenden werden die Ergebnisse zur Entzündung und Brandausbreitung aus den Experimenten, näherungsweisen Berechnungen und Simulationen miteinander verglichen.

10.4 Vergleich der Ergebnisse aus den experimentellen und numerischen Untersuchungen an Zellulose und PMMA

Die Abbildung 10.4 zeigt die Brandausbreitungsgeschwindigkeiten auf Zellulose in Abhängigkeit von der Neigung. Da wie bereits erwähnt in FDS 5 keine Brandausbreitung simuliert werden konnte, werden „nur" die Ergebnisse aus den Experimenten und der näherungsweisen Berechnung gegenübergestellt.

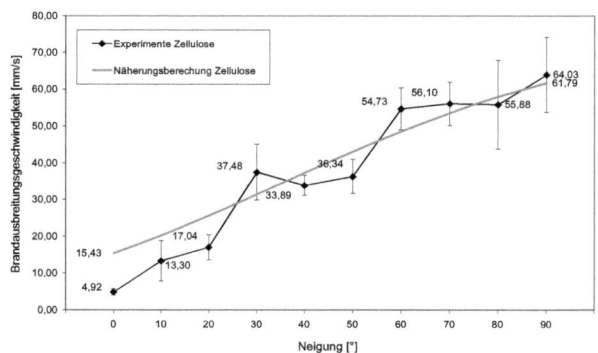

Abbildung 10.4. Brandausbreitungsgeschwindigkeiten auf Zellulose in Abhängigkeit von der Neigung: Ergebnisse aus den Experimenten und der näherungsweisen Berechnung

Mit der näherungsweisen Berechnung konnte im Großen und Ganzen die Entwicklung der Brandausbreitungsgeschwindigkeiten über die Neigungen ermittelt werden, jedoch wurde bei Neigungen < 30° eine etwas zu schnelle Brandausbreitungsgeschwindigkeit näherungsweise berechnet.

In Abbildung 10.5 werden die Brandausbreitungsgeschwindigkeiten an PMMA bei unterschiedlicher Neigung verglichen. Im Unterschied zur Zellulose konnten hier mit allen angewandten Methoden, d. h. experimentell und bei den numerischen Untersuchungen (näherungsweise Berechnung und Simulationen), Brandausbreitungsgeschwindigkeiten ermittelt werden.

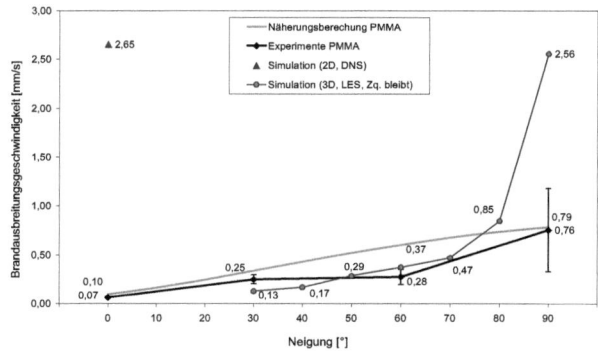

Abbildung 10.5. Brandausbreitungsgeschwindigkeiten auf PMMA in Abhängigkeit von der Neigung: Ergebnisse aus Experimenten, näherungsweisen Berechnungen und Simulationen

Die näherungsweise Berechnung der Brandausbreitung zeigt bei Neigungen ≤ 30° und bei der vertikalen Brandausbreitung eine gute Übereinstimmung mit den experimentell ermittelten Brandausbreitungsgeschwindigkeiten. Bei Neigungen > 30° und < 90° wurden etwas schnellere Brandausbreitungsgeschwindigkeiten als bei den Experimenten berechnet.

Mit den FDS-Simulationen „3D, LES, Zündquelle bleibt" konnten bei Neigungen von 30° bis 70° gute Übereinstimmungen mit den Experimenten erzielt werden, doch konnten die Ergebnisse der Simulationen nur mit einer bleibenden externen Wärmequelle (Zündquelle) ermittelt werden, dies entspricht jedoch nicht genau dem Versuchsaufbau der Experimente, denn dort wurde die Zündquelle nach erfolgter Zündung entfernt. Bei den Simulationen > 70° ergaben sich viel zu schnelle Geschwindigkeiten. Für Neigungen < 30° konnten nur bei horizontaler Lage mit der FDS-Simulation „2D, DNS" eine Ausbreitung ermittelt werden, doch auch hier wurden viel zu schnelle Brandausbreitungsgeschwindigkeiten simuliert.

Zusammenfassend ist zu erkennen, dass auch wenn in den vorliegenden Untersuchungen immer das gleiche Modell eines Brandes in der Anfangsphase (d. h. gleiches Material, Brandfläche, Neigung, etc.) angenommen wurden, bei jedem Vergleich der Ergebnissen, aus den verschiedenen Methoden zu bedenken ist, dass es, ob bei den Experimenten, den näherungsweisen Berechnungen oder auch den Simulationen eine Reihe von individuellen Einflussgrößen (Kennwerte und Randbedingungen) gibt, welche die Ergebnisse der Ermittlung zur Entzündung und Brandausbreitung quasi ungewollt verändern können: Der Stand des Wissens ist jedoch noch nicht so weit, um allgemeingültige Aussagen treffen zu können. Ein direkter Vergleich ist zwar möglich, aber problematisch. Prinzipiell lassen sich jedoch Aussagen zur Entzündung und Brandausbreitung in der Brandentwicklungsphase mit allen drei Methoden treffen, wobei die Weiterentwicklung von Simulationsmodellen langfristig gesehen das größte Potential besitzt.

11 Schlussfolgerungen und Ausblick

11.1 Schlussfolgerungen

Wie in den vorhergehenden Abschnitten dargestellt, war es mit Einschränkungen möglich, die Entzündung und Brandausbreitung auf Zellulose und PMMA sowohl mittels experimenteller Untersuchungen, näherungsweiser Berechnungen und FDS-5-Simulationen zu erfassen. In Anbetracht der vielen Kennwerte und Randbedingungen, welche gegebenenfalls erhebliche Auswirkungen auf die Ermittlung der Ergebnisse haben, müssen die Ergebnisse derartiger Untersuchungen immer kritisch hinterfragt und beurteilt werden.

Bei Experimenten hängen die Ergebnisse stark von den verwendeten Materialien, dem Versuchsaufbau, der Datenerfassung und der Definition von Auswertekriterien ab, aber auch von externen Einflüssen wie Strömungen.

Bei der Anwendung einer näherungsweisen Berechnung müssen unter anderem Materialkennwerte bestimmt werden. Die größten Einflüsse bei einer näherungsweisen Berechnung rühren jedoch aus der Bestimmung der Flammenlänge bei veränderlichen Neigungen und den Problemen, welche die Eingabedaten für die Wärmeübergänge (v. a. Bestimmung der veränderlichen Wärmeströme) betreffen.

Bei den Simulationen mit FDS 5 zeigen sich dagegen deutlich die Limits dieses CFD-Modells hinsichtlich der Brandentstehung und der Brandausbreitung bei kleinen Brandleistungen wie sie bei dünnen Materialien und in der Brandentwicklungsphase zu finden sind. Dabei ist jedoch auch zu bedenken, dass numerisch ermittelte Lösungen immer eine Näherungslösung darstellen und daher entsprechend zu beurteilen sind. Auch wenn in einer Simulation keine Brandausbreitung erreicht wird, bedeutet dies nicht, dass dieses auch der Wirklichkeit entspricht. Letzeres konnte auch in dieser Arbeit durch den Vergleich der Experimente mit der Simulationen aufgezeigt werden.

Einen der wichtigsten Einflüsse auf die Ergebnisse von Experimenten, näherungsweisen Berechnungen und Simulationen nimmt jedoch der Anwender selbst. Für die Verwendung z. B. von Brandsimulationsmodellen in solch kritischen Phasen wie der Brandausbreitungsphase und bei Verwendung von speziellen Programmbestandteilen wie der Pyroloseberechnungen sind bei FDS 5 vom Anwender erhöhte skill levels erforderlich. Nur wenn der Anwender ausreichendes Wissen über die Grenzen, Einflüsse und die daraus resultierenden möglichen Auswirkungen auf die Ergebnisse hat, kann z. B. FDS für die Simulation von Entzündung und Brandausbreitungen angewendet werden. Unabhängig davon sind Ergebnisse zur Brandausbreitung aus allen drei Methoden, vor allem in der Brandentwicklungsphase, immer kritisch zu überprüfen.

11.2 Ausblick

Der in der vorliegenden Arbeit gewählte Ansatz zur Untersuchung und Beschreibung der Entzündung und Brandausbreitung in der Entwicklungsphase eines Brandes setzt geringe Brandflächen und dadurch geringe Brandleistungen voraus. Im weiteren Schritt der hier durchgeführten Untersuchungen könnten diese Ansätze schrittweise auf etwas größere Brände und Entzündungsszenarien erweitert werden.

Bei den Experimenten wäre es von Interesse, die Versuche auf größere Materialproben (Breite, Dicke) und damit auf größere Brandleistung auszudehnen. Damit könnten eventuell Einflüsse von Strömungen bei den Versuchen oder die Zahl der nicht erreichten Temperaturkriterien bei der Datenermittlung reduziert werden. Vielleicht könnte hiermit die beobachtete Entwicklung im Bereich von 30° und 60° geneigten Proben bestätigt oder widerlegt werden.

Für die Modellierung der Brandausbreitung ist es vor allem notwendig, die Wärmeströme vor der Flamme zu bestimmen. Solange es jedoch keine allgemeingültigen Modelle zur Lösung dieser Frage gibt, kann die näherungsweise Berechnung nur durch weitere experimentelle Untersuchungen verbessert werden. Vor allem sind umfangreiche Studien zur Entwicklung der Wärmeströme vor der Flamme erforderlich. Bei unterschiedlichen Neigungen und Materialien, aber auch bei unterschiedlicher Brandleistung könnten damit ausreichende Daten ermittelt werden, um einen Zusammenhang der Wärmeströmung und der Brandentwicklung bei unterschiedlichen Einflussparametern (z. B. Neigung, Brandleistung) zu bestimmen. Eine Verbesserung der Angaben zu den erwarteten Wärmeströmen sollte somit auch zu einer Verbesserung der Ergebnisse einer näherungsweisen Berechnung führen.

Die Simulationen mit FDS 5 bei größeren Brandszenarien, d. h. mit höheren Brandleistungen zeigen eine deutlich „bessere" Initiierung der Brandausbreitung. Je größer die Brandleistung, desto „leichter" ist eine Brandausbreitung zu erreichen, d. h. es kann davon ausgegangen werden, dass je größer der simulierte Brand ist, desto genauer und realitätsnaher werden die Ergebnisse im Hinblick darauf, ob eine Brandausbreitung in der Praxis stattfindet oder nicht. Es ist zu bedenken, dass FDS ständig überarbeitet und verbessert wird, eine Änderung in den implementierten Modellen kann jederzeit zu einer „Verbesserung" oder zu einer „Verschlechterung" der Ergebnisse führen, denn besonders bei kleinen Brandleistungen (wie in der Anfangsphase eines Brandes) können jedwede Änderungen Auswirkungen auf die Ergebnisse haben! Im Hinblick darauf, dass demnächst auch FDS 6 auf den Markt kommt, müssten alle (!) Untersuchungen auch mit der neuesten Version nachgestellt werden, um gegebenenfalls die aktuellen Möglichkeiten erfassen zu können.

An erster Stelle der Einflüsse auf die Ergebnisse aller Untersuchungen steht jedoch der Anwender selbst; dessen Wissen und Erfahrung ausschlaggebend ist, sowohl für die Erstellung, Durchführung und Auswertung von näherungsweisen Berechnungen als auch für die experimentellen und numerischen Untersuchungen.

12 Literaturverzeichnis

Anonym: (1977) *Brandschutz Formeln und Tabellen*. Staatsverlag der Deutschen Demokratischen Republik, Berlin.

Anonym: (1979) *Großes Handlexikon in Farbe*. Verlagsgruppe Bertelsmann, Gütersloh.

Arsenau, D., Stanwick, J.: (1972*) A Study of Reaction Mechanisms by DSC and TG. Proceedings of the Third International Conference on Thermal Analysis*, Davos 1971, Birkhäuser Verlag, Basel und Stuttgart.

Ayani, M., Esfahani, J., Mehrabian, R.: (2006) *Downward Flame Spread over PMMA sheets in quiescent air: Experimental and theoretical studies*. Fire Safety Journal, 41, S.164–169.

Bamford, C, Crank, J, Malan, D.: (1946) *On the Combustion of Wood. Part I.* Proceedings of the Cambridge Phil. Soc., 42, S. 166–182.

Charuchinda, S., Suzuki, M., Dobashi, R., Hirano, T.: (2001) *Behavior of Flames Spreading Downwards over Napped Fabrics*. Fire Safety Journal, 36, S. 313–325.

Chen, P., Sun, J., He, X.: (2007) *Behavior of Flame Spread Downward over Thick Wood Sheets and Heat Transfer Analysis*. Journal of Fire Sciences, 25.

Cleary, T.: (1992) *Flammability Characterization with the LIFT Apperatus and the Cone Calorimeter*. Fire Retardant Chemicals Association. Technomic Publishing Co., Lancaster, PA. S. 99–115.

Cowlard, A., et al.: (2007) *A Simple Methodology for Sensor Driven Prediction of Upward Flame Spread*. Turkish Journal Eng. Env. Sci., 31, S. 403–413.

Cowlard, A., Richon, J., Rein, G., Welch, S., Torero, J.: (2008) *Sensor Driven Prediction of Upward Flame Spread*. 9th International Symposium in Karlsruhe.

Deepak, D., Drysdale, D.: (1983) *Flammability of Solids: An Apperatus to measure the Critical Mass Flux at the Firepoint*. Fire Safety Journal, 5, S.167–169.

Dewitt, R.: (1999) *Standardization and Legislation in Europe*. Polymer Degradation and Stability, 64, S. 535–544.

De Ris, J.: (1979) *Fire Radiation — a review*. 17th Symposium (International) on Combustion, The Combustion Institute Pittsburgh. S.1003–1006.

Di Blasi, C.: (1995) *Influence of Sample Thickness and Early Transient Stages of Concurrent Flame Spread and Solid Burning*. Fire Safety Journal, 25, S. 287–304.

Di Nenno, P. J., et al.: (2008) *SFPE Handbook of Fire Protection Engineering*. 4th edition, Society of Fire Protection Engineering, Boston.

DIN 4102-15: (1990) *Brandverhalten von Baustoffen und Bauteilen, Teil 15: Brandschachttest*. Deutsches Institut für Normung e. V., Berlin.

DIN 4102-16: (1998) *Brandverhalten von Baustoffen und Bauteilen, Teil 16: Durchführung von Brandschachtprüfungen*. Deutsches Institut für Normung e. V., Berlin.

DIN 5510-2: (2009) *Vorbeugender Brandschutz in Schienenfahrzeugen, Teil 3: Brennverhalten und Brandnebenerscheinungen von Werkstoffen und Bauteilen – Klassifizierung, Anforderungen und Prüfverfahren*. Institut für Normung e. V., Berlin.

Drysdale, D.: (1998) *An Introduction to Fire Dynamics*. 2nd edition, John Wiley & Sons, Chichester.

Drysdale, D., Macmillan, A.: (1992a) *Flame Spread on Inclined Surfaces*. Fire Safety Journal, 18, S. 245.

Drysdale, D., Macmillan, A., Shilitto, D.: (1992b) *The King's Cross Fire: Experimental Verification of the "trench effect"*. Fire Safety Journal, 18, S. 75.

Drysdale, D., Thomson, H.: (1989) *Flammability of Plastics II: Critical Mass Flux at the Firepoint*. Fire Safety journal, 14, S. 179–188.

Elam, S., Altenkirch, R., Saito, K., Arais, M.: (1990) *Cone Heater Ignition Tests of Liquid Fuels*. Fire Safety Journal, 16, S. 65–84.

Fernandez-Pello, A. C.: (1995) *The Solid Phase*. In "Combustion Fundamentals of Fire" (ed. G. Cox) Academic Press, London.

Ferriol, M., Gentilhomme, A., Chohez, M., Oget, N., Mieloszynski, J.: (2003) *Thermal Degradation of Poly(methyl methacrylate) (PMMA): Modelling of DTA and TG Curves*. Polymer Degradation and Stability, 79, S. 271–281.

Grant, G. B., Drysdale, D. D.: (1995) *Numerical Modelling of Early Fire Spread in Warehouse Fires*. Fire Safety Journal, 24, S. 247–278.

Hasemi, Y.: (2008) *Surface Flame Spread*. The SFPE handbook of Fire Protection Engineering, fourth edition.

Hasemi, Y., Yoshida, M, Yasui, N., Parker, W.: (1994) *Upward Flame Spread Along a Vertical Solid for Transient Local Heat Release Rate*. Fire Safety Science – proceeding of the 4th International Symposium, june 13–17, Ottawa, Canada, S. 385–396.

Honda, L., Ronney, P.: (2000) *Mechanism of Concurrent-Flow Flame Spread over Solid Fuel Beds*. Proceeding of the Combustion Institute, 28, The Combustion Institute Pittsburgh, S. 2793–2801.

Hosser, D, (Hrsg.): (2009) *Leitfaden Ingenieurmethoden des Brandschutzes.* Technisch Wissenschaftlicher Beirat der Vereinigung der Förderung des Deutschen Brandschutzes e. V. (vfdb), Altenberge.

Hostikka, S., McGrattan, K.: (2001) *Large Eddy Simulation of Wood Combustion.* International Interflam Conference 9th proceedings, Vol. 1, Edingburgh, Scotland, Interscience, London.S. 755–762.

ISO 5658-2: (2006) *Reaction to fire tests-Spread of flame, Part 2: Lateral spread on building and transport products in vertical configuration.* International Standard.

ISO 5660-1: (2002) *Reaction to fire tests-Heat release, smoke production and mass loss rate, Part 1: Heat release rate (cone calorimeter method).* International Standard.

ISO 9705: (1993) *Fire tests-full scale room test for surface products.* International Standard.

ISO/TC 92/SC1 (preparatory): (2008) *Reaction to fire tests – Measurements of fundamental material properties using a fire propagation apparatus.* International Standard.

Ito, A., Kashiwagi, T.: (1988) *Characterization of Flame Spread over PMMA using Holographic Interferometry Sample Orientation Effects.* Combustion and Flame, 71.

Ito, A., Kudo, Y., Oyama, H.: (2005) *Propagation and extinction mechanism of opposed-flow flame spread over PMMA for different sample orientations.* Combustion and Flame, 142, S. 428–437.

Jiang, Y.: (2006) *Decomposition, Ignition and Flame Spread on Furnishing Materials.* PhD Thesis, Victoria University, Australia.

Karlsson, B.: (1995) *A Mathematical Model for Calculating the Heat Release Rate in the Room Corner Test.* Fire Safety Journal, 20, S. 93–113.

Kashiwagi, T., Inaba, A., Brown, J. E.: (1986) *Differences in PMMA Degradation Characteristics and Their Effects on its Fire Properties.* Proceeding of First International Symposium on Fire Safety Science.

Keim Kunststoffe GmbH: (o. J.) Datenblatt PMMA. [www Dokument] verfügbar unter: www.keim-kunststoffe.de/d/service/datenblaetter.pdf [Datum des Zugriffs: 15.09.09]

Kern GmbH: (o. J.) Datenblatt PMMA. [www Dokument] verfügbar unter: www.kern-gmbh.de/cgi-bin/riweta.cgi?lng=1&nr=2610 [Datum des Zugriffs: 15.09.09]

Kwon, J.: (2006) *Evaluation of FDS V4: Upward Flame spread.* Master Thesis, Worchester Polytechnic Institute.

Kwon, J., Dembsey, N., Lautenberger, C.: (2007*) Evaluation of FDS V4: Upward Flame spread.* Fire Technology, 43, S 255–284.

Lattimer, B.: (2008) *Heat Flux from Fire to Surfaces*. The SFPE handbook of Fire Protection Engineering, fourth edition.

Lautenberger, C.: (2009) *Kommentar in FDS User Group*. [www Dokument] verfügbar unter:http://groups.google.com/group/fds-smv/browse_thread/thread/83726658339080ec?hl=en [Datum des Zugriffs: 22.08.09]

Liang, M., Quintiere, J.: (2002) *Evaluation Studies of the Flame Spread and Burning Rate Prediction by Fire Dynamic Simulator*. Master Thesis, University of Maryland.

Lizhong, Y., Zaifu, G., Jingwei, J., Weicheng. F.: (2005) *Experimental Study on Spontaneous Ignition of Wood Exposed to Variable Heat Flux*. Journal of Fire Sciences, 23, S. 405–416.

Magee, R. S., McAlevy, R. F.: (1971) *The mechanism of flame spread*. J. Fire and Flammability, 2, S. 271–297.

Mamourian, M., Esfahani, J., Ayan, M.: (2009) *Experimental and Scale Up Study of the Flame Spread over PMMA Sheets*. Thermal Science, 13, S. 79–88.

Mangs, J.: (2009) *A New Apparatus for Flame Spread Experiments*. VTT Working Papers 112, Technical Research Centre of Finland (VTT).

Mc Grattan, K. (ed.): (2006) *Fire Dynamic Simulator (Version 4), Technical Reference Guide*. NIST Special Publication 1018, Building and Fire Research Laboratory, National Institute of Standards and Technology, Gaithersburg.

Mc Grattan, et al.: (2009a) *Fire Dynamic Simulator (Version 5), Technical Reference Guide, Volume 1: Mathematical Model*. NIST Special Publication 1018-5, Building and Fire Research Laboratory, National Institute of Standards and Technology, Gaithersburg.

Mc Grattan, K., Hostikka, S., Floyd, J., Klein. B., Prasad, K.: (2009b) *Fire Dynamic Simulator (Version 5), Technical Reference Guide, Volume 3: Validation*. NIST Special Publication 1018-5, Building and Fire Research Laboratory, National Institute of Standards and Technology, Gaithersburg.

Mc Grattan, K., Klein. B., Hostikka, S., Floyd, J.: (2009c) *Fire Dynamic Simulator (Version 5), User's Guide*. NIST Special Publication 1019-5, Building and Fire Research Laboratory, National Institute of Standards and Technology, Gaithersburg.

Mc Grattan, K., Baum, H., Rehm, R.: (1998) *Large Eddy Simulations of Smoke Movement*. Fire Safety Journal, 30, S. 161–178.

Mell, W., Olsen, S., Kashiwagi, T.: (2000) *Flame Spread along Free Edges of Thermally Thin Samples in Microgravity*. Proceeding of the Combustion Institute, 28, The Combustion Institute Pittsburgh S. 2843–2849.

Morita GmbH: (o. J.) *Sicherheitsdatenblatt MMA*. [www Dokument] verfügbar unter: www.jmoritaeurope.de/root/img/pool/safety_data_sheets/Meta_Fast_Bonding_Liner_Deu.pdf [Datum des Zugriffs: 23.09.09]

Münch, M., Klein, R., Oevermann, M.: (2009) *Workshop: Theorie und Numeric des Fire Dynamics Simulator*. INURI Interessengruppe Numerische Risikoanalyse, Berlin, 6. März 2009.

Netzsch GmbH: (2004) *STA-Intensivkurs*. Kurs der Fa. Netzsch, 9.–11.11.2004, Selb.

Niioka, T., Takahashi, M., Izumikawa, M.: (1981.) *Gas-Phase-Ignition of a Solid Fuel in a Hot Stagnation Point Flow*. Proceeding of the Combustion Institute, 18, The Combustion Institute Pittsburgh S. 741–747.

Ohlemiller, T., Cleary, T.: (1999) *Upward Flame Spread on Composite Materials*. Fire Safety Journal, 32, S. 159–172.

Ohlemiller, T., Cleary, T., Shields, J.: (1998) *Effect of ignition conditions on upward flame spread on a composite material in a corner configuration*. Fire Safety Journal, 31, S. 331–334.

Olson, S., Kashiwagi, T., Fujita, O., Kikuchi, M., Ito, K.: (2001) *Experimental Observation of Spot Radiative Ignition and Subsequent Three-Dimensional Flame Spread over Thin Cellulosic Fuels*. Combustion and Flame, 125, S. 852–864.

ÖNORM EN 13823: (2002) *Prüfungen zum Brandverhalten von Bauprodukten – Thermische Beanspruchung durch einen einzelnen brennenden Gegenstand für Bauprodukte mit Ausnahme von Bodenbelägen*. Österreichisches Normungsinstitut, Wien.

ÖNORM EN 14390: (2007) *Brandverhalten von Bauprodukten – Referenzversuch im Realmaßstab an Oberflächenprodukten in einem Raum*. Österreichisches Normungsinstitut, Wien.

ÖNORM EN ISO 9239-1: (2002) *Prüfungen zum Brandverhalten von Bodenbelägen, Teil 1: Bestimmung des Brandverhaltens bei Beanspruchung mit einem Wärmestrahler*. Österreichisches Normungsinstitut, Wien.

Patankar, S., Spalding, D.: (1972) *A Calculation Procedure for Heat, Mass and Momentum Transfer in Three-Dimensional Parabolic Flows*. International journal of Heat and Mass Transfer, 15.

Pielichowski, K., Njuguna, J.: (2005) *Thermal Degradation of Polymeric Materials*. Rapa Technology, Shawbury, Shrewsbury, Shropshire, UK.

Pizzo, Y., Consalvi, J., Querre, P., Coutin, M., Porterie, B.: (2009) *With effects on the early stage of upward flame spread over PMMA slabs: Experimental observations*. Fire Safety Journal, 44, S.407–414.

Qian, C.: (1995) *Turbulent Flame Spread on vertical Corner Walls*. NIST-GCR-95-669, Building and Fire Research Laboratory, National Institute of Standards and Technology, Gaithersburg.

Qian, C., Ishida, H., Saito, K.: (1994) *Upward Flame Spread along the Vertical Corner Walls*. NIST-GCR-94-648, Building and Fire Research Laboratory, National Institute of Standards and Technology, Gaithersburg.

Quintiere, J. G.: (2006.) *Fundamentals of Fire Phenomena*. John Wiley & Sons, Chichester.

Quintiere, J. G.: (2001,) *The Effect of Angular Orientation on Flame Spread over Thin Materials*. Fire Safety Journal, 36, S. 291–312.

Quintiere, J. G.: (1981) *A Simplified Theory for Generalizing Results from a Radiant Panel Rate of Flame Spread Apperatus*. Fire and Materials, 5, S. 52–60.

Quintiere, J. G., Rhodes, B.: (1994) *Fire Growth Models for Materials*. NIST-GCR-94-647, Building and Fire Research Laboratory, National Institute of Standards and Technology, Gaithersburg.

Rinne, T., Hietaniemi, J., Hostikka, S.: (2007) *Experimental Validation of the FDS Simulation of Smoke and Toxic Gas Concentrations*. VTT Working Papers 66, VTT Technical Research Centre, Finland.

Roberts, A.: (1992) *The King's Cross Fire: A Correlation of Eyewitness Accounts and the Results of the Scientific Investigation*. Fire Safety Journal, 18, S. 105–121.

Schneider, U.: (2009) *Ingenieurmethoden im Brandschutz*. 2. Auflage, Werner Verlag, Köln.

Schneider, U.: (2002) *Grundlagen der Ingenieurmethoden im Brandschutz*. Werner Verlag, Köln.

Schneider, U., Max, U., Halfkann, K.: (1996) *Zusammenstellung von Brandlasten und Brandschutzdaten für rechnerische Untersuchungen*. Beuth Kommentare, Baulicher Brandschutz im Industriebau, Beuth Verlag, Berlin, S. 179–209.

Shih, H.-Y., Wu, H-C.: (2008) *An Experimental Study of Upward Flame Spread and Interactions Over Multiple Solid Fuels*. Journal of Fire Sciences, 26, S. 435–453.

Smith, D. A.: (1992) *Measurement of flame length and flame angle in an inclined trench*. Fire Safety Journal, 18, S. 231–244.

Sörensen, L., Poulsen, A.: (2007) *Ignition and Flame Spread Properties of Wood, elaborated during a New Test Method Based on Convective Heat Flux*. Proceedings of the 11th International Interflam Conference, Interscience Communications, London. S. 1501–1506.

Strunk,H.: (o. J.) *Thermische Analyse (TA)* [www Dokument] verfügbar unter: www.uni-stuttgart.de/imtk/lehrstuhl2/Scripte/Pr-ta.pdf [Datum des Zugriffs:25.05.10]

Suzuki, M., Dobashi, R., Hirano, T.: (1994) *Polymers: I. Poly(methyl methacrylate)*.25th Symposium (International) on Combustion, S. 1439–1446. The Combustion Institute Pittsburgh.

Tewarson, A.: (1982) *Experimental Evaluation of Flammability Parameters of Polymeric Materials*. Flame retardant Polymeric Materials, 3, S. 97–153.

Textile Guide: (2007) *Entflammbarkeit*. [www Dokument] verfügbar unter: thetextileguide.com/german/tgconflam.htm [Datum des Zugriffs: 9.11.2007]

Tien, C., Lee, K., Stretton, A.: (2008) *Radiation Heat Transfer*. The SFPE handbook of Fire Protection Engineering, fourth edition.

Torero, J.: (2010) persönliches *Gespräch*. Interflam, 5.–7. Juli, Nottingham.

Torero, J.: (2008) *Flaming Ignition of Solids*. The SFPE handbook of Fire Protection Engineering, fourth edition.

Verein Deutscher Ingenieure (Hrsg.): (1997) *VDI Wärmeatlas, Abschnitt K Wärmestrahlung* (a–c), 8. Auflage. VDI-Gesellschaft Verfahrenstechnik und Chemieingenieurwesen, Springer Verlag Heidelberg.

Wallasch, K., Stock, B.: (2008) *Brandsimulationen mit FDS – Das Fire Dynamics Simulator Handbuch*. Books on Demand GmbH, Norderstedt.

Wang, H. et al.: (2004) *Flame Spread over PMMA in Narrow Channels*. NIST SP 984-2, Building and Fire Research Laboratory, National Institute of Standards and Technology, Gaithersburg.

Wang, J., Chao, C.: (1999) *Flame Spread Over Solid Surface Coated with a Layer of Noncombustible Porous Material*. Journal of Fire Sciences, 17, S. 307–328.

Welch, S., et al.: (2007) *BRE Large Compartement Fire Test – Characterising Post-Flashovers Fires for Model Validation*. Fire Safety Journal, 42, S. 548–567.

Wichman, I. S.: (2003) *Material flammability, combustion, toxicity and fire hazard transportation*. Progress in energy and Combustion Science, 29, S. 247–299.

Williams, F. A.: (1976) *Mechanism of Fire Spread*. Proceedings of the Combustion Institute, 16, pp 1281. The Combustion Institute Pittsburgh.

Wu, K. K., Fan, W. F., Chen, C. H., Liou, T. M., Pan, I. J.: (2003) *Downward Flame Spread over a thick PMMA Slab in an Opposed Flow Environment: Experiment and Modelling*. Combustion and Flame, 132, S. 697–777.

Wu, P., Orloff, L., Tewarson, A.: (1996) *Assessment of Material Flammbility with the FSG Propagation Model and Laboratory Methods*.13th Joint Panel Meeting of the UJNR Panel on fire Research and Safety, NIST, Gaithersburg.

Wu, Y., Xing, H., Atkinson, G.: (2000) *Interaction of Fire Plumes with Inclined Surface*. Fire Safety Journal, 35, S. 391–403.

Xie, W., Des Jardin, P.: (2009) *An embedded upward flame spread model using 2D direct numerical simulations*. Combustion and Flame, 156, S. 522–530.

Zeng, W., Li, S., Chow, W.: (2002a) *Preliminary Study of Burning Behavior of Polymethylmethacrylate (PMMA)*. Journal of Fire Sciences, 20S. 298–316.

Zhou, L.: (1991) *Solid Fuel Flame Spread and Mass Burning in Turbulent Flow*. NIST-GCR-92-602, Building and Fire Research Laboratory, National Institute of Standards and Technology, Gaithersburg.

Anhang A: Ergebnisse der simultanen thermischen Analyse

A.1 Zellulose-Ergebnisse

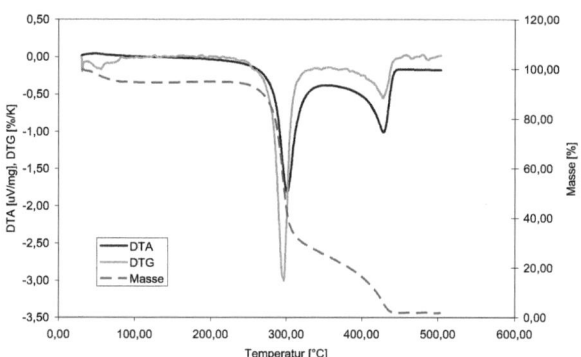

Abbildung A.1. STA-Ergebnisse von Zellulose unter Luftatmosphäre, Aufheizrate 1 K/min

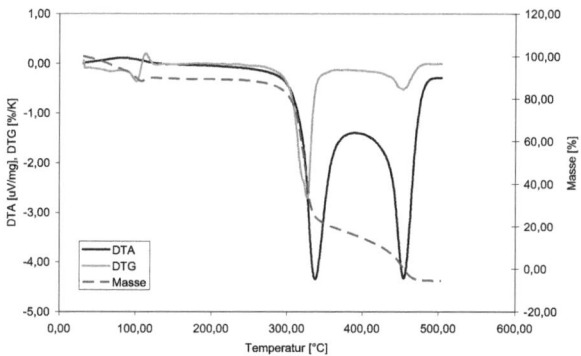

Abbildung A.2. STA-Ergebnisse von Zellulose unter Luftatmosphäre, Aufheizrate 5 K/min

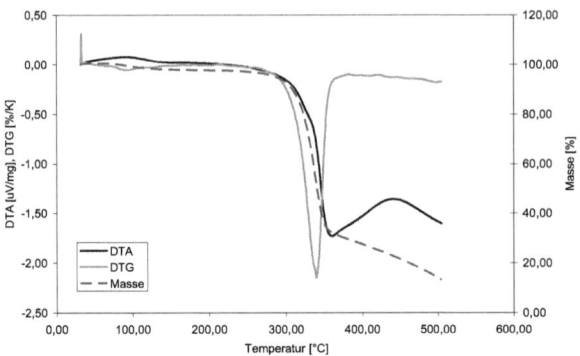

Abbildung A.3. STA-Ergebnisse von Zellulose unter Stickstoffatmosphäre, Aufheizrate 5 K/min

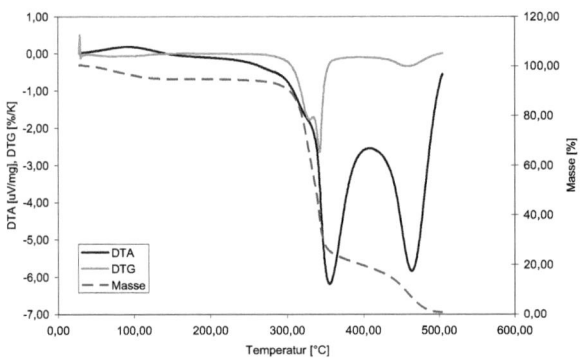

Abbildung A.4. STA-Ergebnisse von Zellulose unter Luftatmosphäre, Aufheizrate 10 K/min

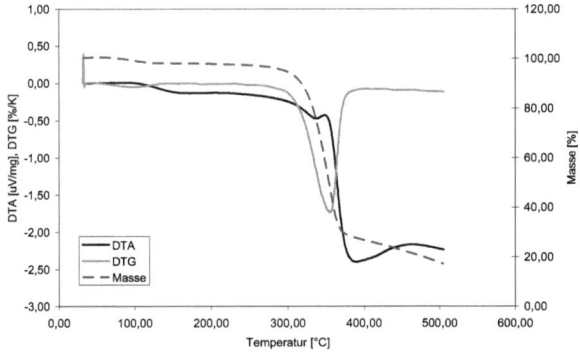

Abbildung A.5. STA-Ergebnisse von Zellulose unter Stickstoffatmosphäre, Aufheizrate 10 K/min

A.2 PMMA-Ergebnisse

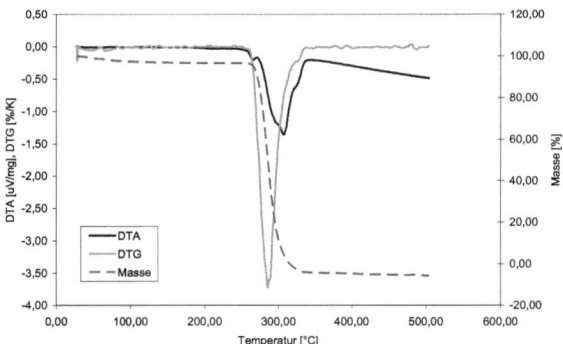

Abbildung A.6. STA-Ergebnisse von PMMA unter Luftatmosphäre, Aufheizrate 1 K/min

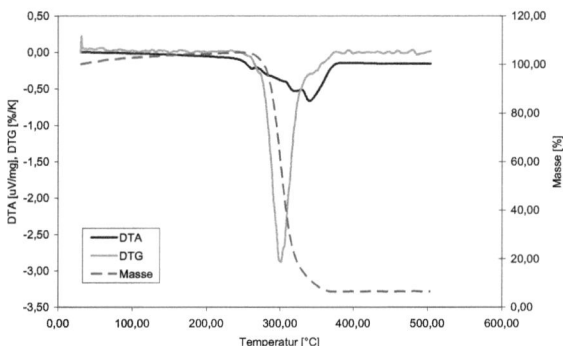

Abbildung A.7. STA-Ergebnisse von PMMA unter Stickstoffatmosphäre, Aufheizrate 1 K/min

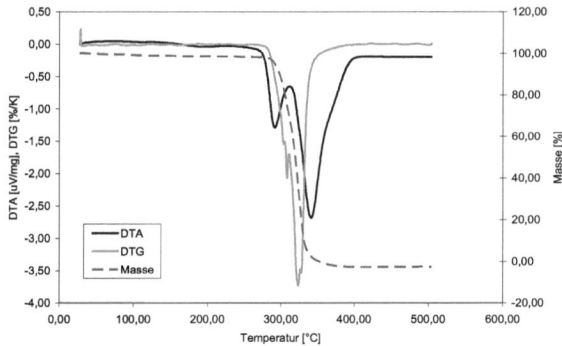

Abbildung A.8. STA-Ergebnisse von PMMA unter Luftatmosphäre, Aufheizrate 5 K/min

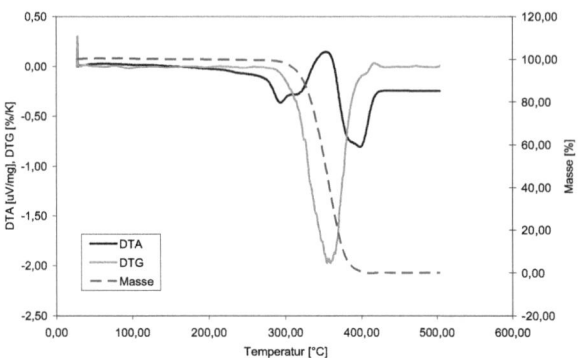

Abbildung A.9. STA-Ergebnisse von PMMA unter Stickstoffatmosphäre, Aufheizrate 5 K/min

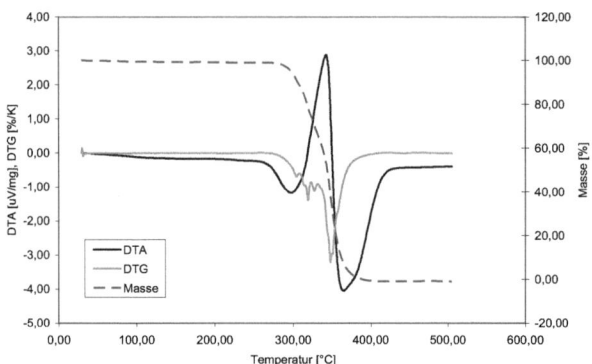

Abbildung A.10. STA-Ergebnisse von PMMA unter Luftatmosphäre, Aufheizrate 10 K/min

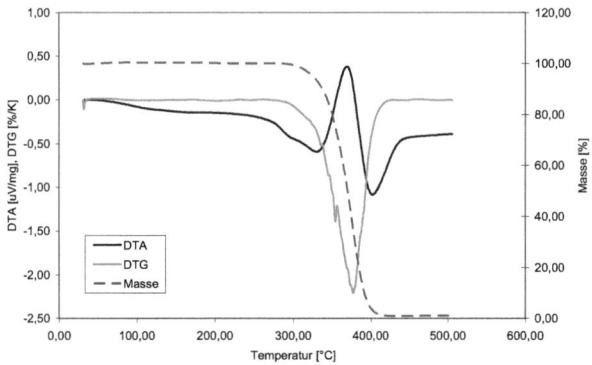

Abbildung A.11. STA-Ergebnisse von PMMA unter Stickstoffatmosphäre, Aufheizrate 10 K/min

Anhang B: Experimentelle Ergebnisse zur Brandausbreitung auf Zellulose

B.1 Ofenversuche zur Leitfadenmethode

Um festzustellen, ob der Kontakt der Leitsilberbahnen durch externe Wärmeeinwirkung (z. B. Flammen) oder rein durch die Zerstörung der Probe- bzw. Probenoberfläche unterbrochen wurde, wurden Versuche im Ofen durchgeführt. Hierbei wurden Zellulosestreifen mit den aufgebrachten Leitsilberlinien im Ofen einer stetigen Temperaturerhöhung ausgesetzt und untersucht, ob die Zellulose oder der Leitsilberstreifen früher versagte.

Tabelle A.1. Versagenstemperaturen der Leitsilberlinien im Ofen

Versuch	Aufheizrate	Kanal, Versagenstemperatur [°C]			
		101	102	103	104
1.3.1.0003	5°C/min	–	355	360	329
1.3.1.0004	5°C/min	356	347	425	432
1.3.1.0005	5°C/min	315	351	351	352
1.3.1.0006	5°C/min	329	349	383	370
1.3.1.0007	10°C/min	357	382	393	349

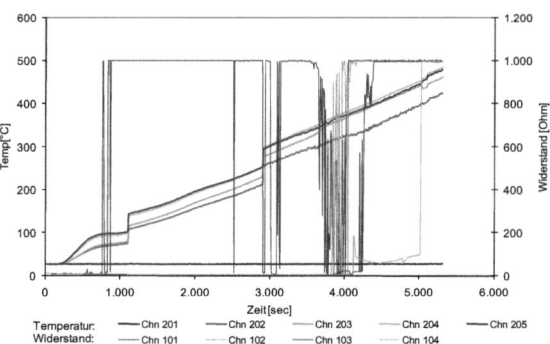

Abbildung A.12. Versuch 1.3.1.0003 (Widerstandmessung, Aufheizrate 5 °C/min) Versagenszeitpunkte der Leitsilberlinien im Ofen

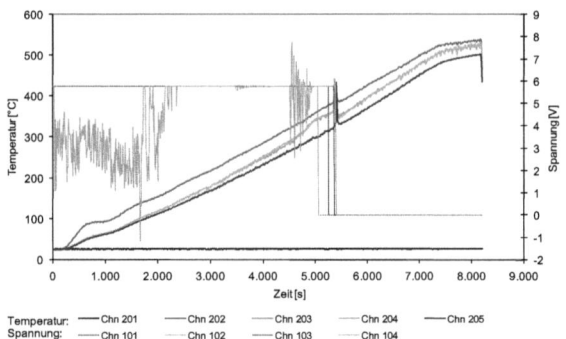

Abbildung A.13. 1.3.1.0004 (Spannungsmessung, Aufheizrate 5 °C/min)
Versagenszeitpunkte der Leitsilberlinien im Ofen

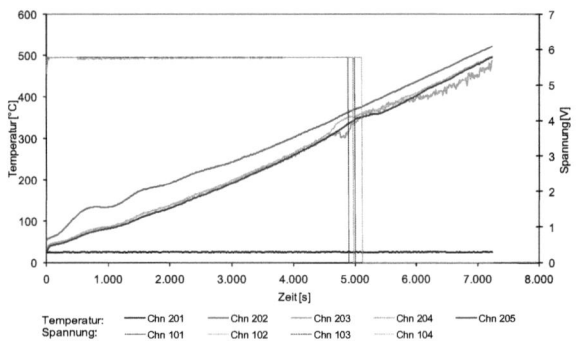

Abbildung A.14. 1.3.1.0005 (Spannungsmessung, Aufheizrate 5°C/min)
Versagenszeitpunkte der Leitsilberlinien im Ofen

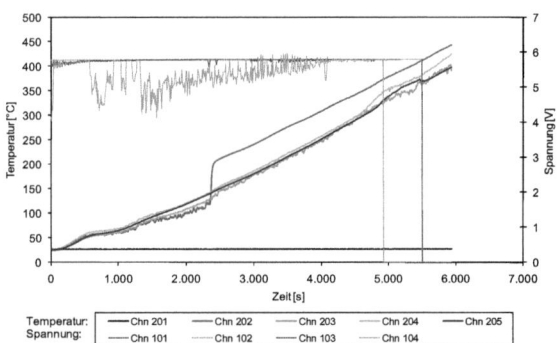

Abbildung A.15. 1.3.1.0006 (Spannungsmessung, Aufheizrate 5 °C/min)
Versagenszeitpunkte der Leitsilberlinien im Ofen

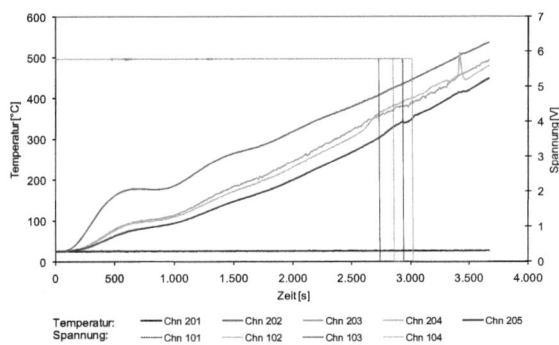

Abbildung A.16. 1.3.1.0007 (Spannungsmessung, Aufheizrate 10 °C/min) Versagenszeitpunkte der Leitsilberlinien im Ofen

B.2 Brandausbreitungsgeschwindigkeit auf Zellulose

Tabelle A.2. Konditionierung der Proben

Probe	Konditionierung	Gewicht davor [g]	Gewicht danach [g]	Feuchtigkeit [g]	Versuch	Neigung [°]
#1	Raum				2.1.0053	80
#2	Raum				2.1.0054	80
#3	Exikator	3,481	3,4168	0,0642	2.1.0055	80
#4	Exikator	3,4255	3,3838	0,0417	2.1.0056	80
#5	Raum	3,4069			2.1.0057	80
#6	Raum	3,3274			2.1.0058	80
#7	Ofen	3,0566	2,9149	0,1417	2.1.0059	10
#8	Ofen	3,1195	3,319	−0,1995	2.1.0060	10
#9	Raum	3,3022			2.1.0061	10
#10	Raum	3,2339			2.1.0062	10
#11	Exikator	3,1584	3,0959	0,0625	2.1.0063	10
#12	Exikator	3,2508	3,1786	0,0722	2.1.0064	10
#19	Raum	3,4638			2.1.0065	30
#20	Raum	3,5272			2.1.0066	30
#13	Exikator	3,094	3,6445	−0,5505	2.1.0067	30
#14	Exikator	3,4001	3,3569	0,0432	2.1.0068	30

Fortsetzung Tabelle A.2.   Konditionierung der Proben

Probe	Konditionierung	Gewicht davor [g]	Gewicht danach [g]	Feuchtigkeit [g]	Versuch	Neigung [°]
#15	Ofen	3,1901	3,0119	0,1782	2.1.0069	30
#16	Ofen	3,4179	3,2269	0,191	2.1.0070	30
#23	Raum	3,2732			2.1.0071	0
#24	Raum	3,3307			2.1.0072	0
#17	Ofen	3,3967	3,104	0,2927	2.1.0073	0
#18	Ofen	3,4738	3,2819	0,1919	2.1.0074	0
#21	Exikator	3,3188	3,2273	0,0915	2.1.0075	0
#22	Exikator	3,331	3,2513	0,0797	2.1.0076	0
#25	Raum	3,3857			2.1.0077	0
#26	Raum	3,4626			2.1.0078	0

Tabelle A.3.   Ausbreitungsgeschwindigkeit bei einer Neigung von 0°

Versuch	Neigung	Ausbreitungsgeschwindigkeit [mm/s]
Versuch: 2.1.0003	0°	5,66
Versuch: 2.1.0004	0°	4,23
Versuch: 2.1.0005	0°	4,35
Versuch: 2.1.0001	0°	6,78
Versuch: 2.1.0071	0°	5,12
Versuch: 2.1.0072	0°	4,03
Versuch: 2.1.0073	0°	5,52
Versuch: 2.1.0074	0°	4,08
Versuch: 2.1.0075	0°	4,76
Versuch: 2.1.0076	0°	4,41
Versuch: 2.1.0077	0°	4,57
Versuch: 2.1.0078	0°	5,49

Tabelle A.4. Ausbreitungsgeschwindigkeit bei einer Neigung von 10°

Versuch	Neigung	Ausbreitungsgeschwindigkeit [mm/s]
Versuch: 2.1.0006	10°	6,94
Versuch: 2.1.0007	10°	13,64
Versuch: 2.1.0008	10°	7,5
Versuch: 2.1.0009	10°	10,71
Versuch: 2.1.0017	10°	7,62
Versuch: 2.1.0018	10°	12,14
Versuch: 2.1.0019	10°	8,18
Versuch: 2.1.0020	10°	9,99
Versuch: 2.1.0021	10°	20,11
Versuch: 2.1.0019_la	10°	8,92
Versuch: 2.1.0020_la	10°	10,67
Versuch: 2.1.0021_la	10°	23,53
Versuch: 2.1.0059	10°	7,79
Versuch:2.1.0060	10°	20,53
Versuch: 2.1.0061	10°	14,91
Versuch: 2.1.0062	10°	17,14
Versuch: 2.1. 0063	10°	18,05
Versuch:2.1.0064	10°	21,05

Tabelle A.5. Ausbreitungsgeschwindigkeit bei einer Neigung von 20°

Versuch	Neigung	Ausbreitungsgeschwindigkeit [mm/s]
Versuch: 2.1.0010	20°	15,00
Versuch: 2.1.0011	20°	15,79
Versuch: 2.1.0012	20°	14,29
Versuch: 2.1.0022	20°	15,13
Versuch: 2.1.0022_la	20°	16,72
Versuch: 2.1.0023	20°	15,72
Versuch: 2.1.0024	20°	16,13
Versuch: 2.1.0023_la	20°	19,28
Versuch: 2.1.0024_la	20°	25,26

Tabelle A.6. Ausbreitungsgeschwindigkeit bei Neigung 30°

Versuch	Neigung	Ausbreitungsgeschwindigkeit [mm/s]
Versuch: 2.1.0013	30°	27,27
Versuch: 2.1.0014	30°	30,00
Versuch: 2.1.0013	30°	27,27
Versuch: 2.1.0066	30°	42,03
Versuch: 2.1.0067	30°	43,94
Versuch: 2.1.0068	30°	28,43
Versuch: 2.1.0069	30°	33,14
Versuch: 2.1.0070	30°	36,25

Tabelle A.7. Ausbreitungsgeschwindigkeit bei einer Neigung von 40°

Versuch	Neigung	Ausbreitungsgeschwindigkeit [mm/s]
Versuch: 2.1.0015	40°	33,33
Versuch: 2.1.0016	40°	30,00
Versuch: 2.1.0015	40°	33,33
Versuch: 2.1.0028_la	40°	36,36
Versuch: 2.1.0029_la	40°	36,64
Versuch: 2.1.0030_la	40°	33,10

Tabelle A.8. Ausbreitungsgeschwindigkeit bei einer Neigung von 50°

Versuch	Neigung	Ausbreitungsgeschwindigkeit [mm/s]
Versuch: 2.1.0031_la	50°	30,97
Versuch: 2.1.0032_la	50°	39,02
Versuch: 2.1.0033_la	50°	39,02

Tabelle A.9. Ausbreitungsgeschwindigkeit bei einer Neigung von 60°

Versuch	Neigung	Ausbreitungsgeschwindigkeit [mm/s]
Versuch: 2.1.0034_la	60°	53,93
Versuch: 2.1.0035_la	60°	60,76
Versuch: 2.1.0036_la	60°	49,48

Tabelle A.10. Ausbreitungsgeschwindigkeit bei einer Neigung von 70°

Versuch	Neigung	Ausbreitungsgeschwindigkeit [mm/s]
Versuch: 2.1.0037_la	70°	57,14
Versuch: 2.1.0038_la	70°	52,17
Versuch: 2.1.0039_la	70°	64,00
Versuch: 2.1.0040_la	70°	51,06

Tabelle A.11. Ausbreitungsgeschwindigkeit bei einer Neigung von 80°

Versuch	Neigung	Ausbreitungsgeschwindigkeit [mm/s]
Versuch: 2.1.0041_la	80°	61,54
Versuch: 2.1.0042_la	80°	45,28
Versuch: 2.1.0043_la	80°	80,00
Versuch: 2.1.0053	80°	52,73
Versuch: 2.1.0054	80°	47,54
Versuch: 2.1.0055	80°	48,74
Versuch: 2.1.0056	80°	51,33
Versuch: 2.1.0057	80°	69,57
Versuch: 2.1.0058	80°	46,15

Tabelle A.12. Ausbreitungsgeschwindigkeit bei einer Neigung von 90°

Versuch	Neigung	Ausbreitungsgeschwindigkeit [mm/s]
Versuch: 2.1.0044_la	90°	63,16
Versuch: 2.1.0045_la	90°	62,34
Versuch: 2.1.0046_la	90°	52,75
Versuch: 2.1.0047_la	90°	64,00
Versuch: 2.1.0048_la	90°	78,69
Versuch: 2.1.0049	90°	67,44
Versuch: 2.1.0050	90°	79,45
Versuch: 2.1.0051	90°	72,50
Versuch: 2.1.0052	90°	50,58

Anhang C: Experimentelle Ergebnisse zur Brandausbreitung auf PMMA

C.1 Entwicklung der oberflächennahen Temperaturen

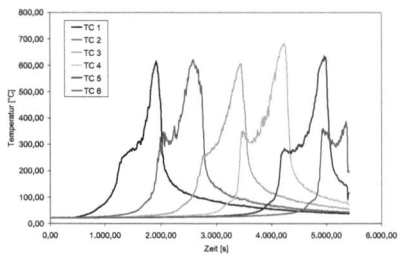

Abbildung A.17. Versuch 2.2.0009, Neigung 0° **Abbildung A.18.** Versuch 2.2.0010, Neigung 0°

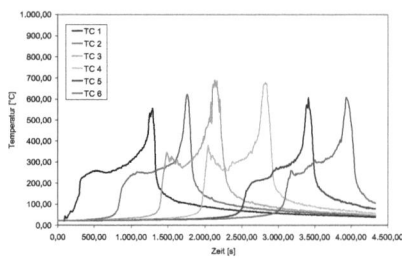
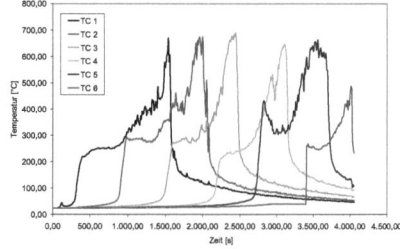

Abbildung A.19. Versuch 2.2.0011, Neigung 0° **Abbildung A.20.** Versuch 2.2.0012, Neigung 0°

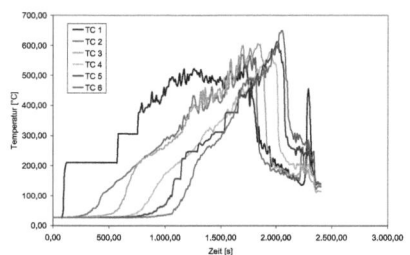
Abbildung A.21. Versuch 2.2.0013, Neigung 30°

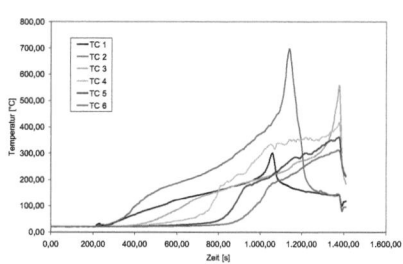
Abbildung A.22. Versuch 2.2.0014, Neigung 30°

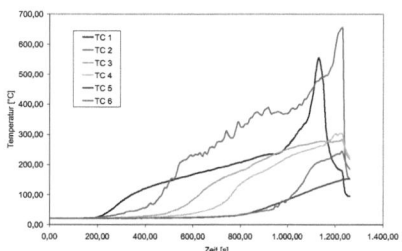
Abbildung A.23. Versuch 2.2.0015, Neigung 30°

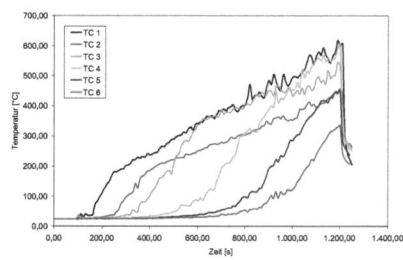
Abbildung A.24. Versuch 2.2.0016, Neigung 30°

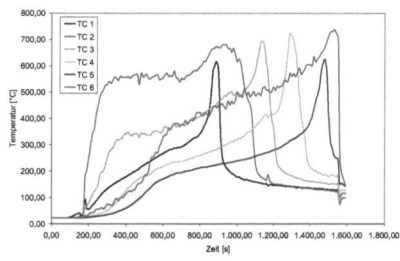
Abbildung A.25. Versuch 2.2.0022, Neigung 60°

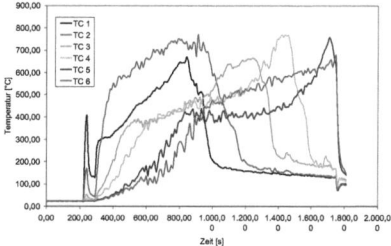
Abbildung A.26. Versuch 2.2.0023, Neigung 60°

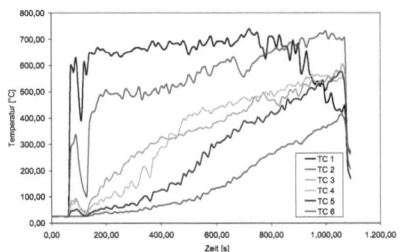

Abbildung A.27. Versuch 2.2.0024, Neigung 60°

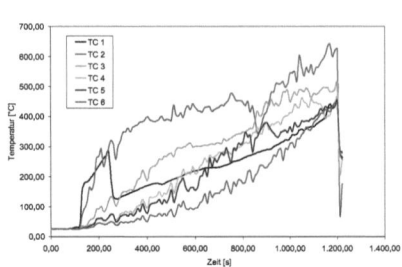

Abbildung A.28. Versuch 2.2.0025, Neigung 60°

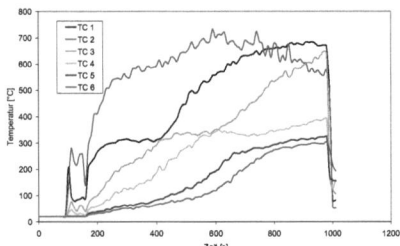

Abbildung A.29. Versuch 2.2.0026, Neigung 60°

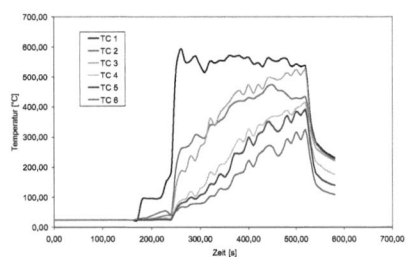

Abbildung A.30. Versuch 2.2.0017, Neigung 90°

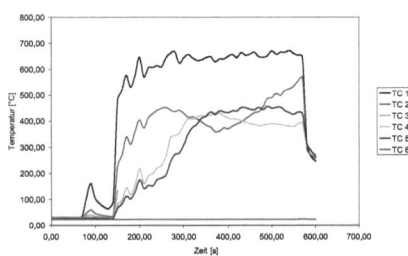

Abbildung A.31. Versuch 2.2.0018, Neigung 90°

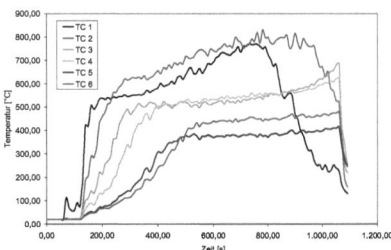

Abbildung A.32. Versuch 2.2.0019, Neigung 90°

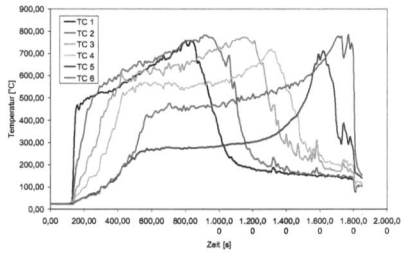

Abbildung A.33. Versuch 2.2.0020, Neigung 90°

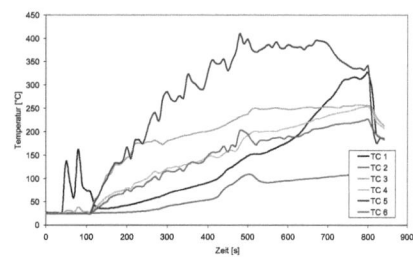

Abbildung A.34. Versuch 2.2.0027, Neigung 90°

C.2 Brandausbreitungsgeschwindigkeiten auf PMMA

Tabelle A.13. Brandausbreitungsgeschwindigkeit bei einer Neigung von 0°

0° Neigung		Brandausbreitungsgeschwindigkeit [mm/s]				Mittel-wert	Var.-koeff.
Kriterien:		2.2.0009	2.2.0010	2.2.0011	2.2.0012		
K1	Messlinie/Live	0,055	–	–	–	0,055	0,000
K2	Messlinie/Film	0,053	0,075	0,072	0,068	0,067	0,147
K3	Ausbrand	0,057	0,067	0,074	0,077	0,069	0,132
K4	200°C Kriterium	0,055	0,067	0,071	0,066	0,065	0,105
K5	300°C Kriterium	0,055	0,073	0,080	0,072	0,070	0,152
K6	Maximalwert	0,053	0,071	0,076	0,079	0,070	0,170
Mittelwert		0,054	0,071	0,075	0,072	**0,067**	
Variationskoeffizient		0,029	0,050	0,046	0,077	**0,136**	

Tabelle A.14. Brandausbreitungsgeschwindigkeit bei einer Neigung von 30°

30° Neigung		Brandausbreitungsgeschwindigkeit [mm/s]				Mittel-wert	Var.-koeff.
Kriterien:		2.2.0013	2.2.0014	2.2.0015	2.2.0016		
K1	Messlinie/Live	–	–	0,277	0,255	0,266	0,058
K2	Messlinie/Film	0,185	0,324	0,261	0,247	0,254	0,224
K3	Ausbrand	0,397	0,215	–	–	0,306	0,420
K4	200°C Kriterium	0,174	0,232	0,281	0,260	0,237	0,196
K5	300°C Kriterium	0,215	–	–	0,317	0,266	0,272
K6	Maximalwert	0,588	0,250	–	–	0,419	0,570
Mittelwert		0,312	0,255	0,273	0,270	**0,280**	
Variationskoeffizient		0,573	0,189	0,040	0,120	**0,353**	

Tabelle A.15. Brandausbreitungsgeschwindigkeit bei einer Neigung von 60°

60° Neigung Kriterien:		Brandausbreitungsgeschwindigkeit [mm/s]					Mittel-wert	Var.-koeff.
		2.2.0022	2.2.0023	2.2.0024	2.2.0025	2.2.0026		
K1	Messlinie/Live	0,311	0,275	0,304	0,247	0,362	0,300	0,144
K2	Messlinie/Film	0,385	0,160	0,253	0,268	0,340	0,281	0,308
K3	Ausbrand	0,245	0,211	–	–	–	0,228	0,107
K4	200°C Kriterium	0,222	0,426	0,313	–	0,308	0,317	0,263
K5	300°C Kriterium	0,115	0,314	0,222	0,213	0,250	0,223	0,322
K6	Maximalwert	0,313	0,184	0,588	0,308	–	0,348	0,491
Mittelwert		0,265	0,262	0,336	0,259	0,315	**0,285**	
Variationskoeffizient		0,351	0,378	0,434	0,152	0,155		**0,304**

Tabelle A.16. Brandausbreitungsgeschwindigkeit bei einer Neigung von 90°

90° Neigung Kriterien:		Brandausbreitungsgeschwindigkeit [mm/s]					Mittel-wert	Var.-koeff.
		2.2.0017	2.2.0018	2.2.0019	2.2.0020	2.2.0027		
K1	Messlinie/Live		1,667	0,407	0,403	0,468	0,736	0,844
K2	Messlinie/Film		0,529	0,473	0,222	0,518	0,436	0,331
K3	Ausbrand			0,234	0,203		0,218	0,101
K4	200°C Kriterium	1,333	1,333	0,769	0,664		1,025	0,350
K5	300°C Kriterium	0,800	1,333	0,645	0,541		0,830	0,424
K6	Maximalwert		1,332		0,206		0,769	1,035
Mittelwert		1,067	1,239	0,506	0,373	0,493	**0,704**	
Variationskoeffizient		0,354	0,341	0,412	0,527	0,072		**0,613**

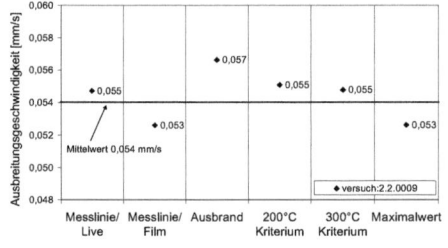

Abbildung A.35. Versuch 2.2.0009, Neigung 0°

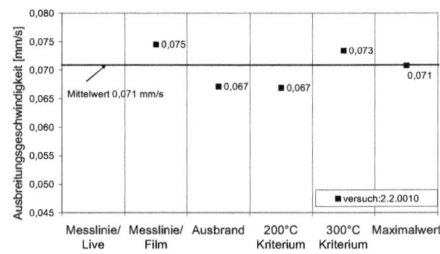

Abbildung A.36. Versuch 2.2.0010, Neigung 0°

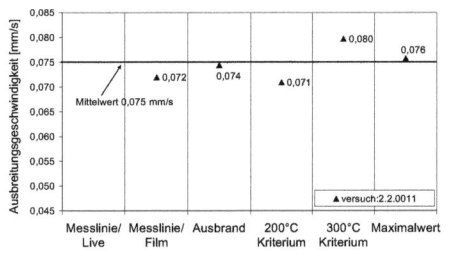

Abbildung A.37. Versuch 2.2.0011, Neigung 0°

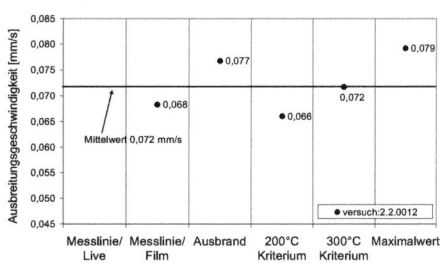

Abbildung A.38. Versuch 2.2.0012, Neigung 0°

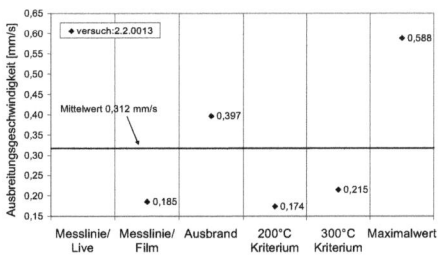

Abbildung A.39. Versuch 2.2.0013, Neigung 30°

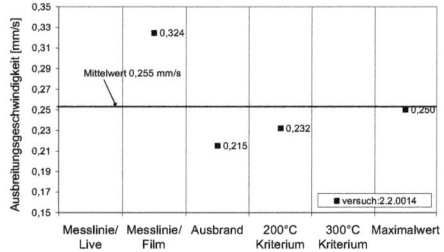

Abbildung A.40. Versuch 2.2.0014, Neigung 30°

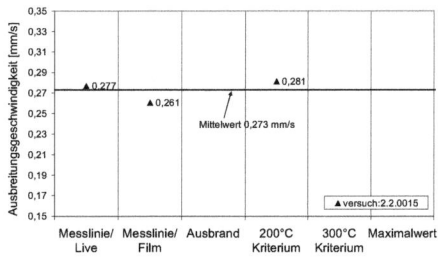

Abbildung A.41. Versuch 2.2.0015, Neigung 30°

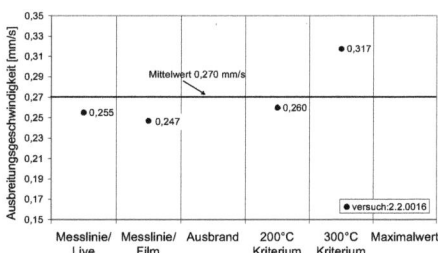

Abbildung A.42. Versuch 2.2.0016, Neigung 30°

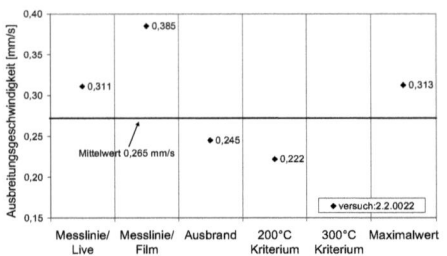

Abbildung A.43. Versuch 2.2.0022, Neigung 60°   **Abbildung A.44.** Versuch 2.2.0023, Neigung 60°

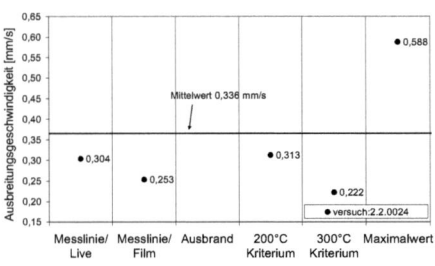 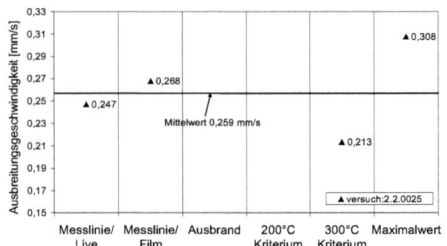

Abbildung A.45. Versuch 2.2.0024, Neigung 60°   **Abbildung A.46.** Versuch 2.2.0025, Neigung 60°

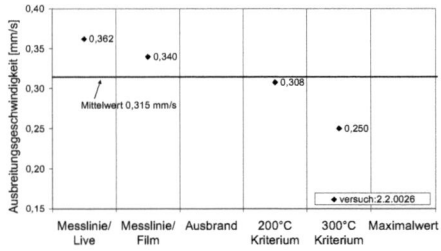 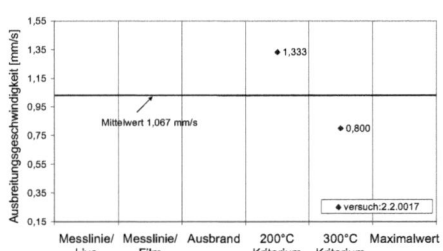

Abbildung A.47. Versuch 2.2.0026, Neigung 60°   **Abbildung A.48.** Versuch 2.2.0017, Neigung 90°

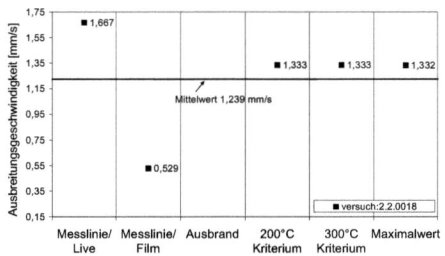

Abbildung A.49. Versuch 2.2.0018, Neigung 90°

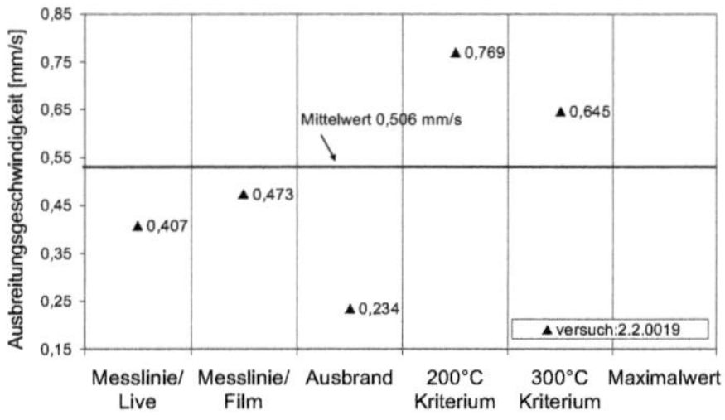

Abbildung A.50. Versuch 2.2.0019, Neigung 90°

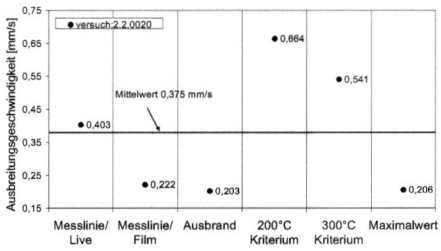
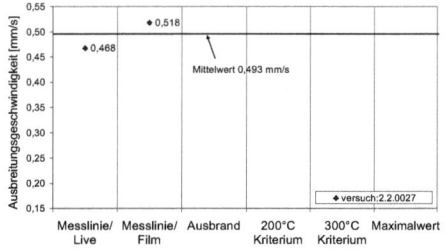

Abbildung A.51. Versuch 2.2.0020, Neigung 90°

Abbildung A.52. Versuch 2.2.0027, Neigung 90°

Anhang D: FDS files

D.1 Zellulose-Simulation

```
&HEAD CHID='1113', TITLE='3d_zell_gross_0'/

&MISC GVEC=0,0,-9.81,/ horizontal
//&MISC GVEC=-1.70,0,-9.66,/ 10°
//&MISC GVEC=-3.35,0,-9.22,/ 20°
//&MISC GVEC=-4.90,0,-8.50,/ 30°
//&MISC GVEC=-6.30,0,-7.52,/ 40°
//&MISC GVEC=-7.52,0,-6.30,/ 50°
//&MISC GVEC=-8.50,0,-4.90,/ 60°
//&MISC GVEC=-9.22,0,-3.35,/ 70°
//&MISC GVEC=-9.66,0,-1.70,/ 80°
//&MISC GVEC=-9.81,0,0, /90° vertikal

// Steuerung: Zeitangaben
&TIME T_BEGIN=0.0, T_END=100.0, SYNCHRONIZE=.TRUE. /

&DUMP DT_RESTART=1, NFRAMES=1440 /

// Gitterdefinition, Diskretisierung
&MESH IJK=120,24,40, XB= 0.00, 0.60, 0.00, 0.12, 0.00, 0.20, COLOR='RED' /Gitter PMMA 5mm
&MESH IJK=60,12,20, XB= 0.00, 0.60, 0.00, 0.12, 0.20, 0.40, COLOR='RED' /Gitter darüber 1cm
&MESH IJK=60,12,40, XB= 0.60, 1.20, 0.00, 0.12, 0.00, 0.40, COLOR='RED' /Gitter dahinter 1cm

&VENT MB=XMIN, SURF_ID='OPEN' /
&VENT MB=XMAX, SURF_ID='OPEN' /
&VENT MB=ZMAX, SURF_ID='OPEN' /
&VENT MB=YMIN, SURF_ID='OPEN' /
&VENT MB=YMAX, SURF_ID='OPEN' /

&OBST XB=0.05, 0.55, 0.035, 0.085, 0.00, 0.005, SURF_ID='ZELLULOSE', COLOR='GRAY'/zellulose
&OBST XB=0.05, 0.09, 0.035, 0.085, 0.025, 0.025, SURF_IDS='INERT','INERT','HEATER' /strahler
&OBST XB=XB=0.09, 0.0, 0.00, 0.12, 0.00, 0.20, SURF_ID='INERT', DEVC_ID='timer 1' /abschirmung

&SURF ID='HEATER'
      COLOR='RED'
      EMISSIVITY=1.0
      TMP_FRONT=600. /

&DEVC XYZ=0.07, 0.06, 0.025, ID='timer 1', SETPOINT =10, QUANTITY='TIME',INITIAL_STATE=.TRUE. /
strahler und abschirmung s verschwinden

&REAC ID='ZELLULOSE',
      C= 6
      H= 10
      O= 5
      IDEAL=.FALSE./

&MATL ID='ZELLULOSE',
      CONDUCTIVITY_RAMP='k-cell'
      SPECIFIC_HEAT=2.3
      DENSITY=400.
      N_REACTIONS=1
      NU_FUEL=0.8
```

```
      NU_RESIDUE=0.2
      RESIDUE='ASCHE'
      HEAT_OF_REACTION=3600
      REFERENCE_TEMPERATURE=300. /

&MATL ID='ASCHE',
      EMISSIVITY=1
      CONDUCTIVITY=0.2
      SPECIFIC_HEAT=1.0
      DENSITY=400.
      N_REACTIONS=1
      NU_FUEL=1
      HEAT_OF_REACTION=3600
      REFERENCE_TEMPERATURE=420. /

&MATL ID='WASSER',
      EMISSIVITY=1
      CONDUCTIVITY=0.2
      SPECIFIC_HEAT=4.19
      DENSITY=1000.
      N_REACTIONS=1
      NU_WATER=1
      HEAT_OF_REACTION=2500.
      REFERENCE_TEMPERATURE=100. /

&SURF ID='ZELLULOSE'
      COLOR='GRAY'
      MATL_ID (1,1:2)='ZELLULOSE','WASSER'
      MATL_MASS_FRACTION(1,1:2)=0.95,0.05
      THICKNESS=0.0002
      BACKING='INSULATED'
      BURN_AWAY=.TRUE.
      CELL_SIZE_FACTOR=0.25 /

&RAMP ID='k-cell', T=20.0, F=0.15/
&RAMP ID='k-cell', T=500.0, F=0.29/

//Auswertung: Schnitt durch die Mitte
&SLCF PBY=0.06,QUANTITY='TEMPERATURE',VECTOR=.TRUE. /
&SLCF PBY=0.06,QUANTITY='MASS FLUX Z', SPEC_ID='carbon dioxide',VECTOR=.TRUE. /
&SLCF PBY=0.06,QUANTITY='MASS FLUX Z', SPEC_ID='carbon monoxide',VECTOR=.TRUE. /
&SLCF PBY=0.06,QUANTITY='MASS FLUX Z', SPEC_ID='fuel',VECTOR=.TRUE. /
&SLCF PBY=0.06,QUANTITY='MIXTURE FRACTION', VECTOR=.TRUE./

&DEVC XYZ=0.055,0.06,0.005,QUANTITY='NET HEAT FLUX',ID='Flux(0.055/0.06/0.005)',IOR=3 /
&DEVC XYZ=0.065,0.06,0.005,QUANTITY='NET HEAT FLUX',ID='Flux(0.065/0.06/0.005)',IOR=3 /
&DEVC XYZ=0.075,0.06,0.005,QUANTITY='NET HEAT FLUX',ID='Flux(0.075/0.06/0.005)',IOR=3 /
&DEVC XYZ=0.085,0.06,0.005,QUANTITY='NET HEAT FLUX',ID='Flux(0.085/0.06/0.005)',IOR=3 /
&DEVC XYZ=0.095,0.06,0.005,QUANTITY='NET HEAT FLUX',ID='Flux(0.095/0.06/0.005)',IOR=3 /
&DEVC XYZ=0.105,0.06,0.005,QUANTITY='NET HEAT FLUX',ID='Flux(0.105/0.06/0.005)',IOR=3 /
&DEVC XYZ=0.115,0.06,0.005,QUANTITY='NET HEAT FLUX',ID='Flux(0.115/0.06/0.005)',IOR=3 /
&DEVC XYZ=0.125,0.06,0.005,QUANTITY='NET HEAT FLUX',ID='Flux(0.125/0.06/0.005)',IOR=3 /
&DEVC XYZ=0.135,0.06,0.005,QUANTITY='NET HEAT FLUX',ID='Flux(0.135/0.06/0.005)',IOR=3 /
&DEVC XYZ=0.145,0.06,0.005,QUANTITY='NET HEAT FLUX',ID='Flux(0.145/0.06/0.005)',IOR=3 /
&DEVC XYZ=0.155,0.06,0.005,QUANTITY='NET HEAT FLUX',ID='Flux(0.155/0.06/0.005)',IOR=3 /
&DEVC XYZ=0.165,0.06,0.005,QUANTITY='NET HEAT FLUX',ID='Flux(0.165/0.06/0.005)',IOR=3 /
&DEVC XYZ=0.175,0.06,0.005,QUANTITY='NET HEAT FLUX',ID='Flux(0.175/0.06/0.005)',IOR=3 /
&DEVC XYZ=0.185,0.06,0.005,QUANTITY='NET HEAT FLUX',ID='Flux(0.185/0.06/0.005)',IOR=3 /
&DEVC XYZ=0.195,0.06,0.005,QUANTITY='NET HEAT FLUX',ID='Flux(0.195/0.06/0.005)',IOR=3 /
```

```
&DEVC XYZ=0.205,0.06,0.005,QUANTITY='NET HEAT FLUX',ID='Flux(0.205/0.06/0.005)',IOR=3 /
&DEVC XYZ=0.215,0.06,0.005,QUANTITY='NET HEAT FLUX',ID='Flux(0.215/0.06/0.005)',IOR=3 /
&DEVC XYZ=0.225,0.06,0.005,QUANTITY='NET HEAT FLUX',ID='Flux(0.225/0.06/0.005)',IOR=3 /
&DEVC XYZ=0.235,0.06,0.005,QUANTITY='NET HEAT FLUX',ID='Flux(0.235/0.06/0.005)',IOR=3 /
&DEVC XYZ=0.245,0.06,0.005,QUANTITY='NET HEAT FLUX',ID='Flux(0.245/0.06/0.005)',IOR=3 /
&DEVC XYZ=0.255,0.06,0.005,QUANTITY='NET HEAT FLUX',ID='Flux(0.255/0.06/0.005)',IOR=3 /

&DEVC XYZ=0.305,0.06,0.005,QUANTITY='NET HEAT FLUX',ID='Flux(0.305/0.06/0.005)',IOR=3 /
&DEVC XYZ=0.355,0.06,0.005,QUANTITY='NET HEAT FLUX',ID='Flux(0.355/0.06/0.005)',IOR=3 /
&DEVC XYZ=0.405,0.06,0.005,QUANTITY='NET HEAT FLUX',ID='Flux(0.405/0.06/0.005)',IOR=3 /
&DEVC XYZ=0.455,0.06,0.005,QUANTITY='NET HEAT FLUX',ID='Flux(0.455/0.06/0.005)',IOR=3 /
&DEVC XYZ=0.505,0.06,0.005,QUANTITY='NET HEAT FLUX',ID='Flux(0.505/0.06/0.005)',IOR=3 /

&DEVC XYZ=0.055,0.06,0.005,QUANTITY='BURNING RATE',ID='BR(0.055/0.06/0.005)',IOR=3 /
&DEVC XYZ=0.065,0.06,0.005,QUANTITY='BURNING RATE',ID='BR(0.065/0.06/0.005)',IOR=3 /
&DEVC XYZ=0.075,0.06,0.005,QUANTITY='BURNING RATE',ID='BR(0.075/0.06/0.005)',IOR=3 /
&DEVC XYZ=0.085,0.06,0.005,QUANTITY='BURNING RATE',ID='BR(0.085/0.06/0.005)',IOR=3 /
&DEVC XYZ=0.095,0.06,0.005,QUANTITY='BURNING RATE',ID='BR(0.095/0.06/0.005)',IOR=3 /
&DEVC XYZ=0.105,0.06,0.005,QUANTITY='BURNING RATE',ID='BR(0.105/0.06/0.005)',IOR=3 /
&DEVC XYZ=0.115,0.06,0.005,QUANTITY='BURNING RATE',ID='BR(0.115/0.06/0.005)',IOR=3 /
&DEVC XYZ=0.125,0.06,0.005,QUANTITY='BURNING RATE',ID='BR(0.125/0.06/0.005)',IOR=3 /
&DEVC XYZ=0.135,0.06,0.005,QUANTITY='BURNING RATE',ID='BR(0.135/0.06/0.005)',IOR=3 /
&DEVC XYZ=0.145,0.06,0.005,QUANTITY='BURNING RATE',ID='BR(0.145/0.06/0.005)',IOR=3 /
&DEVC XYZ=0.155,0.06,0.005,QUANTITY='BURNING RATE',ID='BR(0.155/0.06/0.005)',IOR=3 /
&DEVC XYZ=0.165,0.06,0.005,QUANTITY='BURNING RATE',ID='BR(0.165/0.06/0.005)',IOR=3 /
&DEVC XYZ=0.175,0.06,0.005,QUANTITY='BURNING RATE',ID='BR(0.175/0.06/0.005)',IOR=3 /
&DEVC XYZ=0.185,0.06,0.005,QUANTITY='BURNING RATE',ID='BR(0.185/0.06/0.005)',IOR=3 /
&DEVC XYZ=0.195,0.06,0.005,QUANTITY='BURNING RATE',ID='BR(0.195/0.06/0.005)',IOR=3 /
&DEVC XYZ=0.205,0.06,0.005,QUANTITY='BURNING RATE',ID='BR(0.205/0.06/0.005)',IOR=3 /
&DEVC XYZ=0.215,0.06,0.005,QUANTITY='BURNING RATE',ID='BR(0.215/0.06/0.005)',IOR=3 /
&DEVC XYZ=0.225,0.06,0.005,QUANTITY='BURNING RATE',ID='BR(0.225/0.06/0.005)',IOR=3 /
&DEVC XYZ=0.235,0.06,0.005,QUANTITY='BURNING RATE',ID='BR(0.235/0.06/0.005)',IOR=3 /
&DEVC XYZ=0.245,0.06,0.005,QUANTITY='BURNING RATE',ID='BR(0.245/0.06/0.005)',IOR=3 /
&DEVC XYZ=0.255,0.06,0.005,QUANTITY='BURNING RATE',ID='BR(0.255/0.06/0.005)',IOR=3 /

&DEVC XYZ=0.305,0.06,0.005,QUANTITY='BURNING RATE',ID='BR(0.305/0.06/0.005)',IOR=3 /
&DEVC XYZ=0.355,0.06,0.005,QUANTITY='NET HEAT FLUX',ID='BR(0.355/0.06/0.005)',IOR=3 /
&DEVC XYZ=0.405,0.06,0.005,QUANTITY='NET HEAT FLUX',ID='BR(0.405/0.06/0.005)',IOR=3 /
&DEVC XYZ=0.455,0.06,0.005,QUANTITY='NET HEAT FLUX',ID='BR(0.455/0.06/0.005)',IOR=3 /
&DEVC XYZ=0.505,0.06,0.005,QUANTITY='NET HEAT FLUX',ID='BR(0.505/0.06/0.005)',IOR=3 /

&DEVC XYZ=0.055,0.06,0.005,QUANTITY='WALL TEMPERATURE',ID='Wtemp(0.055/0.06/0.005)',IOR=3 /
&DEVC XYZ=0.065,0.06,0.005,QUANTITY='WALL TEMPERATURE',ID='Wtemp(0.065/0.06/0.005)',IOR=3 /
&DEVC XYZ=0.075,0.06,0.005,QUANTITY='WALL TEMPERATURE',ID='Wtemp(0.075/0.06/0.005)',IOR=3 /
&DEVC XYZ=0.085,0.06,0.005,QUANTITY='WALL TEMPERATURE',ID='Wtemp(0.085/0.06/0.005)',IOR=3 /
&DEVC XYZ=0.095,0.06,0.005,QUANTITY='WALL TEMPERATURE',ID='Wtemp(0.095/0.06/0.005)',IOR=3 /

&DEVC XYZ=0.105,0.06,0.005,QUANTITY='WALL TEMPERATURE',ID='Wtemp(0.105/0.06/0.005)',IOR=3 /
&DEVC XYZ=0.155,0.06,0.005,QUANTITY='WALL TEMPERATURE',ID='Wtemp(0.155/0.06/0.005)',IOR=3 /
&DEVC XYZ=0.205,0.06,0.005,QUANTITY='WALL TEMPERATURE',ID='Wtemp(0.205/0.06/0.005)',IOR=3 /
&DEVC XYZ=0.255,0.06,0.005,QUANTITY='WALL TEMPERATURE',ID='Wtemp(0.255/0.06/0.005)',IOR=3 /
&DEVC XYZ=0.305,0.06,0.005,QUANTITY='WALL TEMPERATURE',ID='Wtemp(0.305/0.06/0.005)',IOR=3 /
&DEVC XYZ=0.355,0.06,0.005,QUANTITY='WALL TEMPERATURE',ID='Wtemp(0.355/0.06/0.005)',IOR=3 /
&DEVC XYZ=0.405,0.06,0.005,QUANTITY='WALL TEMPERATURE',ID='Wtemp(0.405/0.06/0.005)',IOR=3 /
&DEVC XYZ=0.455,0.06,0.005,QUANTITY='WALL TEMPERATURE',ID='Wtemp(0.455/0.06/0.005)',IOR=3 /
&DEVC XYZ=0.505,0.06,0.005,QUANTITY='WALL TEMPERATURE',ID='Wtemp(0.505/0.06/0.005)',IOR=3 /

&DEVC XYZ=0.055,0.06,0.005,QUANTITY='WALL THICKNESS',ID='Wtickn(0.055/0.06/0.005)',IOR=3 /
&DEVC XYZ=0.065,0.06,0.005,QUANTITY='WALL THICKNESS',ID='Wtickn(0.065/0.06/0.005)',IOR=3 /
```

```
&DEVC XYZ=0.075,0.06,0.005,QUANTITY='WALL THICKNESS',ID='Wtickn(0.075/0.06/0.005)',IOR=3 /
&DEVC XYZ=0.085,0.06,0.005,QUANTITY='WALL THICKNESS',ID='Wtickn(0.085/0.06/0.005)',IOR=3 /
&DEVC XYZ=0.095,0.06,0.005,QUANTITY='WALL THICKNESS',ID='Wtickn(0.095/0.06/0.005)',IOR=3 /

&DEVC XYZ=0.105,0.06,0.005,QUANTITY='WALL THICKNESS',ID='Wtickn(0.105/0.06/0.005)',IOR=3 /
&DEVC XYZ=0.155,0.06,0.005,QUANTITY='WALL THICKNESS',ID='Wtickn(0.155/0.06/0.005)',IOR=3 /
&DEVC XYZ=0.205,0.06,0.005,QUANTITY='WALL THICKNESS',ID='Wtickn(0.205/0.06/0.005)',IOR=3 /
&DEVC XYZ=0.255,0.06,0.005,QUANTITY='WALL THICKNESS',ID='Wtickn(0.255/0.06/0.005)',IOR=3 /
&DEVC XYZ=0.305,0.06,0.005,QUANTITY='WALL THICKNESS',ID='Wtickn(0.305/0.06/0.005)',IOR=3 /
&DEVC XYZ=0.355,0.06,0.005,QUANTITY='WALL THICKNESS',ID='Wtickn(0.355/0.06/0.005)',IOR=3 /
&DEVC XYZ=0.405,0.06,0.005,QUANTITY='WALL THICKNESS',ID='Wtickn(0.405/0.06/0.005)',IOR=3 /
&DEVC XYZ=0.455,0.06,0.005,QUANTITY='WALL THICKNESS',ID='Wtickn(0.455/0.06/0.005)',IOR=3 /
&DEVC XYZ=0.505,0.06,0.005,QUANTITY='WALL THICKNESS',ID='Wtickn(0.505/0.06/0.005)',IOR=3 /

&DEVC XYZ=0.055,0.06,0.005,QUANTITY='MIXTURE FRACTION',ID='MF(0.055/0.06/0.005)',IOR=3 /
&DEVC XYZ=0.065,0.06,0.005,QUANTITY='MIXTURE FRACTION',ID='MF(0.065/0.06/0.005)',IOR=3 /
&DEVC XYZ=0.075,0.06,0.005,QUANTITY='MIXTURE FRACTION',ID='MF(0.075/0.06/0.005)',IOR=3 /
&DEVC XYZ=0.085,0.06,0.005,QUANTITY='MIXTURE FRACTION',ID='MF(0.085/0.06/0.005)',IOR=3 /
&DEVC XYZ=0.095,0.06,0.005,QUANTITY='MIXTURE FRACTION',ID='MF(0.095/0.06/0.005)',IOR=3 /

&DEVC XYZ=0.105,0.06,0.005,QUANTITY='MIXTURE FRACTION',ID='MF(0.105/0.06/0.005)',IOR=3 /
&DEVC XYZ=0.155,0.06,0.005,QUANTITY='MIXTURE FRACTION',ID='MF(0.155/0.06/0.005)',IOR=3 /
&DEVC XYZ=0.205,0.06,0.005,QUANTITY='MIXTURE FRACTION',ID='MF(0.205/0.06/0.005)',IOR=3 /
&DEVC XYZ=0.255,0.06,0.005,QUANTITY='MIXTURE FRACTION',ID='MF(0.255/0.06/0.005)',IOR=3 /
&DEVC XYZ=0.305,0.06,0.005,QUANTITY='MIXTURE FRACTION',ID='MF(0.305/0.06/0.005)',IOR=3 /
&DEVC XYZ=0.355,0.06,0.005,QUANTITY='MIXTURE FRACTION',ID='MF(0.355/0.06/0.005)',IOR=3 /
&DEVC XYZ=0.405,0.06,0.005,QUANTITY='MIXTURE FRACTION',ID='MF(0.405/0.06/0.005)',IOR=3 /
&DEVC XYZ=0.455,0.06,0.005,QUANTITY='MIXTURE FRACTION',ID='MF(0.455/0.06/0.005)',IOR=3 /
&DEVC XYZ=0.505,0.06,0.005,QUANTITY='MIXTURE FRACTION',ID='MF(0.505/0.06/0.005)',IOR=3 /

&DEVC XYZ=0.055,0.06,0.005,QUANTITY='carbon dioxide',ID='CO2(0.055/0.06/0.005)',IOR=3 /
&DEVC XYZ=0.065,0.06,0.005,QUANTITY='carbon dioxide',ID='CO2(0.065/0.06/0.005)',IOR=3 /
&DEVC XYZ=0.075,0.06,0.005,QUANTITY='carbon dioxide',ID='CO2(0.075/0.06/0.005)',IOR=3 /
&DEVC XYZ=0.085,0.06,0.005,QUANTITY='carbon dioxide',ID='CO2(0.085/0.06/0.005)',IOR=3 /
&DEVC XYZ=0.095,0.06,0.005,QUANTITY='carbon dioxide',ID='CO2(0.095/0.06/0.005)',IOR=3 /

&DEVC XYZ=0.105,0.06,0.005,QUANTITY='carbon dioxide',ID='CO2(0.105/0.06/0.005)',IOR=3 /
&DEVC XYZ=0.155,0.06,0.005,QUANTITY='carbon dioxide',ID='CO2(0.155/0.06/0.005)',IOR=3 /
&DEVC XYZ=0.205,0.06,0.005,QUANTITY='carbon dioxide',ID='CO2(0.205/0.06/0.005)',IOR=3 /
&DEVC XYZ=0.255,0.06,0.005,QUANTITY='carbon dioxide',ID='CO2(0.255/0.06/0.005)',IOR=3 /
&DEVC XYZ=0.305,0.06,0.005,QUANTITY='carbon dioxide',ID='CO2(0.305/0.06/0.005)',IOR=3 /
&DEVC XYZ=0.355,0.06,0.005,QUANTITY='carbon dioxide',ID='CO2(0.355/0.06/0.005)',IOR=3 /
&DEVC XYZ=0.405,0.06,0.005,QUANTITY='carbon dioxide',ID='CO2(0.405/0.06/0.005)',IOR=3 /
&DEVC XYZ=0.455,0.06,0.005,QUANTITY='carbon dioxide',ID='CO2(0.455/0.06/0.005)',IOR=3 /
&DEVC XYZ=0.505,0.06,0.005,QUANTITY='carbon dioxide',ID='CO2(0.505/0.06/0.005)',IOR=3 /

&DEVC XYZ=0.055,0.06,0.005,QUANTITY='fuel',ID='fuel(0.055/0.06/0.005)',IOR=3 /
&DEVC XYZ=0.065,0.06,0.005,QUANTITY='fuel',ID='fuel(0.065/0.06/0.005)',IOR=3 /
&DEVC XYZ=0.075,0.06,0.005,QUANTITY='fuel',ID='fuel(0.075/0.06/0.005)',IOR=3 /
&DEVC XYZ=0.085,0.06,0.005,QUANTITY='fuel',ID='fuel(0.085/0.06/0.005)',IOR=3 /
&DEVC XYZ=0.095,0.06,0.005,QUANTITY='fuel',ID='fuel(0.095/0.06/0.005)',IOR=3 /

&DEVC XYZ=0.105,0.06,0.005,QUANTITY='fuel',ID='fuel(0.105/0.06/0.005)',IOR=3 /
&DEVC XYZ=0.155,0.06,0.005,QUANTITY='fuel',ID='fuel(0.155/0.06/0.005)',IOR=3 /
&DEVC XYZ=0.205,0.06,0.005,QUANTITY='fuel',ID='fuel(0.205/0.06/0.005)',IOR=3 /
&DEVC XYZ=0.255,0.06,0.005,QUANTITY='fuel',ID='fuel(0.255/0.06/0.005)',IOR=3 /
&DEVC XYZ=0.305,0.06,0.005,QUANTITY='fuel',ID='fuel(0.305/0.06/0.005)',IOR=3 /
&DEVC XYZ=0.355,0.06,0.005,QUANTITY='fuel',ID='fuel(0.355/0.06/0.005)',IOR=3 /
&DEVC XYZ=0.405,0.06,0.005,QUANTITY='fuel',ID='fuel(0.405/0.06/0.005)',IOR=3 /
```

```
&DEVC XYZ=0.455,0.06,0.005,QUANTITY='fuel',ID='fuel(0.455/0.06/0.005)',IOR=3 /
&DEVC XYZ=0.505,0.06,0.005,QUANTITY='fuel',ID='fuel(0.505/0.06/0.005)',IOR=3 /

&DEVC XYZ=0.1,0.06,0.005,QUANTITY='THERMOCOUPLE',ID='TC(0.1/0.06/0.005)',IOR=3 /
&DEVC XYZ=0.14,0.06,0.005,QUANTITY='THERMOCOUPLE',ID='TC(0.14/0.06/0.005)',IOR=3 /
&DEVC XYZ=0.18,0.06,0.005,QUANTITY='THERMOCOUPLE',ID='TC(0.18/0.06/0.005)',IOR=3 /
&DEVC XYZ=0.22,0.06,0.005,QUANTITY='THERMOCOUPLE',ID='TC(0.22/0.06/0.005)',IOR=3 /
&DEVC XYZ=0.26,0.06,0.005,QUANTITY='THERMOCOUPLE',ID='TC(0.26/0.06/0.005)',IOR=3 /
&DEVC XYZ=0.3,0.06,0.005,QUANTITY='THERMOCOUPLE',ID='TC(0.3/0.06/0.005)',IOR=3 /

&DEVC XYZ=0.1,0.06,0.005,QUANTITY='WALL TEMPERATURE',ID='Wtemp(0.1/0.06/0.005)',IOR=3 /
&DEVC XYZ=0.14,0.06,0.005,QUANTITY='WALL TEMPERATURE',ID='Wtemp(0.14/0.06/0.005)',IOR=3 /
&DEVC XYZ=0.18,0.06,0.005,QUANTITY='WALL TEMPERATURE',ID='Wtemp(0.18/0.06/0.005)',IOR=3 /
&DEVC XYZ=0.22,0.06,0.005,QUANTITY='WALL TEMPERATURE',ID='Wtemp(0.22/0.06/0.005)',IOR=3 /
&DEVC XYZ=0.26,0.06,0.005,QUANTITY='WALL TEMPERATURE',ID='Wtemp(0.26/0.06/0.005)',IOR=3 /
&DEVC XYZ=0.3,0.06,0.005,QUANTITY='WALL TEMPERATURE',ID='Wtemp(0.3/0.06/0.005)',IOR=3 /

&BNDF QUANTITY='HEAT_FLUX'/
&BNDF QUANTITY='WALL_TEMPERATURE'/
&BNDF QUANTITY='BURNING_RATE'/

&ISOF QUANTITY='TEMPERATURE', VALUE(1)=100., VALUE(2)=200.,VALUE(3)=300./

&TAIL /
```

D.2 PMMA-Simulation

D.2.1 2-D-Simulation

```
&HEAD CHID='2170', TITLE='2D_pmma_brennen_gross'/

&MISC GVEC=0,0,-9.81,DNS=.TRUE./ horizontal
//&MISC GVEC=-1.70,0,-9.66,/ 10°
//&MISC GVEC=-3.35,0,-9.22,/ 20°
//&MISC GVEC=-4.90,0,-8.50,/ 30°
//&MISC GVEC=-6.30,0,-7.52,/ 40°
//&MISC GVEC=-7.52,0,-6.30,/ 50°
//&MISC GVEC=-8.50,0,-4.90,/ 60°
//&MISC GVEC=-9.22,0,-3.35,/ 70°
//&MISC GVEC=-9.66,0,-1.70,/ 80°
//&MISC GVEC=-9.81,0,0,/ 90° vertikal

// Steuerung: Zeitangaben
&TIME T_BEGIN=0.0, T_END=1400.0, SYNCHRONIZE=.TRUE. /

&DUMP DT_RESTART=1, NFRAMES=1440 /

// Gitterdefinition, Diskretisierung
&MESH IJK=240,1,80, XB= 0.000, 1.20, 0.000, 0.0050, 0.000, 0.400, COLOR='RED' /

&VENT MB=XMIN, SURF_ID='OPEN' /
&VENT MB=XMAX, SURF_ID='OPEN' /
&VENT MB=ZMAX, SURF_ID='OPEN' /

&OBST XB=0.06 , 0.60, 0.00,0.005,0.00,0.005, SURF_ID='PMMA',  COLOR='GRAY'/platte 50cm lang
&OBST XB=0.06, 0.10, 0.000, 0.005, 0.025, 0.025, SURF_IDS='INERT','INERT','HEATER' , DEVC_ID='timer 1'
/strahler
&OBST XB=0.10 , 0.10, 0.00,0.005,0.00,0.15, SURF_ID='INERT', DEVC_ID='timer 1' /abschirmung
```

```
&SURF ID='HEATER'
      COLOR='RED'
      EMISSIVITY=1.0
      TMP_FRONT=550. /

&DEVC XYZ=0.07,0.0025,0.025,ID='timer 1', SETPOINT =160, QUANTITY='TIME',INITIAL_STATE=.TRUE. /
strahler und abschirmung verschwinden

&REAC ID='PMMA',
      C= 5
      H= 8
      O= 2
      IDEAL=.FALSE./

&MATL ID='PMMA',
      CONDUCTIVITY=0.20
      SPECIFIC_HEAT=1.5
      DENSITY=1200.
      N_REACTIONS=1
      NU_FUEL=1.
      HEAT_OF_REACTION=1000.
      ABSORPTION_COEFFICIENT = 1000.
      REFERENCE_TEMPERATURE=250. /

&SURF ID='PMMA'
      COLOR='GRAY'
      MATL_ID='PMMA'
      THICKNESS=0.005
      BACKING='INSULATED'
      BURN_AWAY=.TRUE.
      CELL_SIZE_FACTOR=0.25/

//Auswertung: Schnitt durch die Mitte
&SLCF PBY=0.0025,QUANTITY='TEMPERATURE',VECTOR=.TRUE. /
&SLCF PBY=0.0025,QUANTITY='MASS FLUX Z', SPEC_ID='carbon dioxide',VECTOR=.TRUE./
&SLCF PBY=0.0025,QUANTITY='MASS FLUX Z', SPEC_ID='carbon monoxide',VECTOR=.TRUE./
&SLCF PBY=0.0025,QUANTITY='MASS FLUX Z', SPEC_ID='fuel',VECTOR=.TRUE. /
&SLCF PBY=0.0025,QUANTITY='MIXTURE FRACTION', VECTOR=.TRUE./

&DEVC XYZ=0.065,0.0025,0.005,QUANTITY='NET HEAT FLUX',ID='Flux(0.065/0.0025/0.005)',IOR=3 /
&DEVC XYZ=0.075,0.0025,0.005,QUANTITY='NET HEAT FLUX',ID='Flux(0.075/0.0025/0.005)',IOR=3 /
&DEVC XYZ=0.085,0.0025,0.005,QUANTITY='NET HEAT FLUX',ID='Flux(0.085/0.0025/0.005)',IOR=3 /
&DEVC XYZ=0.095,0.0025,0.005,QUANTITY='NET HEAT FLUX',ID='Flux(0.095/0.0025/0.005)',IOR=3 /
&DEVC XYZ=0.105,0.0025,0.005,QUANTITY='NET HEAT FLUX',ID='Flux(0.105/0.0025/0.005)',IOR=3 /

&DEVC XYZ=0.105,0.0025,0.005,QUANTITY='NET HEAT FLUX',ID='Flux(0.105/0.0025/0.005)',IOR=3 /
&DEVC XYZ=0.155,0.0025,0.005,QUANTITY='NET HEAT FLUX',ID='Flux(0.155/0.0025/0.005)',IOR=3 /
&DEVC XYZ=0.205,0.0025,0.005,QUANTITY='NET HEAT FLUX',ID='Flux(0.205/0.0025/0.005)',IOR=3 /
&DEVC XYZ=0.255,0.0025,0.005,QUANTITY='NET HEAT FLUX',ID='Flux(0.255/0.0025/0.005)',IOR=3 /
&DEVC XYZ=0.305,0.0025,0.005,QUANTITY='NET HEAT FLUX',ID='Flux(0.305/0.0025/0.005)',IOR=3 /
&DEVC XYZ=0.355,0.0025,0.005,QUANTITY='NET HEAT FLUX',ID='Flux(0.355/0.0025/0.005)',IOR=3 /
&DEVC XYZ=0.405,0.0025,0.005,QUANTITY='NET HEAT FLUX',ID='Flux(0.405/0.0025/0.005)',IOR=3 /
&DEVC XYZ=0.455,0.0025,0.005,QUANTITY='NET HEAT FLUX',ID='Flux(0.455/0.0025/0.005)',IOR=3 /
&DEVC XYZ=0.505,0.0025,0.005,QUANTITY='NET HEAT FLUX',ID='Flux(0.505/0.0025/0.005)',IOR=3 /
&DEVC XYZ=0.555,0.0025,0.005,QUANTITY='NET HEAT FLUX',ID='Flux(0.555/0.0025/0.005)',IOR=3 /

&DEVC XYZ=0.065,0.0025,0.005,QUANTITY='BURNING RATE',ID='BR(0.065/0.0025/0.005)',IOR=3 /
&DEVC XYZ=0.075,0.0025,0.005,QUANTITY='BURNING RATE',ID='BR(0.075/0.0025/0.005)',IOR=3 /
```

```
&DEVC XYZ=0.085,0.0025,0.005,QUANTITY='BURNING RATE',ID='BR(0.085/0.0025/0.005)',IOR=3 /
&DEVC XYZ=0.095,0.0025,0.005,QUANTITY='BURNING RATE',ID='BR(0.095/0.0025/0.005)',IOR=3 /
&DEVC XYZ=0.105,0.0025,0.005,QUANTITY='BURNING RATE',ID='BR(0.105/0.0025/0.005)',IOR=3 /

&DEVC XYZ=0.105,0.0025,0.005,QUANTITY='BURNING RATE',ID='BR(0.105/0.0025/0.005)',IOR=3 /
&DEVC XYZ=0.155,0.0025,0.005,QUANTITY='BURNING RATE',ID='BR(0.155/0.0025/0.005)',IOR=3 /
&DEVC XYZ=0.205,0.0025,0.005,QUANTITY='BURNING RATE',ID='BR(0.205/0.0025/0.005)',IOR=3 /
&DEVC XYZ=0.255,0.0025,0.005,QUANTITY='BURNING RATE',ID='BR(0.255/0.0025/0.005)',IOR=3 /
&DEVC XYZ=0.305,0.0025,0.005,QUANTITY='BURNING RATE',ID='BR(0.305/0.0025/0.005)',IOR=3 /
&DEVC XYZ=0.355,0.0025,0.005,QUANTITY='BURNING RATE',ID='BR(0.355/0.0025/0.005)',IOR=3 /
&DEVC XYZ=0.405,0.0025,0.005,QUANTITY='BURNING RATE',ID='BR(0.405/0.0025/0.005)',IOR=3 /
&DEVC XYZ=0.455,0.0025,0.005,QUANTITY='BURNING RATE',ID='BR(0.455/0.0025/0.005)',IOR=3 /
&DEVC XYZ=0.505,0.0025,0.005,QUANTITY='BURNING RATE',ID='BR(0.505/0.0025/0.005)',IOR=3 /
&DEVC XYZ=0.555,0.0025,0.005,QUANTITY='BURNING RATE',ID='BR(0.555/0.0025/0.005)',IOR=3 /

&DEVC XYZ=0.065,0.0025,0.005,QUANTITY='WALL TEMPERATURE',ID='Wtemp(0.065/0.0025/0.005)',IOR=3 /
&DEVC XYZ=0.075,0.0025,0.005,QUANTITY='WALL TEMPERATURE',ID='Wtemp(0.075/0.0025/0.005)',IOR=3 /
&DEVC XYZ=0.085,0.0025,0.005,QUANTITY='WALL TEMPERATURE',ID='Wtemp(0.085/0.0025/0.005)',IOR=3 /
&DEVC XYZ=0.095,0.0025,0.005,QUANTITY='WALL TEMPERATURE',ID='Wtemp(0.095/0.0025/0.005)',IOR=3 /
&DEVC XYZ=0.105,0.0025,0.005,QUANTITY='WALL TEMPERATURE',ID='Wtemp(0.105/0.0025/0.005)',IOR=3 /

&DEVC XYZ=0.105,0.0025,0.005,QUANTITY='WALL TEMPERATURE',ID='Wtemp(0.105/0.0025/0.005)',IOR=3 /
&DEVC XYZ=0.155,0.0025,0.005,QUANTITY='WALL TEMPERATURE',ID='Wtemp(0.155/0.0025/0.005)',IOR=3 /
&DEVC XYZ=0.205,0.0025,0.005,QUANTITY='WALL TEMPERATURE',ID='Wtemp(0.205/0.0025/0.005)',IOR=3 /
&DEVC XYZ=0.255,0.0025,0.005,QUANTITY='WALL TEMPERATURE',ID='Wtemp(0.255/0.0025/0.005)',IOR=3 /
&DEVC XYZ=0.305,0.0025,0.005,QUANTITY='WALL TEMPERATURE',ID='Wtemp(0.305/0.0025/0.005)',IOR=3 /
&DEVC XYZ=0.355,0.0025,0.005,QUANTITY='WALL TEMPERATURE',ID='Wtemp(0.355/0.0025/0.005)',IOR=3 /
&DEVC XYZ=0.405,0.0025,0.005,QUANTITY='WALL TEMPERATURE',ID='Wtemp(0.405/0.0025/0.005)',IOR=3 /
&DEVC XYZ=0.455,0.0025,0.005,QUANTITY='WALL TEMPERATURE',ID='Wtemp(0.455/0.0025/0.005)',IOR=3 /
&DEVC XYZ=0.505,0.0025,0.005,QUANTITY='WALL TEMPERATURE',ID='Wtemp(0.505/0.0025/0.005)',IOR=3 /
&DEVC XYZ=0.555,0.0025,0.005,QUANTITY='WALL TEMPERATURE',ID='Wtemp(0.555/0.0025/0.005)',IOR=3 /

&DEVC XYZ=0.065,0.0025,0.005,QUANTITY='WALL THICKNESS',ID='Wtickn(0.065/0.0025/0.005)',IOR=3 /
&DEVC XYZ=0.075,0.0025,0.005,QUANTITY='WALL THICKNESS',ID='Wtickn(0.075/0.0025/0.005)',IOR=3 /
&DEVC XYZ=0.085,0.0025,0.005,QUANTITY='WALL THICKNESS',ID='Wtickn(0.085/0.0025/0.005)',IOR=3 /
&DEVC XYZ=0.095,0.0025,0.005,QUANTITY='WALL THICKNESS',ID='Wtickn(0.095/0.0025/0.005)',IOR=3 /
&DEVC XYZ=0.105,0.0025,0.005,QUANTITY='WALL THICKNESS',ID='Wtickn(0.105/0.0025/0.005)',IOR=3 /

&DEVC XYZ=0.105,0.0025,0.005,QUANTITY='WALL THICKNESS',ID='Wtickn(0.105/0.0025/0.005)',IOR=3 /
&DEVC XYZ=0.155,0.0025,0.005,QUANTITY='WALL THICKNESS',ID='Wtickn(0.155/0.0025/0.005)',IOR=3 /
&DEVC XYZ=0.205,0.0025,0.005,QUANTITY='WALL THICKNESS',ID='Wtickn(0.205/0.0025/0.005)',IOR=3 /
&DEVC XYZ=0.255,0.0025,0.005,QUANTITY='WALL THICKNESS',ID='Wtickn(0.255/0.0025/0.005)',IOR=3 /
&DEVC XYZ=0.305,0.0025,0.005,QUANTITY='WALL THICKNESS',ID='Wtickn(0.305/0.0025/0.005)',IOR=3 /
&DEVC XYZ=0.355,0.0025,0.005,QUANTITY='WALL THICKNESS',ID='Wtickn(0.355/0.0025/0.005)',IOR=3 /
&DEVC XYZ=0.405,0.0025,0.005,QUANTITY='WALL THICKNESS',ID='Wtickn(0.405/0.0025/0.005)',IOR=3 /
&DEVC XYZ=0.455,0.0025,0.005,QUANTITY='WALL THICKNESS',ID='Wtickn(0.455/0.0025/0.005)',IOR=3 /
&DEVC XYZ=0.505,0.0025,0.005,QUANTITY='WALL THICKNESS',ID='Wtickn(0.505/0.0025/0.005)',IOR=3 /
&DEVC XYZ=0.555,0.0025,0.005,QUANTITY='WALL THICKNESS',ID='Wtickn(0.555/0.0025/0.005)',IOR=3 /

&DEVC XYZ=0.065,0.0025,0.005,QUANTITY='MIXTURE FRACTION',ID='MF(0.065/0.0025/0.005)',IOR=3 /
&DEVC XYZ=0.075,0.0025,0.005,QUANTITY='MIXTURE FRACTION',ID='MF(0.075/0.0025/0.005)',IOR=3 /
&DEVC XYZ=0.085,0.0025,0.005,QUANTITY='MIXTURE FRACTION',ID='MF(0.085/0.0025/0.005)',IOR=3 /
&DEVC XYZ=0.095,0.0025,0.005,QUANTITY='MIXTURE FRACTION',ID='MF(0.095/0.0025/0.005)',IOR=3 /
&DEVC XYZ=0.105,0.0025,0.005,QUANTITY='MIXTURE FRACTION',ID='MF(0.105/0.0025/0.005)',IOR=3 /

&DEVC XYZ=0.105,0.0025,0.005,QUANTITY='MIXTURE FRACTION',ID='MF(0.105/0.0025/0.005)',IOR=3 /
&DEVC XYZ=0.155,0.0025,0.005,QUANTITY='MIXTURE FRACTION',ID='MF(0.155/0.0025/0.005)',IOR=3 /
&DEVC XYZ=0.205,0.0025,0.005,QUANTITY='MIXTURE FRACTION',ID='MF(0.205/0.0025/0.005)',IOR=3 /
&DEVC XYZ=0.255,0.0025,0.005,QUANTITY='MIXTURE FRACTION',ID='MF(0.255/0.0025/0.005)',IOR=3 /
```

```
&DEVC XYZ=0.305,0.0025,0.005,QUANTITY='MIXTURE FRACTION',ID='MF(0.305/0.0025/0.005)',IOR=3 /
&DEVC XYZ=0.355,0.0025,0.005,QUANTITY='MIXTURE FRACTION',ID='MF(0.355/0.0025/0.005)',IOR=3 /
&DEVC XYZ=0.405,0.0025,0.005,QUANTITY='MIXTURE FRACTION',ID='MF(0.405/0.0025/0.005)',IOR=3 /
&DEVC XYZ=0.455,0.0025,0.005,QUANTITY='MIXTURE FRACTION',ID='MF(0.455/0.0025/0.005)',IOR=3 /
&DEVC XYZ=0.505,0.0025,0.005,QUANTITY='MIXTURE FRACTION',ID='MF(0.505/0.0025/0.005)',IOR=3 /
&DEVC XYZ=0.555,0.0025,0.005,QUANTITY='MIXTURE FRACTION',ID='MF(0.555/0.0025/0.005)',IOR=3 /

&DEVC XYZ=0.065,0.0025,0.005,QUANTITY='fuel',ID='fuel(0.065/0.0025/0.005)',IOR=3 /
&DEVC XYZ=0.075,0.0025,0.005,QUANTITY='fuel',ID='fuel(0.075/0.0025/0.005)',IOR=3 /
&DEVC XYZ=0.085,0.0025,0.005,QUANTITY='fuel',ID='fuel(0.085/0.0025/0.005)',IOR=3 /
&DEVC XYZ=0.095,0.0025,0.005,QUANTITY='fuel',ID='fuel(0.095/0.0025/0.005)',IOR=3 /
&DEVC XYZ=0.105,0.0025,0.005,QUANTITY='fuel',ID='fuel(0.105/0.0025/0.005)',IOR=3 /

&DEVC XYZ=0.105,0.0025,0.005,QUANTITY='fuel',ID='fuel(0.105/0.0025/0.005)',IOR=3 /
&DEVC XYZ=0.155,0.0025,0.005,QUANTITY='fuel',ID='fuel(0.155/0.0025/0.005)',IOR=3 /
&DEVC XYZ=0.205,0.0025,0.005,QUANTITY='fuel',ID='fuel(0.205/0.0025/0.005)',IOR=3 /
&DEVC XYZ=0.255,0.0025,0.005,QUANTITY='fuel',ID='fuel(0.255/0.0025/0.005)',IOR=3 /
&DEVC XYZ=0.305,0.0025,0.005,QUANTITY='fuel',ID='fuel(0.305/0.0025/0.005)',IOR=3 /
&DEVC XYZ=0.355,0.0025,0.005,QUANTITY='fuel',ID='fuel(0.355/0.0025/0.005)',IOR=3 /
&DEVC XYZ=0.405,0.0025,0.005,QUANTITY='fuel',ID='fuel(0.405/0.0025/0.005)',IOR=3 /
&DEVC XYZ=0.455,0.0025,0.005,QUANTITY='fuel',ID='fuel(0.455/0.0025/0.005)',IOR=3 /
&DEVC XYZ=0.505,0.0025,0.005,QUANTITY='fuel',ID='fuel(0.505/0.0025/0.005)',IOR=3 /
&DEVC XYZ=0.555,0.0025,0.005,QUANTITY='fuel',ID='fuel(0.555/0.0025/0.005)',IOR=3 /

&DEVC XYZ=0.065,0.0025,0.005,QUANTITY='carbon dioxide',ID='CO2(0.065/0.0025/0.005)',IOR=3 /
&DEVC XYZ=0.075,0.0025,0.005,QUANTITY='carbon dioxide',ID='CO2(0.075/0.0025/0.005)',IOR=3 /
&DEVC XYZ=0.085,0.0025,0.005,QUANTITY='carbon dioxide',ID='CO2(0.085/0.0025/0.005)',IOR=3 /
&DEVC XYZ=0.095,0.0025,0.005,QUANTITY='carbon dioxide',ID='CO2(0.095/0.0025/0.005)',IOR=3 /
&DEVC XYZ=0.105,0.0025,0.005,QUANTITY='carbon dioxide',ID='CO2(0.105/0.0025/0.005)',IOR=3 /

&DEVC XYZ=0.105,0.0025,0.005,QUANTITY='carbon dioxide',ID='CO2(0.105/0.0025/0.005)',IOR=3 /
&DEVC XYZ=0.155,0.0025,0.005,QUANTITY='carbon dioxide',ID='CO2(0.155/0.0025/0.005)',IOR=3 /
&DEVC XYZ=0.205,0.0025,0.005,QUANTITY='carbon dioxide',ID='CO2(0.205/0.0025/0.005)',IOR=3 /
&DEVC XYZ=0.255,0.0025,0.005,QUANTITY='carbon dioxide',ID='CO2(0.255/0.0025/0.005)',IOR=3 /
&DEVC XYZ=0.305,0.0025,0.005,QUANTITY='carbon dioxide',ID='CO2(0.305/0.0025/0.005)',IOR=3 /
&DEVC XYZ=0.355,0.0025,0.005,QUANTITY='carbon dioxide',ID='CO2(0.355/0.0025/0.005)',IOR=3 /
&DEVC XYZ=0.405,0.0025,0.005,QUANTITY='carbon dioxide',ID='CO2(0.405/0.0025/0.005)',IOR=3 /
&DEVC XYZ=0.455,0.0025,0.005,QUANTITY='carbon dioxide',ID='CO2(0.455/0.0025/0.005)',IOR=3 /
&DEVC XYZ=0.505,0.0025,0.005,QUANTITY='carbon dioxide',ID='CO2(0.505/0.0025/0.005)',IOR=3 /
&DEVC XYZ=0.555,0.0025,0.005,QUANTITY='carbon dioxide',ID='CO2(0.555/0.0025/0.005)',IOR=3 /

&DEVC XYZ=0.11,0.0025,0.005,QUANTITY='THERMOCOUPLE',ID='TC(0.11/0.0025/0.005)',IOR=3 /
&DEVC XYZ=0.15,0.0025,0.005,QUANTITY='THERMOCOUPLE',ID='TC(0.15/0.0025/0.005)',IOR=3 /
&DEVC XYZ=0.19,0.0025,0.005,QUANTITY='THERMOCOUPLE',ID='TC(0.19/0.0025/0.005)',IOR=3 /
&DEVC XYZ=0.23,0.0025,0.005,QUANTITY='THERMOCOUPLE',ID='TC(0.23/0.0025/0.005)',IOR=3 /
&DEVC XYZ=0.27,0.0025,0.005,QUANTITY='THERMOCOUPLE',ID='TC(0.27/0.0025/0.005)',IOR=3 /
&DEVC XYZ=0.31,0.0025,0.005,QUANTITY='THERMOCOUPLE',ID='TC(0.31/0.0025/0.005)',IOR=3 /

&DEVC XYZ=0.11,0.0025,0.005,QUANTITY='WALL TEMPERATURE',ID='Wtemp(0.11/0.0025/0.005)',IOR=3 /
&DEVC XYZ=0.15,0.0025,0.005,QUANTITY='WALL TEMPERATURE',ID='Wtemp(0.15/0.0025/0.005)',IOR=3 /
&DEVC XYZ=0.19,0.0025,0.005,QUANTITY='WALL TEMPERATURE',ID='Wtemp(0.19/0.0025/0.005)',IOR=3 /
&DEVC XYZ=0.23,0.0025,0.005,QUANTITY='WALL TEMPERATURE',ID='Wtemp(0.23/0.0025/0.005)',IOR=3 /
&DEVC XYZ=0.27,0.0025,0.005,QUANTITY='WALL TEMPERATURE',ID='Wtemp(0.27/0.0025/0.005)',IOR=3 /
&DEVC XYZ=0.31,0.0025,0.005,QUANTITY='WALL TEMPERATURE',ID='Wtemp(0.31/0.0025/0.005)',IOR=3 /

&DEVC XYZ=0.11,0.0025,0.005,QUANTITY='TEMPERATURE',ID='temp(0.11/0.0025/0.005)',IOR=3 /
&DEVC XYZ=0.15,0.0025,0.005,QUANTITY='TEMPERATURE',ID='temp(0.15/0.0025/0.005)',IOR=3 /
&DEVC XYZ=0.19,0.0025,0.005,QUANTITY='TEMPERATURE',ID='temp(0.19/0.0025/0.005)',IOR=3 /
&DEVC XYZ=0.23,0.0025,0.005,QUANTITY='TEMPERATURE',ID='temp(0.23/0.0025/0.005)',IOR=3 /
```

```
&DEVC XYZ=0.27,0.0025,0.005,QUANTITY='TEMPERATURE',ID='temp(0.27/0.0025/0.005)',IOR=3 /
&DEVC XYZ=0.31,0.0025,0.005,QUANTITY='TEMPERATURE',ID='temp(0.31/0.0025/0.005)',IOR=3 /

//Auswertung
&BNDF QUANTITY='HEAT_FLUX'/
&BNDF QUANTITY='WALL_TEMPERATURE'/
&BNDF QUANTITY='BURNING_RATE'/

&ISOF QUANTITY='TEMPERATURE', VALUE(1)=100., VALUE(2)=200.,VALUE(3)=300./
&TAIL /
```

D.2.2 3-D-Simulation

Am Beispiel einer Simulation mit 30° Neigung:

```
&HEAD CHID='2167', TITLE='3d_pmma_brennen_gross'/

//&MISC GVEC=0,0,-9.81,/ horizontal
//&MISC GVEC=-1.70,0,-9.66,/ 10°
//&MISC GVEC=-3.35,0,-9.22,/ 20°
&MISC GVEC=-4.90,0,-8.50,/ 30°
//&MISC GVEC=-6.30,0,-7.52,/ 40°
//&MISC GVEC=-7.52,0,-6.30,/ 50°
//&MISC GVEC=-8.50,0,-4.90,/ 60°
//&MISC GVEC=-9.22,0,-3.35,/ 70°
//&MISC GVEC=-9.66,0,-1.70,/ 80°
//&MISC GVEC=-9.81,0,0, /90° vertikal

// Steuerung: Zeitangaben
&TIME T_BEGIN=0.0, T_END=1440.0, SYNCHRONIZE=.TRUE. /

&DUMP DT_RESTART=1, NFRAMES=1440 /

// Gitterdefinition, Diskretisierung
&MESH IJK=120,24,40, XB= 0.00, 0.60, 0.00, 0.12, 0.00, 0.20, COLOR='RED' /Gitter PMMA 5mm
&MESH IJK=60,12,20, XB= 0.00, 0.60, 0.00, 0.12, 0.20, 0.40, COLOR='RED' /Gitter darüber 1cm
&MESH IJK=60,12,40, XB= 0.60, 1.20, 0.00, 0.12, 0.00, 0.40, COLOR='RED' /Gitter dahinter 1cm

&VENT MB=XMIN, SURF_ID='OPEN' /
&VENT MB=XMAX, SURF_ID='OPEN' /
&VENT MB=ZMAX, SURF_ID='OPEN' /
&VENT MB=YMIN, SURF_ID='OPEN' /
&VENT MB=YMAX, SURF_ID='OPEN' /

&OBST XB=0.06, 0.60, 0.035,0.085,0.00,0.005, SURF_ID='PMMA', COLOR='GRAY' /
&OBST XB=0.06, 0.10, 0.035,0.085, 0.025, 0.025, SURF_IDS='INERT','INERT','HEATER' /strahler

&SURF ID='HEATER'
      COLOR='RED'
      EMISSIVITY=1.0
      TMP_FRONT=550. /

&REAC ID='PMMA',
      C= 5
      H= 8
      O= 2
      IDEAL=.FALSE./

&MATL ID='PMMA',
```

```
          CONDUCTIVITY=0.20
          SPECIFIC_HEAT=1.5
          DENSITY=1200.
          N_REACTIONS=1
          NU_FUEL=1.
          HEAT_OF_REACTION=1000.
          ABSORPTION_COEFFICIENT = 1000.
          REFERENCE_TEMPERATURE=250. /

&SURF ID='PMMA'
          COLOR='GRAY'
          MATL_ID='PMMA'
          THICKNESS=0.005
          BACKING='INSULATED'
          BURN_AWAY=.TRUE.
          CELL_SIZE_FACTOR=0.25/

//Auswertung: Schnitt durch die Mitte
&SLCF PBY=0.06,QUANTITY='TEMPERATURE',VECTOR=.TRUE. /
&SLCF PBY=0.06,QUANTITY='MASS FLUX Z', SPEC_ID='carbon dioxide',VECTOR=.TRUE. /
&SLCF PBY=0.06,QUANTITY='MASS FLUX Z', SPEC_ID='carbon monoxide',VECTOR=.TRUE./
&SLCF PBY=0.06,QUANTITY='MASS FLUX Z', SPEC_ID='fuel',VECTOR=.TRUE. /
&SLCF PBY=0.06,QUANTITY='MIXTURE FRACTION', VECTOR=.TRUE./

&DEVC XYZ=0.065,0.06,0.005,QUANTITY='NET HEAT FLUX',ID='Flux(0.065/0.06/0.005)',IOR=3 /
&DEVC XYZ=0.075,0.06,0.005,QUANTITY='NET HEAT FLUX',ID='Flux(0.075/0.06/0.005)',IOR=3 /
&DEVC XYZ=0.085,0.06,0.005,QUANTITY='NET HEAT FLUX',ID='Flux(0.085/0.06/0.005)',IOR=3 /
&DEVC XYZ=0.095,0.06,0.005,QUANTITY='NET HEAT FLUX',ID='Flux(0.095/0.06/0.005)',IOR=3 /
&DEVC XYZ=0.105,0.06,0.005,QUANTITY='NET HEAT FLUX',ID='Flux(0.105/0.06/0.005)',IOR=3 /

&DEVC XYZ=0.105,0.06,0.005,QUANTITY='NET HEAT FLUX',ID='Flux(0.105/0.06/0.005)',IOR=3 /
&DEVC XYZ=0.155,0.06,0.005,QUANTITY='NET HEAT FLUX',ID='Flux(0.155/0.06/0.005)',IOR=3 /
&DEVC XYZ=0.205,0.06,0.005,QUANTITY='NET HEAT FLUX',ID='Flux(0.205/0.06/0.005)',IOR=3 /
&DEVC XYZ=0.255,0.06,0.005,QUANTITY='NET HEAT FLUX',ID='Flux(0.255/0.06/0.005)',IOR=3 /
&DEVC XYZ=0.305,0.06,0.005,QUANTITY='NET HEAT FLUX',ID='Flux(0.305/0.06/0.005)',IOR=3 /
&DEVC XYZ=0.355,0.06,0.005,QUANTITY='NET HEAT FLUX',ID='Flux(0.355/0.06/0.005)',IOR=3 /
&DEVC XYZ=0.405,0.06,0.005,QUANTITY='NET HEAT FLUX',ID='Flux(0.405/0.06/0.005)',IOR=3 /
&DEVC XYZ=0.455,0.06,0.005,QUANTITY='NET HEAT FLUX',ID='Flux(0.455/0.06/0.005)',IOR=3 /
&DEVC XYZ=0.505,0.06,0.005,QUANTITY='NET HEAT FLUX',ID='Flux(0.505/0.06/0.005)',IOR=3 /
&DEVC XYZ=0.555,0.06,0.005,QUANTITY='NET HEAT FLUX',ID='Flux(0.555/0.06/0.005)',IOR=3 /

&DEVC XYZ=0.065,0.06,0.005,QUANTITY='BURNING RATE',ID='BR(0.065/0.06/0.005)',IOR=3/
&DEVC XYZ=0.075,0.06,0.005,QUANTITY='BURNING RATE',ID='BR(0.075/0.06/0.005)',IOR=3/
&DEVC XYZ=0.085,0.06,0.005,QUANTITY='BURNING RATE',ID='BR(0.085/0.06/0.005)',IOR=3/
&DEVC XYZ=0.095,0.06,0.005,QUANTITY='BURNING RATE',ID='BR(0.095/0.06/0.005)',IOR=3/
&DEVC XYZ=0.105,0.06,0.005,QUANTITY='BURNING RATE',ID='BR(0.105/0.06/0.005)',IOR=3/

&DEVC XYZ=0.105,0.06,0.005,QUANTITY='BURNING RATE',ID='BR(0.105/0.06/0.005)',IOR=3/
&DEVC XYZ=0.155,0.06,0.005,QUANTITY='BURNING RATE',ID='BR(0.155/0.06/0.005)',IOR=3/
&DEVC XYZ=0.205,0.06,0.005,QUANTITY='BURNING RATE',ID='BR(0.205/0.06/0.005)',IOR=3/
&DEVC XYZ=0.255,0.06,0.005,QUANTITY='BURNING RATE',ID='BR(0.255/0.06/0.005)',IOR=3/
&DEVC XYZ=0.305,0.06,0.005,QUANTITY='BURNING RATE',ID='BR(0.305/0.06/0.005)',IOR=3/
&DEVC XYZ=0.355,0.06,0.005,QUANTITY='BURNING RATE',ID='BR(0.355/0.06/0.005)',IOR=3/
&DEVC XYZ=0.405,0.06,0.005,QUANTITY='BURNING RATE',ID='BR(0.405/0.06/0.005)',IOR=3/
&DEVC XYZ=0.455,0.06,0.005,QUANTITY='BURNING RATE',ID='BR(0.455/0.06/0.005)',IOR=3/
&DEVC XYZ=0.505,0.06,0.005,QUANTITY='BURNING RATE',ID='BR(0.505/0.06/0.005)',IOR=3/
&DEVC XYZ=0.555,0.06,0.005,QUANTITY='BURNING RATE',ID='BR(0.555/0.06/0.005)',IOR=3/

&DEVC XYZ=0.065,0.06,0.005,QUANTITY='WALL TEMPERATURE',ID='Wtemp(0.065/0.06/0.005)',IOR=3 /
```

```
&DEVC XYZ=0.075,0.06,0.005,QUANTITY='WALL TEMPERATURE',ID='Wtemp(0.075/0.06/0.005)',IOR=3 /
&DEVC XYZ=0.085,0.06,0.005,QUANTITY='WALL TEMPERATURE',ID='Wtemp(0.085/0.06/0.005)',IOR=3 /
&DEVC XYZ=0.095,0.06,0.005,QUANTITY='WALL TEMPERATURE',ID='Wtemp(0.095/0.06/0.005)',IOR=3 /
&DEVC XYZ=0.105,0.06,0.005,QUANTITY='WALL TEMPERATURE',ID='Wtemp(0.105/0.06/0.005)',IOR=3 /

&DEVC XYZ=0.105,0.06,0.005,QUANTITY='WALL TEMPERATURE',ID='Wtemp(0.105/0.06/0.005)',IOR=3 /
&DEVC XYZ=0.155,0.06,0.005,QUANTITY='WALL TEMPERATURE',ID='Wtemp(0.155/0.06/0.005)',IOR=3 /
&DEVC XYZ=0.205,0.06,0.005,QUANTITY='WALL TEMPERATURE',ID='Wtemp(0.205/0.06/0.005)',IOR=3 /
&DEVC XYZ=0.255,0.06,0.005,QUANTITY='WALL TEMPERATURE',ID='Wtemp(0.255/0.06/0.005)',IOR=3 /
&DEVC XYZ=0.305,0.06,0.005,QUANTITY='WALL TEMPERATURE',ID='Wtemp(0.305/0.06/0.005)',IOR=3 /
&DEVC XYZ=0.355,0.06,0.005,QUANTITY='WALL TEMPERATURE',ID='Wtemp(0.355/0.06/0.005)',IOR=3 /
&DEVC XYZ=0.405,0.06,0.005,QUANTITY='WALL TEMPERATURE',ID='Wtemp(0.405/0.06/0.005)',IOR=3 /
&DEVC XYZ=0.455,0.06,0.005,QUANTITY='WALL TEMPERATURE',ID='Wtemp(0.455/0.06/0.005)',IOR=3 /
&DEVC XYZ=0.505,0.06,0.005,QUANTITY='WALL TEMPERATURE',ID='Wtemp(0.505/0.06/0.005)',IOR=3 /
&DEVC XYZ=0.555,0.06,0.005,QUANTITY='WALL TEMPERATURE',ID='Wtemp(0.555/0.06/0.005)',IOR=3 /

&DEVC XYZ=0.065,0.06,0.005,QUANTITY='WALL THICKNESS',ID='Wtickn(0.065/0.06/0.005)',IOR=3 /
&DEVC XYZ=0.075,0.06,0.005,QUANTITY='WALL THICKNESS',ID='Wtickn(0.075/0.06/0.005)',IOR=3 /
&DEVC XYZ=0.085,0.06,0.005,QUANTITY='WALL THICKNESS',ID='Wtickn(0.085/0.06/0.005)',IOR=3 /
&DEVC XYZ=0.095,0.06,0.005,QUANTITY='WALL THICKNESS',ID='Wtickn(0.095/0.06/0.005)',IOR=3 /
&DEVC XYZ=0.105,0.06,0.005,QUANTITY='WALL THICKNESS',ID='Wtickn(0.105/0.06/0.005)',IOR=3 /

&DEVC XYZ=0.105,0.06,0.005,QUANTITY='WALL THICKNESS',ID='Wtickn(0.105/0.06/0.005)',IOR=3 /
&DEVC XYZ=0.155,0.06,0.005,QUANTITY='WALL THICKNESS',ID='Wtickn(0.155/0.06/0.005)',IOR=3 /
&DEVC XYZ=0.205,0.06,0.005,QUANTITY='WALL THICKNESS',ID='Wtickn(0.205/0.06/0.005)',IOR=3 /
&DEVC XYZ=0.255,0.06,0.005,QUANTITY='WALL THICKNESS',ID='Wtickn(0.255/0.06/0.005)',IOR=3 /
&DEVC XYZ=0.305,0.06,0.005,QUANTITY='WALL THICKNESS',ID='Wtickn(0.305/0.06/0.005)',IOR=3 /
&DEVC XYZ=0.355,0.06,0.005,QUANTITY='WALL THICKNESS',ID='Wtickn(0.355/0.06/0.005)',IOR=3 /
&DEVC XYZ=0.405,0.06,0.005,QUANTITY='WALL THICKNESS',ID='Wtickn(0.405/0.06/0.005)',IOR=3 /
&DEVC XYZ=0.455,0.06,0.005,QUANTITY='WALL THICKNESS',ID='Wtickn(0.455/0.06/0.005)',IOR=3 /
&DEVC XYZ=0.505,0.06,0.005,QUANTITY='WALL THICKNESS',ID='Wtickn(0.505/0.06/0.005)',IOR=3 /
&DEVC XYZ=0.555,0.06,0.005,QUANTITY='WALL THICKNESS',ID='Wtickn(0.555/0.06/0.005)',IOR=3 /

&DEVC XYZ=0.065,0.06,0.005,QUANTITY='carbon dioxide',ID='CO2(0.065/0.06/0.005)',IOR=3 /
&DEVC XYZ=0.075,0.06,0.005,QUANTITY='carbon dioxide',ID='CO2(0.075/0.06/0.005)',IOR=3 /
&DEVC XYZ=0.085,0.06,0.005,QUANTITY='carbon dioxide',ID='CO2(0.085/0.06/0.005)',IOR=3 /
&DEVC XYZ=0.095,0.06,0.005,QUANTITY='carbon dioxide',ID='CO2(0.095/0.06/0.005)',IOR=3 /
&DEVC XYZ=0.105,0.06,0.005,QUANTITY='carbon dioxide',ID='CO2(0.105/0.06/0.005)',IOR=3 /

&DEVC XYZ=0.105,0.06,0.005,QUANTITY='carbon dioxide',ID='CO2(0.105/0.06/0.005)',IOR=3 /
&DEVC XYZ=0.155,0.06,0.005,QUANTITY='carbon dioxide',ID='CO2(0.155/0.06/0.005)',IOR=3 /
&DEVC XYZ=0.205,0.06,0.005,QUANTITY='carbon dioxide',ID='CO2(0.205/0.06/0.005)',IOR=3 /
&DEVC XYZ=0.255,0.06,0.005,QUANTITY='carbon dioxide',ID='CO2(0.255/0.06/0.005)',IOR=3 /
&DEVC XYZ=0.305,0.06,0.005,QUANTITY='carbon dioxide',ID='CO2(0.305/0.06/0.005)',IOR=3 /
&DEVC XYZ=0.355,0.06,0.005,QUANTITY='carbon dioxide',ID='CO2(0.355/0.06/0.005)',IOR=3 /
&DEVC XYZ=0.405,0.06,0.005,QUANTITY='carbon dioxide',ID='CO2(0.405/0.06/0.005)',IOR=3 /
&DEVC XYZ=0.455,0.06,0.005,QUANTITY='carbon dioxide',ID='CO2(0.455/0.06/0.005)',IOR=3 /
&DEVC XYZ=0.505,0.06,0.005,QUANTITY='carbon dioxide',ID='CO2(0.505/0.06/0.005)',IOR=3 /
&DEVC XYZ=0.555,0.06,0.005,QUANTITY='carbon dioxide',ID='CO2(0.555/0.06/0.005)',IOR=3 /

&DEVC XYZ=0.065,0.06,0.005,QUANTITY='MIXTURE FRACTION',ID='MF(0.065/0.06/0.005)',IOR=3 /
&DEVC XYZ=0.075,0.06,0.005,QUANTITY='MIXTURE FRACTION',ID='MF(0.075/0.06/0.005)',IOR=3 /
&DEVC XYZ=0.085,0.06,0.005,QUANTITY='MIXTURE FRACTION',ID='MF(0.085/0.06/0.005)',IOR=3 /
&DEVC XYZ=0.095,0.06,0.005,QUANTITY='MIXTURE FRACTION',ID='MF(0.095/0.06/0.005)',IOR=3 /
&DEVC XYZ=0.105,0.06,0.005,QUANTITY='MIXTURE FRACTION',ID='MF(0.105/0.06/0.005)',IOR=3 /

&DEVC XYZ=0.105,0.06,0.005,QUANTITY='MIXTURE FRACTION',ID='MF(0.105/0.06/0.005)',IOR=3 /
&DEVC XYZ=0.155,0.06,0.005,QUANTITY='MIXTURE FRACTION',ID='MF(0.155/0.06/0.005)',IOR=3 /
&DEVC XYZ=0.205,0.06,0.005,QUANTITY='MIXTURE FRACTION',ID='MF(0.205/0.06/0.005)',IOR=3 /
```

```
&DEVC XYZ=0.255,0.06,0.005,QUANTITY='MIXTURE FRACTION',ID='MF(0.255/0.06/0.005)',IOR=3 /
&DEVC XYZ=0.305,0.06,0.005,QUANTITY='MIXTURE FRACTION',ID='MF(0.305/0.06/0.005)',IOR=3 /
&DEVC XYZ=0.355,0.06,0.005,QUANTITY='MIXTURE FRACTION',ID='MF(0.355/0.06/0.005)',IOR=3 /
&DEVC XYZ=0.405,0.06,0.005,QUANTITY='MIXTURE FRACTION',ID='MF(0.405/0.06/0.005)',IOR=3 /
&DEVC XYZ=0.455,0.06,0.005,QUANTITY='MIXTURE FRACTION',ID='MF(0.455/0.06/0.005)',IOR=3 /
&DEVC XYZ=0.505,0.06,0.005,QUANTITY='MIXTURE FRACTION',ID='MF(0.505/0.06/0.005)',IOR=3 /

&DEVC XYZ=0.555,0.06,0.005,QUANTITY='MIXTURE FRACTION',ID='MF(0.555/0.06/0.005)',IOR=3 /
&DEVC XYZ=0.065,0.06,0.005,QUANTITY='fuel',ID='fuel(0.065/0.06/0.005)',IOR=3 /
&DEVC XYZ=0.075,0.06,0.005,QUANTITY='fuel',ID='fuel(0.075/0.06/0.005)',IOR=3 /
&DEVC XYZ=0.085,0.06,0.005,QUANTITY='fuel',ID='fuel(0.085/0.06/0.005)',IOR=3 /
&DEVC XYZ=0.095,0.06,0.005,QUANTITY='fuel',ID='fuel(0.095/0.06/0.005)',IOR=3 /
&DEVC XYZ=0.105,0.06,0.005,QUANTITY='fuel',ID='fuel(0.105/0.06/0.005)',IOR=3 /

&DEVC XYZ=0.105,0.06,0.005,QUANTITY='fuel',ID='fuel(0.105/0.06/0.005)',IOR=3 /
&DEVC XYZ=0.155,0.06,0.005,QUANTITY='fuel',ID='fuel(0.155/0.06/0.005)',IOR=3 /
&DEVC XYZ=0.205,0.06,0.005,QUANTITY='fuel',ID='fuel(0.205/0.06/0.005)',IOR=3 /
&DEVC XYZ=0.255,0.06,0.005,QUANTITY='fuel',ID='fuel(0.255/0.06/0.005)',IOR=3 /
&DEVC XYZ=0.305,0.06,0.005,QUANTITY='fuel',ID='fuel(0.305/0.06/0.005)',IOR=3 /
&DEVC XYZ=0.355,0.06,0.005,QUANTITY='fuel',ID='fuel(0.355/0.06/0.005)',IOR=3 /
&DEVC XYZ=0.405,0.06,0.005,QUANTITY='fuel',ID='fuel(0.405/0.06/0.005)',IOR=3 /
&DEVC XYZ=0.455,0.06,0.005,QUANTITY='fuel',ID='fuel(0.455/0.06/0.005)',IOR=3 /
&DEVC XYZ=0.505,0.06,0.005,QUANTITY='fuel',ID='fuel(0.505/0.06/0.005)',IOR=3 /
&DEVC XYZ=0.555,0.06,0.005,QUANTITY='fuel',ID='fuel(0.555/0.06/0.005)',IOR=3 /

&DEVC XYZ=0.11,0.06,0.005,QUANTITY='THERMOCOUPLE',ID='TC(0.11/0.06/0.005)',IOR=3 /
&DEVC XYZ=0.15,0.06,0.005,QUANTITY='THERMOCOUPLE',ID='TC(0.15/0.06/0.005)',IOR=3 /
&DEVC XYZ=0.19,0.06,0.005,QUANTITY='THERMOCOUPLE',ID='TC(0.19/0.06/0.005)',IOR=3 /
&DEVC XYZ=0.23,0.06,0.005,QUANTITY='THERMOCOUPLE',ID='TC(0.23/0.06/0.005)',IOR=3 /
&DEVC XYZ=0.27,0.06,0.005,QUANTITY='THERMOCOUPLE',ID='TC(0.27/0.06/0.005)',IOR=3 /
&DEVC XYZ=0.31,0.06,0.005,QUANTITY='THERMOCOUPLE',ID='TC(0.31/0.06/0.005)',IOR=3 /

&DEVC XYZ=0.11,0.06,0.005,QUANTITY='WALL TEMPERATURE',ID='Wtemp(0.11/0.06/0.005)',IOR=3 /
&DEVC XYZ=0.15,0.06,0.005,QUANTITY='WALL TEMPERATURE',ID='Wtemp(0.15/0.06/0.005)',IOR=3 /
&DEVC XYZ=0.19,0.06,0.005,QUANTITY='WALL TEMPERATURE',ID='Wtemp(0.19/0.06/0.005)',IOR=3 /
&DEVC XYZ=0.23,0.06,0.005,QUANTITY='WALL TEMPERATURE',ID='Wtemp(0.23/0.06/0.005)',IOR=3 /
&DEVC XYZ=0.27,0.06,0.005,QUANTITY='WALL TEMPERATURE',ID='Wtemp(0.27/0.06/0.005)',IOR=3 /
&DEVC XYZ=0.31,0.06,0.005,QUANTITY='WALL TEMPERATURE',ID='Wtemp(0.31/0.06/0.005)',IOR=3 /

&DEVC XYZ=0.11,0.06,0.005,QUANTITY='TEMPERATURE',ID='temp(0.11/0.06/0.005)',IOR=3 /
&DEVC XYZ=0.15,0.06,0.005,QUANTITY='TEMPERATURE',ID='temp(0.15/0.06/0.005)',IOR=3 /
&DEVC XYZ=0.19,0.06,0.005,QUANTITY='TEMPERATURE',ID='temp(0.19/0.06/0.005)',IOR=3 /
&DEVC XYZ=0.23,0.06,0.005,QUANTITY='TEMPERATURE',ID='temp(0.23/0.06/0.005)',IOR=3 /
&DEVC XYZ=0.27,0.06,0.005,QUANTITY='TEMPERATURE',ID='temp(0.27/0.06/0.005)',IOR=3 /
&DEVC XYZ=0.31,0.06,0.005,QUANTITY='TEMPERATURE',ID='temp(0.31/0.06/0.005)',IOR=3 /

//Auswertung
&BNDF QUANTITY='HEAT_FLUX'/
&BNDF QUANTITY='WALL_TEMPERATURE'/
&BNDF QUANTITY='BURNING_RATE'/

&ISOF QUANTITY='TEMPERATURE', VALUE(1)=100., VALUE(2)=200.,VALUE(3)=300./

&TAIL /
```

I want morebooks!

Buy your books fast and straightforward online - at one of world's fastest growing online book stores! Environmentally sound due to Print-on-Demand technologies.

Buy your books online at
www.morebooks.shop

Kaufen Sie Ihre Bücher schnell und unkompliziert online – auf einer der am schnellsten wachsenden Buchhandelsplattformen weltweit! Dank Print-On-Demand umwelt- und ressourcenschonend produziert.

Bücher schneller online kaufen
www.morebooks.shop

KS OmniScriptum Publishing
Brivibas gatve 197
LV-1039 Riga, Latvia
Telefax:+371 686 204 55

info@omniscriptum.com
www.omniscriptum.com

Printed by Books on Demand GmbH, Norderstedt / Germany